# 岩石损伤多场耦合机理与数值模型研究

姜谙男　著

科学出版社

北　京

# 内 容 简 介

随着我国大量岩体工程建设的进行，应力-渗流-化学耦合问题日益引起学者的关注。本书从岩石损伤多场耦合作用机理出发，首先进行相关试验设备的研制或改进，开展岩石冻胀损伤测试、化学腐蚀-冻融循环岩石蠕变、化学腐蚀环境下贯通裂隙板岩的渗透特性、加卸载条件下石英岩蠕变-渗流耦合等试验研究；然后建立岩石弹塑性损伤本构模型和损伤应力-渗流-化学耦合方程，基于完全隐式积分算法-返回映射算法及一致切线模量，采用C++语言开发了有限元求解程序；最后推导出围岩局部安全评价的单元状态指标的公式，建立多场耦合条件下岩体工程的时效安全性评价算法，并介绍在相关隧道工程中的应用。

本书可供岩土工程、隧道工程、岩石力学、安全技术与工程等相关领域科研人员使用，也可作为高等院校相关专业本科生和研究生的参考读物。

## 图书在版编目（CIP）数据

岩石损伤多场耦合机理与数值模型研究 / 姜谙男著. —北京：科学出版社，2019.1

ISBN 978-7-03-059276-7

Ⅰ. ①岩… Ⅱ. ①姜… Ⅲ. ①岩石力学-损伤（力学）-研究 Ⅳ. ①TU45

中国版本图书馆 CIP 数据核字（2018）第 246303 号

责任编辑：杨慎欣　张培静 / 责任校对：何艳萍
责任印制：师艳茹 / 封面设计：无极书装

**科学出版社** 出版

北京东黄城根北街 16 号
邮政编码：100717
http://www.sciencep.com

**河北鹏润印刷有限公司** 印刷
科学出版社发行　各地新华书店经销

\*

2019 年 1 月第 一 版　开本：720×1000　1/16
2019 年 1 月第一次印刷　印张：18 3/4
字数：344 000

定价：128.00 元

（如有印装质量问题，我社负责调换）

# 前　言

随着经济建设和西部大开发的推进，中国水利水电、能源存储、矿山、交通等领域的地下工程建设越来越多，其所处地质、水文、气候环境也日益复杂。据不完全统计，中国已建成隧道约有 1/3 存在着不同程度的水病害问题，60%的矿井事故与地下水的渗透有关，30%～40%的水电工程大坝失事是由渗透引起的。还有相当多隧道处于寒区或季节冻融区，冻融或低温环境的综合作用，使隧道病害更加严重。上述复杂环境的隧道围岩稳定性分析涉及温度-应力-渗流-化学多场的耦合问题，超出了经验和传统方法范围，开展岩石损伤应力-渗流-化学（mechano-hydro-chemical，MHC）耦合机理的研究，既是日益增多的富水区岩体工程建设的迫切要求，也是学科发展的必然趋势。

岩石力学的多场耦合问题已成为国际上研究的热点。国内外学者针对岩石多场耦合问题已开展的研究目前主要集中在岩石应力-渗流（mechano-hydro，MH）、温度-应力-渗流（thermo-mechano-hydro，TMH）等耦合试验和模型理论方面，涉及岩石弹塑性 MHC 耦合模型数值求解程序研究较少，涉及多场耦合的隧道围岩安全度时空规律研究也很少见。目前中国富水区隧道工程计算与实际情况有较大差异，开展岩石 MHC 多场耦合研究有助于加深对其机理和模型算法的理解，丰富岩石力学基本理论和分析方法，从而为复杂环境的地下工程设计和施工提供科学的依据和有效手段。

本书系统地介绍作者近年来在岩石 MHC 耦合方面的研究成果，全书共 8 章。第 1 章总结岩石损伤力学与本构模型、岩石损伤多场耦合机理、岩石损伤 MHC 耦合数值算法和弹塑性本构积分算法的研究现状。第 2 章对于岩石损伤多场耦合的试验设备和试验进行研究；采用自主研制或改进的设备装置，进行关于损伤、渗透性、多场耦合方面的岩石试验，为揭示岩石 MHC 多场耦合机理提供基础。第 3 章搭建岩石弹塑性损伤 MHC 耦合程序框架，基于弹塑性力学和有限元理论，采用非关联等向硬化 von Mises 本构模型、Drucker-Prager 本构模型的完全隐式返回映射算法以及一致切线模量，开发相应的求解程序，并引入智能算法-差异进化算法，形成一套完整的智能反分析程序。第 4 章建立基于 Drucker-Prager 的弹塑性损伤本构模型和基于 Lemaitre 等向硬化弹塑性损伤耦合本构模型，给出牛顿-拉弗森法和弧长法联合迭代求解增量有限元方程，编制有限元本构求解程序。第 5 章根据岩石弹塑性状态的渗透系数动态演化公式，建立岩石弹塑性损伤 MH 应力-渗流耦合模型，并给出数值求解迭代方法；采用差异进化算法反分析解决耦合模型中涉及参数较多且不易测定的问题。第 6 章考虑应力场、渗流场、化学场耦合作用，根据力学损伤和水化学损伤推导 MHC 耦合损伤变量；基于化学动力学的计算，采用孔隙度的形式给出水化学损伤变量，将损伤 MH 耦合程序与水文地球化学模拟软件 PHREEQC 结合，完成岩石弹塑性损伤 MHC 耦合程序，并对算例进行模拟计算。第 7 章建立围岩稳定性评价的单元状态指标（zone state index，ZSI），该指标将屈服接近度、破坏接近度等适当变换，统一到单元安全度量体系，实现围岩单元的弹性、屈服、破坏三种状态的完整表达；然后将 ZSI 与渗透系数演化相联系，采用 FLAC$^{3D}$ 的 FISH 语言二次开发，实现岩石渐进破坏过程的 MH 耦合算法。第 8 章提出非线性西原软化（nonlinear Nishihara softening，NNS）模型，并开发程序。对该模型黏壶元件进行非线性化处理，并添加应变软化的塑性元件，可表现加速蠕变阶段。进而将 ZSI、NNS 模型和渗透系数演化相结合，建立岩石 ZSI-西原非线性流变-渗流耦合（ZSI Nishihara seepage，ZNS）模型和程序，并进行试验验证和工程应用。

　　本书是作者近年来开展课题研究成果的汇编和总结，江宗斌、王军祥、蒋腾飞博士，姜帅、包春燕、马春景硕士参加了本书相关内容的研究，本书的写作过程得到了他们的大力支持和帮助。本书的研究得到了国家自然科学基金项目"高水压海床基岩开挖 MHC 耦合机理试验和模型研究"（项目编号：51079010）和"低温 TMHC 作用岩石损伤蠕变特性及隧道围岩时空安全度研究"（项目编号：51678101）的资助，隧道工程项目研究获得了吉林省交通运输厅、中国铁建大桥工程局集团有限公司、中交隧道工程局有限公司等相关单位的大力支持。本书较多地引用了本领域国内外学者的研究成果，已在参考文献中一一列出。在此谨对上述人员和单位表示诚挚的感谢。

　　由于作者的水平有限，本书难免存在不足之处，敬请读者批评指正。

**姜谙男**

2018 年 3 月

# 目　　录

# 第1章 绪 论

## 1.1 岩石损伤力学与本构模型研究现状

随着采矿、交通、水利、环境、建筑等诸多行业岩土工程建设的日益发展，岩石介质材料的力学行为及多场耦合特性成为令人关注的方向。传统的岩石介质材料通常假定为各向同性的均匀连续介质，但是由显微镜等观测可知，岩石介质在细观上存在很大的非均质性，并分布着很多细观的缺陷、裂缝、气泡、夹渣等。在应力和多场作用下，这些细观缺陷本身会扩展变化，并对材料宏观响应产生显著影响，如何建立反映上述细观缺陷带来的宏观响应的模型，成为有待解决的重要问题[1,2]。

连续介质损伤力学（continuum damage mechanics，CDM）是解决材料损伤演化问题的新兴学科，也是解决这个问题的有效途径。20 世纪 70 年代后期，Lemaitre[3] 从岩石材料本身结构特性出发研究其损伤机理，建立了岩石损伤模型和理论。损伤就是指单调加载或重复加载下材料微缺陷导致其性质的减弱，并导致体积单元破坏的现象。材料损伤描述的模型可以分为微观、细观和宏观三种。微观模型在原子结构层次研究损伤的物理过程以及物质结构对损伤的影响，然后用经典或量子统计力学方法来推测宏观上的损伤行为。由于理论上尚未趋于完备，统计计算量又过于浩繁，这种基于统计方法的微-宏观结合理论目前只能是定性而有限度地预测某些损伤现象。细观模型略去了损伤的物理过程细节，为损伤变量和损伤演化赋予某一真实的几何形状和物理过程，使它们不再仅仅是笼统而抽象的数学符号和方程式，也避免了连续介质损伤力学中那些唯象假设，从几何和热力学基础上考虑了各种类型损伤的形状和分布，并可预测它们在不同介质中的产生、发展和最后破坏过程。然而，细观模型所赋予真实的几何形状和物理过程的研究方法不具有一般性和代表性。宏观损伤模型基于宏观尺度上的连续体力学和连续介质热力学，把包含各种缺陷的材料笼统看成含有"微损伤场"的连续体。目前，宏观损伤力学模型正处于快速发展中。

国外学者较早开展岩石损伤力学模型和数值计算的研究。Kachanov[4]利用二阶对称张量，将各向异性损伤理论引入到非连续岩体的力学研究中，用有限元实现了对损伤岩体变形量的预测。Luccioni 等[5]在热力学框架下建立了塑性损伤耦合模型，并给出了后退的欧拉数值积分算法和算法一致切线模量，编制程序实现模型并与试验结果对比分析。Meschke 等[6]、Chazallon 等[7]对岩石等材料弹塑性损伤本构模型方面进行了细致的研究。Rudnicki [8]采用横向各向同性本构关系模拟在三轴对称压缩试验中岩土材料的局部变形特性，其中考虑了剪切带和纯压缩带的情况。Salari 等[9]在连续热动力学的框架下建立了地质材料的弹塑性损伤模型，模型中考虑张应力损伤，塑性势函数是基于 Drucker-Prager 准则，损伤是体积应变的函数。Chiarelli 等[10]、Shao 等[11,12]在岩石材料弹塑性损伤本构模型方面进行了大量系统的研究，在饱和、非饱和状态下考虑岩石水力学特性，建立半脆性材料的弹塑性损伤耦合本构模型，并与试验结果进行对比。Wang 等[13]基于细观单元强度的韦布尔分布提出了一个岩石软化的统计损伤本构模型，用以描述微裂纹从损伤到断裂的整个连续变化过程，研究了强度准则和残余强度对软化型统计损伤模型的影响。Graham-Brady[14]基于断裂力学理论建立了弹性损伤模型，它可以用来描述岩石材料单轴压缩状态下的应力-应变关系，由于模型建立过程中没有考虑宏观塑性变形，因此不能体现围压对岩石塑性的作用。

中国学者在岩石损伤力学模型方面也做了很多工作。朱维申和张强勇[15]根据Betti 能量互易定理并考虑节理裂纹扩展过程中的能量转换和节理裂纹扩展过程中的相互作用，建立了裂隙岩体的损伤演化方程和三维脆弹性断裂损伤本构模型，并将该本构模型应用于三峡船闸高边坡。杨松岩等[16]提出了一个实用的弹塑性损伤模型，用于模拟多相工程材料的损伤和软化过程，并考虑到饱和程度对材料特性的影响，给出了具体的本构描述和有限元实施方法，编制相应的有限元程序。唐春安等[17]对孔隙水压作用下岩石试件加载破坏进行数值模拟，研究孔隙水压力大小和梯度对岩石裂纹萌生和扩展的影响。沈新普等[18]基于"能量耗散梯度依赖"原则，在连续介质热力学框架内推导了梯度增强损伤与塑性耦合的本构关系，同时给出了一个基于塑性的损伤模型的梯度依赖本构的具体形式。韦立德等[19]在连续介质损伤力学框架内利用细观力学的 Eshelby 等效夹杂方法建立了考虑损伤相塑性体积变形的岩石的亥姆霍兹（Helmholtz）自由能函数，利用连续介质损伤力学方法推导出了考虑损伤相塑性变形的岩石损伤本构关系，给出了损伤演化方程和塑性应变发展过程。戴永浩等[20]从多孔介质角度出发，建立了岩石孔隙度与体积应变之间的关系，提出了非饱和应力渗流耦合弹塑性损伤本构模型，并采用该模型进行模拟计算。贾善坡等[21]建立了泥岩弹塑性损伤本构模型来反映泥岩软硬化行为。房敬年等[22]在试验分析的基础上，提出了一种能够描述岩盐特性的弹塑性损伤耦合的模型，该模型描述了岩盐损伤的演化和塑性变形的耦合关系，并引入了一种非关联的塑性流动法则来描述岩盐从塑性体积压缩到膨胀的转化。袁小平等[23]建立了微裂纹扩展的岩石弹塑性损伤模型，用回映隐式积分算法编制了模型的本构程序，分析了弹塑性损伤模型的基本特征，并从围压和短微裂隙长度等因素分析弹塑性损伤模型的岩石的细观损伤和塑性特性。

尽管岩石损伤力学及模型取得不少成果，由于岩石材料本身的非线性性质，地下水对岩石力学性质的影响特性、损伤本构模型的建立和相应积分算法以及非线性有限元求解技术等方面的理论仍处于研究和探索阶段。

## 1.2 岩石损伤多场耦合机理研究现状

地下水是地下工程所不可避免的，这就涉及了岩体的渗透性和渗流问题。渗流是指多孔介质内的流体流动，渗流力学是流体力学的一个分支，研究多孔介质内流体的流动规律及其应用的学科。18 世纪中叶，H. Darcy 通过试验总结出了著名的达西定律[24]，一百多年来基于达西定律建立起来的经典渗流理论迅速发展，但是经典的渗流理论是以连续介质假定为基础的，而实际上岩体的渗流与经典的渗流理论有着质的区别。苏联学者 T. O. Jiomm 于 20 世纪 50 年代中期发表了具有开创性的关于裂隙岩体渗流的研究报告[25]，但是直到 1959 年 12 月法国 Mallpasse 拱坝和 1963 年意大利 Vajont 拱坝的失事，岩体渗流才逐渐得到工程界的重视。

国外学者较早开展岩体水力学的研究。Verrujit[26]在连续介质力学框架内建立多相流体与变形孔隙介质耦合问题的理论模型，为后期研究打下了坚实的基础，同时深化了该领域的研究。Kim[27]从多孔隙介质理论的角度出发，以体积应变为纽带建立了孔隙度和渗透系数的演化方程，基于此推导了饱和-非饱和孔隙介、裂隙介质岩体耦合模型。Min 等[28]采用离散元数值方法研究裂隙岩体的流固耦合问题，给出了渗透与应力之间的关系，建立了岩石流固耦合模型并给予程序实现。近年来，国内学者对岩体水力学的研究进展很快。陶振宇和窦铁生[29]分析讨论了已有岩石水力模型等，指出虽然对岩体水力特性进行了初步的研究，国内外许多研究者也做了大量的工作，但是由于岩体介质本身的复杂性、非线性等，还存在许多亟待解决的问题。陈平和张有天[30]以裂隙渗流理论和变形本构方程关系为基础，采用修正的渗流公式，修正渗透张量公式及裂隙变形的本构关系，给出渗流与应力耦合分析的分析方法。王媛[31]建立了以节点位移和孔隙水压为未知量的基本方程，得到多孔介质三维渗流与应力耦合的计算方法。由于有限元计算过程中对于多裂隙的岩体，采用节理单元等有时不可能实现，后来又推导了等效连续裂隙岩体的渗透性和应力-应变的关系，建立了等效连续裂隙岩体渗流与应力的全耦合分析。朱维申等[32]提出了基于块裂介质和拟连续介质的裂隙岩体三维渗流耦合模型，并将该模型编制程序应用在三峡船闸工程中。梁冰和鲁秀生[33]基于裂隙-空隙双重连续介质对裂隙岩体渗流场与应力场进行耦合分析，推导建立了数学模型，并将该模型用于实际边坡工程的岩体裂隙进行数值模拟，分别对不考虑应力影响下的渗流场、不考虑渗流影响下的应力场、两场相互耦合时的稳定性进行了研究。

　　研究岩体系统内渗流场与损伤场耦合的水力学问题，是当今岩体水力学的一项重要课题，而建立岩体渗流场与损伤场耦合的数学模型是定量化研究应力-渗流-损伤耦合问题的一种重要手段。为描述岩体损伤和应力-渗流耦合问题，学者还通过损伤导致渗透性演化的实验研究，建立损伤变量和渗透性变化之间的关系，结合数值模拟工具，提出描述渗流-损伤耦合作用机制的模型方法，并应用到工程实践中[34]。

　　Kelsall 等[35]研究了裂隙岩体地下工程开挖过程中围岩的损伤和渗透性变化规律。Schulze 等[36]研究了盐岩在扩容、非扩容区的应力、变形特征、损伤和渗透性改变特性。Selvadurai 和 Shirazi[37]基于孔隙介质力学理论研究了地质材料与应力、变形相关的损伤和渗透性的改变。Yuan 和 Harrison[38]考虑单元强度和刚度的降低、膨胀以及和变形相关的渗透性改变，建立了应力-渗流耦合局部退化模型，并针对该模型进行相应程序开发。杨延毅和周维垣[39]比较早地提出了基于固体力学中的自一致原理推导的渗流-损伤耦合的分析模型，应用损伤断裂力学模型对裂隙岩石的力学行为进行描述，阐述了渗流对裂隙岩体的力学作用和岩体应力状态对渗流特性的影响，根据裂隙的损伤断裂扩展过程建立起渗透张量的演化方程。朱珍德和孙钧[40]建立了裂隙岩体介质的渗透张量的数学表达式，探讨了复杂应力状态下多裂隙岩体的本构关系、压剪裂纹的起裂准则，给出裂隙岩体渗流场与损伤场耦合模型。杨天鸿等[41]对岩石破裂过程渗流与应力耦合进行分析研究，在经典 Biot 渗流力学耦合方程的基础上，给出了一个能够反映渗透系数与孔隙变化率的耦合方程，引入了渗透突变系数 $\xi$，提出了岩石损伤演化过程渗流-应力耦合方程，并开发程序模拟裂纹萌生、扩展过程中渗流规律变化。陈卫忠等[42]建立了盐岩三维蠕变损伤的本构方程和损伤演化方程，并编制有限元程序。谢兴华等[43]进行了岩石变形与渗透性变化关系的研究，以应变作为基本变量、损伤变量作为中间变量，建立了应变-渗透性演化模型。该模型在应力-应变关系峰值前，通过损伤来描述渗透性演化与裂纹扩展、连通之间的确定关系，可以用来计算岩石峰值破坏前和破坏时的渗透性变化情况，但是峰值后岩石破裂，导水通道变为颗粒裂隙或大开度裂缝之间的流动，渗流成为紊流状态，此种情况该模型无法计算。

　　在试验方面，Louis[44]首次建立了岩体渗透系数与正应力的经验关系式，指出渗透系数随正应力增加而变小，两者之间呈负指数关系。Jones[45]、Kranzz 等[46]分别对碳酸盐类岩石、Brare 花岗岩进行了试验，得出渗透系数与正应力的关系。Gale[47]分别对花岗岩、大理岩及玄武岩进行了试验研究。李世平等[48]利用MTS815.02 电液伺服岩石力学试验系统进行了渗透性变化试验研究，拟合了砂岩的渗透率-应变方程。彭苏萍等[49]通过全应力-应变过程渗透性试验获得不同岩性沉积岩的应变-渗透率曲线，概化出岩石的一般应变-渗透曲线，指出了岩石的应变-渗透率曲线是岩性、结构、应力状态等各种因素综合反映的结果。徐德敏等[50]为研究不同围压条件下孔隙介质的渗透性能，利用新研制的高压渗流仪，对大尺寸低渗透性软弱岩进行了系统的试验测试。杨建平等[51]根据国内低渗透率介质的精度基本在 $10^{-17}m^2$ 情况，研制了低渗透介质温度-应力-渗流耦合三轴仪，测试得到的渗透率可以低至 $10^{-21}m^2$。曹树刚等[52]利用自主研制的自压式三轴渗流装置对型煤与原煤试样进行了三轴压缩渗流试验，对全应力-应变过程渗流特性进行了研究。韩国锋等[53]在室温条件下利用 TAW-2000 微机控制电液伺服岩石三轴试验机上进行了压缩带形成过程中渗透性变化试验研究。

关于岩石 MHC 耦合问题的研究目前主要集中在水化学溶液腐蚀对岩石力学性质的试验研究方面。近年来，许多学者从不同侧面展开了一系列的研究工作，并取得了一些研究成果。Atkinson 和 Meredith[54]研究了化学溶液对石英断裂的影响，发现化学溶液对石英断裂有很大影响。Feucht 和 Logan[55]在 NaCl 等化学溶液作用下对含预制裂纹的砂岩进行试验研究，目的是为了研究不同化学溶液对裂纹面摩擦因素、强度的影响。Hutchinson 等[56]用 HCl、$H_2SO_4$ 等溶液模拟酸雨，对石灰石的腐蚀作用进行了研究。Karfakis 和 Akram[57]研究了化学溶液对断裂韧性的影响。汤连生等[58]对水-岩相互作用下的力学与环境效应进行了试验和理论方面的研究。李宁等[59]在试验的基础上对岩石在水化学溶液侵蚀下化学损伤进行定量化描述，以此建立相应化学损伤模型。周翠英等[60]主要进行不同类型软岩与水相互作用下力学性质变化的试验，探讨了其软化的本质和规律。冯夏庭等[61]在著作中系统总结了所取得的科研成果，对应力-化学（mechano-chemical，MC）及 MHC 耦合作用下岩石物理力学性质与变形破裂行为进行了大量的宏观、微观、细观试验研究，同时从理论上深入分析和探讨。速宝玉等[62]为了揭示在渗流-化学溶解耦合作用下单裂隙渗透特性的变化规律，建立了描述二维渗流-化学溶解作用的偏微分方程组，并利用 COMSOL Multiphysics 软件成功地求解该方程组。盛金昌等[63]从物理试验和数学模型两方面介绍和总结了近十年来渗流-应力-化学溶蚀耦合下裂隙岩体渗透特性研究现状。

有关岩石 MHC 耦合本构模型方面的研究成果较少，在已有报道的研究工作中，连续岩土介质的 TMH 过程与水化学反应过程的耦合模型以及不包括应力、变形的温度-渗流（thermo-hydro，TH）和化学反应型物质传输过程的耦合模型及相应计算机程序已在核废料地下处置问题中得到了初步应用[64]。Nova 等[65]建立了受化学侵蚀影响的胶结类软岩本构模型，模型中假设化学侵蚀仅对岩石内变量有影响，而对岩石基本力学参数如弹性模量、内摩擦角等没有影响。Fernandez-Merodo 等[66]在所建立的本构模型基础上建立了胶结类软岩应力-渗流-化学耦合本构模型。崔强等[67]基于化学动力学理论和溶质迁移理论，建立了水岩系统的对流-扩散-反应模型，运用孔隙率的变化来定量描述由于水岩作用引起的岩石细观结构的变化。

## 1.3　岩石损伤 MHC 耦合数值算法研究现状

随着计算机技术的快速发展及数值计算水平的显著提升，适合于对岩土工程问题求解的各种数值计算方法也在蓬勃发展。归纳起来，这些方法可以分为两大类：基于等效连续介质力学的方法和基于非连续介质力学的方法。其中，有限差分法、边界元法等是等效连续介质力学方法的代表，而离散元法、块体单元法、非连续变形分析方法等则是典型的非连续介质力学方法。新发展起来的数值流形方法和无网格法能综合考虑岩体材料的连续和非连续变形特性，是一类很有发展前景的数值方法。

在软件及程序的开发利用上，国外开展的较早，一些学者通过编制耦合计算代码来模拟地质科学中的多场耦合问题。针对等效连续介质模型，常用有限元、有限差分法，很多学者开发有限元程序或应用已有软件对多场耦合过程进行了模拟。刘泉声和刘学伟[68]总结了裂隙岩体多场耦合的机制、模型、方法及研究内容，通过对模拟多场耦合和裂隙扩展数值方法的归类比较，论述了目前适用于模拟多场耦合下裂隙扩展模拟的各种数值方法的优缺点。Rutqvist 等[69]对比分析了四个国家小组采用不同数值模拟方法（TOUGH-FLAC、CODE-BRICHT、CASTEM 和 FLAC）进行多场耦合的求解过程和结果。Poulet 等[70]采用 Abaqus 软件模拟了考虑损伤的温度-应力-渗流-化学（thermo-mechano-hydro-chemical，TMHC）耦合效应。Ahola 等[71]建立了 THM 耦合的离散单元方法。孙玉杰等[72]采用离散元软件 UDEC 分析了围岩应力与水力耦合作用导致的裂隙隙宽变化及渗流变化过程。刘泉声等[73]通过对 UDEC 进行二次开发，将其应用到裂隙网络模型的水力耦合计算。潘鹏志[74]采用弹塑性细胞自动机模型对渗流-应力耦合特性进行了研究，并基于细观力学分析模拟了岩石的破裂过程。唐世斌等[75]在充分考虑岩石的非均匀性和热力耦合作用的情形下，开发了 RFPA$^{2D}$-thermal 模型，有效地模拟了岩石热破裂过程。国外一些学者编制了许多相应的计算程序，如 MOTIF[76]、FRACTure[77]、ROCMAS[78]、FEMH[79]及 TOUGH2-ASTER[80]等。

关于 MHC 耦合程序较少，冯夏庭等[81]借助 COMSOL Multiphysics 软件 PED 模块较好的可扩展性，自行构造了可以描述反应-迁移耦合作用下砂岩孔隙度演化规律的动力学方程，并结合国际上通用的水文地球化学动模拟软件 PHREEQC 对化学溶液与砂岩矿物之间的化学反应进行了化学反应动力学计算；基于 MATLAB 开发平台编制了上述两个计算软件的接口程序，通过初始分组类型和边界浓度将反应和迁移耦合起来。李鹏[82]建立了岩石水化学损伤动态演化数学模型，提出了岩石 MHC 耦合弹塑性本构模型，并编制程序进行数值模拟计算。于子望[83]将 TOUGHREACT 与 FLAC[3D] 进行搭接，可以实现 $CO_2$ 地质储存及增强地热系统工程中的 TMHC 四场耦合计算。虽然通过许多学者的研究，TMHC 四场之间的耦合关系在理论上已经得到一定的共识，并且在实验的基础上进行了部分验证得到一些基本规律。然而在多场耦合方程、数值程序的开发和利用上，国内外还缺少被广泛认可的数值模拟工具或计算程序。

## 1.4　弹塑性本构积分算法研究进展

在实际弹塑性问题分析时，需要考虑静力学、几何学和物理学三方面的条件，分别建立三套方程[84]。在所研究的物体中任意取出一个微分体，如图 1.1 所示。

沿 $x$ 轴的平衡方程 $\sum F_x = 0$，沿 $y$ 轴的平衡方程 $\sum F_y = 0$，可得到平衡微分方程组为

$$\begin{cases} \dfrac{\partial \sigma_x}{\partial x} + \dfrac{\partial \tau_{yx}}{\partial y} + f_x = 0 \\[2mm] \dfrac{\partial \sigma_y}{\partial y} + \dfrac{\partial \tau_{xy}}{\partial x} + f_y = 0 \end{cases} \tag{1.1}$$

应力基本方程表达了物体内力、外力及物体运动状态之间的基本物理关系。与之相对应，几何方程则建立了物体宏观位移与细观应变之间的数学联系，微分线段上的形变量与位移分量之间的关系如图 1.2 所示。在小变形条件下，应变张量各分量与位移分量的关系为

$$\varepsilon_x = \frac{\partial u}{\partial x},\ \varepsilon_y = \frac{\partial v}{\partial y},\ \gamma_{xy} = \frac{\partial v}{\partial x} + \frac{\partial u}{\partial y} \tag{1.2}$$

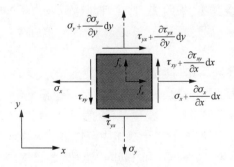

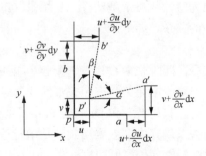

图 1.1　单元微分体　　　　　　　　　图 1.2　形变量与位移分量之间的关系

应力、应变之间的关系与材料的物理性质密切相关，不同的本构模型应力与应变之间的关系是不同的，可以简写成如下形式：

$$\sigma = f(\varepsilon) \tag{1.3}$$

在连续介质力学中，上述的平衡微分方程、几何方程均与材料性质和应力路径无关，材料的弹性、弹塑性的差别在于应力与应变的本构方程不同。材料在塑性阶段的应力-应变关系受到加载状态、应力水平、应力历史和路径的影响。在进行弹塑性问题研究时必须弄清楚以下几个问题[16]：

（1）所发生变形类型，判断发生的是纯弹性变形还是弹塑性变形。

（2）若是弹塑性变形，还必须确定塑性应变的正、负号问题。

（3）对于强化响应需要补充一个弹性范围的估计方法。

（4）塑性变形导致弹性范围的改变，故必须记录塑性变形历史。

（5）在弹塑性变形过程中，必须强调处于弹性范围边界的应力状态条件。

为了完整表示弹塑性反应，以上提出的 5 点必须用数学式表达。为此，加载准则、流动法则、强化法则、强化参数和相容条件等概念分别与上述 5 点有关，它们是塑性理论框架的真正基础。

在材料行为的数学描述中，通过本构方程表示材料的反应，在方程中给出应力作为物体变形历史的函数。描述塑性变形规律的理论大致可以分为两大类：全量理论和增量理论。此外，还有其他一些理论，如塑性滑移理论、内时理论以及一些宏观和微观相结合的理论。

全量理论（又称形变理论）认为在塑性状态下仍是应力与应变全量之间的关系，它试图直接建立全量式应力-应变关系，如下：

$$\sigma = C^{\text{sec}} : \varepsilon \tag{1.4}$$

式中，四阶张量 $C^{\text{sec}}$ 为割线刚度张量。

材料的应力-应变关系通常与加载历史密切相关，全量理论忽略了加载历史对应力-应变关系的影响，因此，仅适用简单加载的分析。增量理论（又称流动理论）认为塑性状态下是塑性应变增量（或应变率）和应力、应力增量（或应力率）之间的关系，如下：

$$\dot{\sigma} = C^{\text{ep}} : \dot{\varepsilon} \tag{1.5}$$

式中，四阶张量 $C^{\text{ep}}$ 为弹塑性切向刚度张量，其与加载历史有着密切的关系。

对于率无关和率相关塑性变形经常用到 von Mises $J_2$ 塑性流动理论模型（主要针对金属材料）和 Drucker-Prager 本构模型（关于土壤和岩石的变形）。在岩土本构关系研究中，主要用到的是增量理论。在过去的二十多年中，许多著名学者针对弹塑性问题展开研究，如 Ortiz 和 Popov[85]、Simo 和 Taylor [86,87]等。诸多成果中包括了一些非常杰出的专题著作，如 Crisfield[88]、Simo 和 Hughes[89]、de Souza Neto 等[90]。以牛顿-拉弗森法为特征的增量解法是目前结构弹塑性有限元分析中应用最为广泛的方法，其中每次迭代后都要根据获得的应变增量计算相应的满足弹塑性本构方程的状态变量，即状态变量的更新。对于许多复杂的本构模型，本构方程组是高度非线性的，并且难以通过解析法实现精确性积分，而只能采用数值积分算法来实现方程的求解[91,92]。Luccioni 等[93]介绍了完全隐式局部和全局算法的一种新形式，它是针对弹塑性本构模型的数值积分算法，其中弹塑性本构包括各向异性塑性和滞后小应变非线性弹性。Tamagnini 等[94]深入探讨了基于广义后退欧拉（Euler）法的各向同性硬化弹塑性模型的数值积分算法研究，其中本构模型可以用于研究胶结材料的力学、化学特性。Ahadi 和 Krenk[95]提出了一个带有显式更新的完全隐式积分算法，对粒状塑性材料提供了应力积分算法，最后通过迭代求解非线性方程获得更新的应力和硬化参数，目的是使得应力增量满足一致性条件。Valoroso 和 Rosati[96]提出了各向同性塑性平面应力问题的本构积分算法，提供了最近点投射算法的线性化形式和一种新型一致切线模量形式。目前，学者已经普遍认识到在发展这类算法时必须注意求解过程的收敛性、精确度和稳定性。而与弹塑性计算相关的增量求解过程的计算效率主要取决于本构方程的数值积分算法和用以求解平衡方程的迭代过程。由于数值积分运算需要在每一次整体平衡迭代中针对每一个进入屈服的高斯积分点进行，所以积分算法的有效性和稳定性直接影响到整体数值分析的有效性和稳定性[97]。

对率本构方程进行积分的数值算法称为本构积分算法或者应力更新算法。本构积分算法是弹塑性有限元计算的关键，一般分为显式积分算法和隐式积分算法，它直接影响到计算结果的精确性、稳定性。在早期的有限元计算中显式积分算法应用较为广泛，但解答从屈服表面漂移，导致计算结果不够精确[98]。显式积分算法可以应用到广泛的弹塑性本构关系的积分上，因其在算法中仅需要势函数对应力求一次导，使得算法简单易行。但是当显式积分方法运用到应力更新时，在进入塑性状态后增量步末的应力状态不一定满足屈服条件[99]。本构积分算法在国外最早由 Krieg 和 Krieg[100]提出，近些年得到了快速的发展和改进。Simo 和 Taylor[86]提出了一致切线模量的返回映射算法求解弹塑性问题，后来又对返回映射算法进行了相关性的总结。Asensio 和 Moreno[101]对一致切线模量给出了特殊的表达形式，克服非径向返回时计算困难的问题。Wang 等[102]将莫尔-库仑（Mohr-Coulomb）模型的返回映射算法嵌入到 ADINA 软件中，进行问题求解。Nukala[103]在循环黏塑性本构模型中应用返回映射算法，取得了比较理想的结果。Clausen 等[104]对返回映射算法进行不同形式的表达，力求简化求解过程。Huang 和 Griffiths[105]对最近点投射法和切平面法两种形式的返回映射算法进行对比分析。国内关于本构积分算法的研究起步相对较晚，至今仍然没有形成完整、成熟的研究体系。较早开展此项工作的是山东省计算中心学者李健，他在 1988 年基于返回映射算法的基本思想进行壳的弹塑性分析，采用广义 von Mises 屈服条件，对弯矩屈服极限用一指数曲线模拟,利用 DKT 板元和一种带有角点转角自由度的相容二次平面组成一种理想的平壳元[106]。张伟欣和童云生[107]应用模态应力、模拟应变等概念,发展了一种本构积分中点算法,在简正坐标系下得到简单的算法公式,并对算法的精度和稳定性进行了计算验证和理论分析。魏祖健和黄文彬[108]基于增量段上的应变关于塑性拉氏乘子的变化率为常矢量的假定,导出一种精确有效的、对有限元分析中线性混合硬化弹塑性本构方程的积分算法。沈永兴等[109]针对弹塑性一致切线模量算法的已有文献提出了异议,通过算例说明一致切线模量算法在一般情形下并不比常用的径向返回算法有明显的优越性。杨强等[110]针对岩土材料常用的Drucker-Prager 准则,提出了一种新的增量分析方法,并指出该方法不需要形成弹塑性增量矩阵,直接导出了符合正交流动法则的转移应力的解析解。杨强等[111-113]在随后的几年里在此基础上做了大量的研究工作,验证了所提方法的计算精度、收敛性及可行性等,并且在 2012 年又给出了非关联流动各向同性硬化 Drucker-Prager 弹塑性本构积分的广义中点法(generalized midpoint method,GMM)解析解,文中指出基于此解的应力调整算法同时具备隐式算法的计算精度、数值稳定性以及显式算法的计算效率、绝对收敛性。詹云刚等[114]提出了对屈服面角点应力区进行两个方向应力投射的本构积分算法,推导了两个投射方向的一致切线模量矩阵,并编制了 Abaqus 用户单元子程序。陈培帅等[115]针对三维应力空间回映算法在奇异点收敛性方程的不足,提出主应力空间的回映算法,讨论了算法实现过程的应力空间的转化问题,分析了应力更新过程中回映区域的方法,建立了相应的一致性刚度矩阵。

与返回映射算法相应的一致切线模量在弹塑性数值计算中至关重要,它对整个算法的效率有很大影响。在早期针对 $J_2$ 理论的返回映射算法中广泛使用弹塑性切线模量,它是通过连续的率形式本构模型得到的,使用弹塑性切线模量特别是在较大时间步上会失去渐进的二阶迭代收敛性[116]。完全隐式的后退欧拉算法不是精确积分,若在使用这种数值积分算法时仍使用连续性切线模量,则整体平衡迭代的牛顿-拉弗森法速度将会很慢。为了保证整体平衡迭代的渐进二阶收敛性,Simo 和 Taylor[86]指出切线模量必须由算法相一致的线性化过程求解,强调应当采用基于牛顿-拉弗森法的一致切线模量(也称为算法模量)。魏祖健和黄文彬[117]针对增量弹塑性有限元分析总结出了牛顿迭代一致性算法,主要采用了与路径无关的应力更新方式和一致性切线模量。其中路径无关应力更新方式主要影响计算的精度和稳定性,而一致切线模量则主要决定牛顿迭代的平方收敛速度。据此,推导了非线性弹性及全量塑性有限元分析中的一致切线模量,同时指出有些关于切线模量不正确的表述。邢誉峰和钱令希[118]提出了一致切线刚度法,并把它应用于三维弹塑性有限元问题的分析,该方法满足加卸载互补准则,即没有应力漂移现象,且具有一阶精度、二阶迭代收敛速度、计算量少和无条件稳定等优点。

## 1.5　隧道围岩安全性评价研究

隧道围岩安全性评价又称为稳定性评价,所关注的是围岩中破坏区和危险区的范围、深度、形成的机理,以及危险性状态在施工运营过程中的演化特性。隧道围岩安全性评价是隧道设计和施工的基础[119]。按照时间的不同,隧道围岩稳定性分析可有短期和长期之分,需要通过安全性指标来进行评价。最常用围岩安全性指标包括围岩极限位移、围岩破损区范围、围岩安全系数。郑颖人和丛宇[120]结合强度折减法来获得隧道围岩的安全系数,克服了以往围岩安全评价受岩体刚度影响的缺点,具有很好的适应性。但是上述指标主要针对整体岩体稳定性,尚无法反映岩体安全程度空间分布的情况。

为了进行岩体局部安全性评价,国内外学者引入单元安全系数法。Hoek 和 Bray[121]率先把单元安全系数的概念引入到边坡稳定分析。李树忱等[122]利用 Drucker-Prager 准则,建立了基于单元的安全系数法,给出了围岩稳定的安全范围。万世明等[123]建立了基于节理粗糙度-节理壁面强度(joint roughness coefficient-joint compression strength,JRC-JCS)模型下的点安全系数计算方法。周辉等[124]对围岩屈服接近度或破坏接近度进行了研究。

实践经验表明,岩体工程破坏和失稳在许多情况下并不是开挖完成后立即发生的,而是岩体应力、变形随着时间不断调整,状态恶化直至破坏,所以长期稳定性分析很有必要。为了不断地根据应力或变形信息来评价围岩的稳定性状态,首先需要采用合理蠕变模型来反映岩石劣化时效规律。周宏伟等[125]对于盐岩流变试验、盐岩流变本构关系和盐腔长期稳定性方面的研究进行了综述,指出将盐岩流变本构模型与盐岩流变微细观尺度损伤演化物理机制相融合,是盐岩流变学一个值得关注的方向。美国为了研究地下储库的长期安全稳定性,制订了地下储库围岩长期稳定性的现场流变试验研究规范[126]。戴永浩等[127]建立了泥岩非线性蠕变力学模型,并开展了大坂引水隧洞长期稳定性的饱和渗流-应力耦合数值计算。由上述可见,针对水工隧道、能源储备库等地下工程的长期稳定性问题,国内外已经开展了一定的研究。

综观隧道围岩安全性评价的研究,单元安全度能够获得围岩安全程度空间分布,蠕变分析则能获得变形随着时间的演化,分别已经取得较好的成果。然而对于低温富水环境隧道而言,围岩强度和蠕变参数随着时间和空间而变化,围岩安全度存在着时间和空间的相互影响。目前关于围岩安全度时空分布规律及相关的隧道长期稳定性分析方法的研究还不多见。

# 1.6　本书研究工作

　　本书从岩石损伤多场耦合作用机理出发，首先进行相关试验设备的研制或改进，以典型岩石为对象，开展了岩石冻胀损伤测试、岩石单裂隙渗流-应力耦合、化学腐蚀-冻融循环岩石蠕变、化学腐蚀环境下贯通裂隙板岩的渗透特性、加卸载条件下石英岩蠕变-渗流耦合等试验研究，获得应力、腐蚀、孔隙水压对岩石损伤、变形和渗透性影响关系。然后建立岩石弹塑性应变软化本构模型和损伤本构模型，研究岩石弹塑性损伤 MHC 耦合方程，基于非关联等向硬化 Drucker-Prager 本构模型的完全隐式积分算法-返回映射算法及相对应的一致切线模量，采用面向对象的编程方法，利用 C++语言自主开发了有限元求解程序。最后通过岩体单元的应力-应变状态和应变软化屈服准则，推导出 ZSI 的计算公式，通过 ZSI 与单元的渗透性和改进西原模型建立联系，建立多场耦合条件下岩体工程的时效安全性评价算法，并介绍在相关隧道工程中的应用。

# 第 2 章  岩石损伤多场耦合机理试验研究

## 2.1  引　　言

　　水-岩相互作用研究是岩土工程领域的前沿课题之一。水对岩石性质有化学作用、物理作用及力学作用，是导致工程岩体发生破坏的重要原因[128,129]。饱水岩石作为一种特殊的孔隙、裂隙饱和的流固多相介质体，其内部具有微孔洞、微裂纹等缺陷，有明显的非均匀和几何不连续性，在水及初始损伤的作用下，水流充满孔隙和微裂隙。饱水岩石在承受荷载前，微裂纹处于稳定状态，微裂纹和孔隙中的水对岩石起到软化作用，使得强度降低、变形和扩容更加显著。当受到荷载作用时，裂隙和孔隙中的水状态将发生变化，从自由面渗出使得孔隙水由饱和变得不饱和或受到挤压作用，并产生一定压力，促使裂纹尖端产生劈裂，加速岩石损伤微裂纹的扩展。岩体的地下水渗流产生渗透力，给工程安全带来不利影响，甚至可能造成涌突水危害。

　　研究岩石多场耦合作用下渗透性、损伤特性、变形特性具有重要的实际意义。对于这种复杂耦合作用下的研究，离不开试验设备的创新和研究。关于耦合条件下的试验设备已有不少，但是缺乏统一标准，只有很少一部分的试验设备能够供人们普遍使用，大多研制也只是停留在特定问题的研究。本章对于岩石损伤多场耦合机理方面的试验设备进行研制或改进，并开展相关的试验。

## 2.2  含水岩石冻胀损伤测试装置研制与试验

### 2.2.1  研制目的和意义

　　据统计，中国季节性冻土和常年冻土影响面积约占全国国土面积的 70%。中国正在大规模地进行隧道工程的建设，相当数量的隧道处于寒区。隧道开挖后受竖井通风作用、气候季节性变化的影响，使得原岩温度场发生变化，结构表面和内部所含水分的冻结和融化交替出现。在冻融条件下，岩石损伤是一个复杂的过程，它不仅受岩石结构、构造、物化性质等因素的影响，而且与冻融温度、岩石含水率、应力环境及初始损伤状态密切相关。目前，关于岩石冻融试验大多采用高低温箱进行，在冻融过程中岩石并未受力，这与实际不符。隧道围岩在低温冻融过程中受到了周围地质体和衬砌的约束，衬砌冻胀力的变化也直接影响了其性能，关于含水岩石在反复冻融条件下的冻胀力测试装置的研究还鲜有报道。

### 2.2.2　装置研制

本装置主要包括：一个中空的缸体，缸体的底部固定连接有螺柱，螺柱沿缸体向外延伸，缸体的顶部设置有与缸体的侧壁形状相配合的缸盖，缸盖套装在螺柱上，螺柱从下到上还依次套装有第一垫块、测力传感器、第二垫块和螺母，测力传感器上连接有智能数字压力表。

其主要具有以下优点：

（1）克服常规岩石反复冻融过程中水分的散失，能够真实模拟实际岩石所处环境，同时采用特殊缸体结构，可以真实反映岩石所处力边界条件。

（2）采用与岩石尺寸配套的特制的垫圈式测力传感器，该传感器的使用使得整个装置变得简单，结构上紧凑，便于实现。同时采用智能数字压力表。

（3）该装置能够实时在线测量损伤岩石冻融过程中的冻胀力的变化，具有实时性在线测量的优点。

图 2.1 为含水岩石冻胀力测试装置的结构示意图。

利用该含水岩石冻胀力测试装置来测量含水岩石在冻融过程中冻胀力的大小，还可以配合环向渗流-应力耦合试验装置测量含水岩石在冻融过程中渗透性的变化特征。

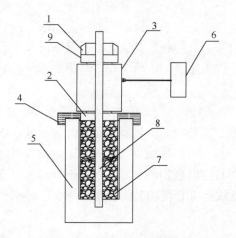

图 2.1　含水岩石冻胀力测试装置结构示意图

1. 螺母；2. 第一垫块；3. 测力传感器；4. 缸盖；5. 缸体；6. 数字压力表；7. 含水岩石；8. 螺柱；9. 第二垫块

### 2.2.3　实施方式与使用步骤

如图 2.1 所示的含水岩石冻胀力测试装置，在缸体的底部固定连接有螺柱，该螺柱沿缸体向外延伸，螺柱的长度大于缸体的高度。

选取现场岩石试样加工成中空的标准岩石试件，制成待测含水岩石，该待测含水岩石的尺寸大小小于缸体的体积。将该待测含水岩石套装在螺柱上，使待测含水岩石放置于缸体内，盖上缸盖。将第一垫块、测力传感器、第二垫块和螺母从下到上依次套装在螺柱上，将缸体放置在低温环境下进行反复冻融实验。利用测力传感器来测量待测含水岩石在冻融过程中冻胀力的大小，利用智能数字压力表对冻胀力数据进行实时数据采集。

该含水岩石冻胀力测试装置利用缸盖与缸体配合使用可以防止反复冻融条件下待测含水岩石水分的散失。测力传感器为垫圈式测力传感器，根据该冻胀力测试装置尺寸来制成该垫圈式测力传感器，此传感器符合传感器标准 0.5 级，使用温度范围：−30～60℃；测试量程：0～100kN；测试精度在 0.5%的范围内。智能数字压力表具有测控精度高、抗干扰性能强等优点，设置报警范围：1～9999MPa；使用温度及湿度范围：0～5℃，≤80%RH。

### 2.2.4　试件制备

为了检验所制装置的性能，采用岩石相似材料制成的试件代替真实岩石试件。岩石相似材料的基本要求：主要力学性质与模拟的岩层或结构相似；试验过程中材料的力学性能稳定，不易受外界条件的影响，相似材料应由散粒体组成，静胶结剂胶合并在模具内压成一定尺寸的砌块，才能保证有致密的结构和较大的内摩擦角；改变材料配比，可调整材料的某些性质以及适应相似条件的需要；制作方便，凝固时间短；成本低、来源丰富；对人体无任何毒害作用。

本书采用文献[130]中根据正交试验结果得到的配比制作的试件，基本可以满足与原岩的 5 个指标相似系数等于 1。结合模型试验的要求，基于原始应力场相似，模拟中、粗砂岩在富水条件下岩体与结构的相互作用，分析各因素的影响后，确定相似材料的配比为混凝土增强剂用量 $M_z$：水泥用量 $M_c$：砂用量 $M_g$ 为 8：310：1520（kg/m$^3$），水胶比取 0.4，砂粒径取 0.3～2mm。试件制作时先将砂和胶凝材料拌合均匀后，加入约一半用量的水拌合均匀，然后逐渐加水并搅拌均匀，将拌合材料倒入模具内并用一定压力压制成型，脱模后在标准养护室对试件进行养护。

### 2.2.5　试验方案及方法

按上述方法共制作了 8 个试件，选取其中 7 个试件，将其放在烘箱中，在 80℃的温度下烘干 72h。烘干后将其分成两组：第一组 5 个试件，采用真空抽气法使试件全部处于饱水状态，试件编号为 1#～5#；第二组 2 个试件，含水率分别为 5%、10%，试件编号为 6#、7#。

岩石冻胀融缩受冻胀温度、含水率、冻融次数及岩石自身力学性质等多种因素影响，十分复杂。分别考虑冻胀温度、含水率、冻融次数对冻胀力的影响，按以下三种方案进行试验：

（1）将试件装入冻胀力测试装置内，施加一个预应力，将试件压紧，然后将其放置在恒温恒湿箱内，分别设置冻结温度为-18℃和-25℃。

（2）分别进行含水率5%、10%及饱水试件冻胀力测试试验，设置冻结温度为-18℃。

（3）将试件放入冻胀力测试装置后，进行冻融循环，先设置冻结温度-18℃，冻结4h，然后设置温度至+18℃，持续4h，此为一个循环，再进行同样操作，记录每次冻融的冻胀力数据。

试验用到的主要设备如图2.2所示。

（a）冻胀力测试装置　　　　　　　　　　　　（b）恒温恒湿箱

图2.2　主要试验设备

## 2.2.6　试验结果分析

根据上述试验步骤，得到方案一——在-18℃和-25℃时饱水试件冻胀力-时间曲线，方案二——在-18℃时不同含水率的试件冻胀力-时间曲线，方案三——不同冻融循环次数的试件冻胀力-时间曲线，分别如图2.3～图2.5所示。

从图2.3中可以看出，冻结温度越低，冻胀力达到极值的时间越短。达到极值后继续维持冻结温度，应力略有降低。从图2.4中可以看出，岩石的含水量是影响岩石冻融损伤劣化的主要条件，岩石冻融损伤劣化是由于水在岩石内部孔隙中的冻结和融化造成的。从图2.5中可以看出，冻融循环次数对岩石的冻融损伤劣化影响比较显著，冻融循环次数越多，岩石受冻融循环的影响越明显。

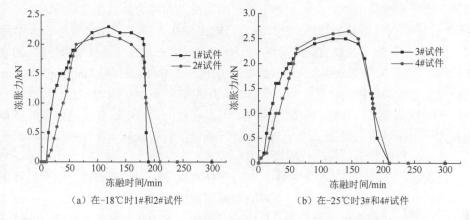

（a）在-18℃时1#和2#试件　　　　（b）在-25℃时3#和4#试件

图 2.3　在-18℃和-25℃时饱水试件冻胀力-时间曲线

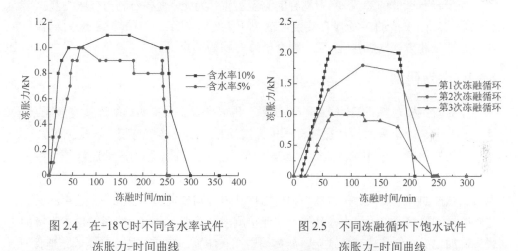

图 2.4　在-18℃时不同含水率试件　　图 2.5　不同冻融循环下饱水试件
　　　　冻胀力-时间曲线　　　　　　　　　　冻胀力-时间曲线

## 2.3　环向渗流-应力耦合下岩石渗透性试验装置研制与试验

### 2.3.1　研制目的和意义

由于海水高压力和腐蚀性引发隧道突、涌水等问题，寒区隧道中存在温度影响围岩的问题，复杂环境因素给隧道工程安全带来重大影响。对这类问题的评价与预测，需要从岩石温度、应力、渗流多场耦合与损伤相结合的角度出发，才能够从根本上解决工程中遇到的问题。

纵观文献报道，黄润秋等[131]开发研制出一套岩石高压渗透试验装置，该套装置是集电-气-液一体化的高技术系统设备，能够进行不同尺寸、不同规格的岩石或碎石土还原在其原始地应力状态下进行渗透性及相关力学试验的研究。陈卫忠等[132]研制出双联动软岩渗流-应力耦合三轴流变仪，研究了软岩长期的力学特性。张铭[133]研制了低渗透介质温度-应力-渗流耦合三轴仪，该系统可以在 20～90℃范围、三轴室活塞最大轴向力 1000kN、围压 40MPa 内对直径 50mm 和 100mm 的试件进行轴向和径向渗透试验。冯夏庭和丁梧秀[134]研制了应力-水流-化学耦合下岩石破裂全过程的细观力学试验系统，可以进行应力-水流-化学耦合下的多项岩石力学细观试验，实现了应力-水流-化学耦合下岩石破裂全过程的显微与宏观实时监测、控制、记录与分析的岩石力学试验。

已有设备还存在以下问题：①大多设备针对试件轴向渗流，针对中空试件径向渗流的设备尚不多见；②为了更深刻地揭示渗流与岩石损伤演化的关系，在测量 MHC 耦合过程中实时测量岩石损伤是必要的，该方面设备还不多见；③缺乏针对冻胀岩石试件的渗流-应力耦合的测量装置。为此，需要研制与冻胀力测试装置配套的环向渗流的多场耦合装置，这对于更好地揭示岩石的渗流-应力耦合机理，尤其是北方寒区的渗流-应力耦合机理有积极的意义。

## 2.3.2　装置研制

本装置主要包括：架体，架体内设置有压力室，压力室的一端连接有液压泵，液压泵的一端连接有水浴加热装置，压力室的另一端还连接有超声波检测仪。

压力室包括一个中空的缸体，缸体内部的上端和下端分别活动连接传力柱Ⅰ和传力柱Ⅱ。传力柱Ⅰ和传力柱Ⅱ分别沿缸体向外延伸，两者之间有放置中空裂隙岩石试件的容纳空间。传力柱Ⅰ和传力柱Ⅱ内分别放置超声波探头，超声波探头与对应检测仪相连接，传力柱Ⅱ的上端连接测力传感器，测力传感器的顶端连接加载头，加载头与位移传感器连接。架体固定在底座上，底座与传力柱Ⅰ固定连接，加载头的顶端有油压千斤顶，油压千斤顶与架体相连接。缸体的底部和顶端分别有与缸体形状相配合的盖体。缸体具有进液口和出液口，缸体通过进液口与液压泵相连接，出液口通过液体输出管路连接流量计。传力柱Ⅰ与缸体之间有密封圈Ⅰ和密封圈Ⅱ，密封圈Ⅰ设置在出液口的下方，密封圈Ⅱ设置在出液口的上方；传力柱Ⅱ与缸体之间有密封圈Ⅲ。压力室还包括密封垫片Ⅰ和密封垫片Ⅱ，放置中空裂隙岩石试件时，密封垫片Ⅰ放置在中空裂隙岩石试件的下方，密封垫片Ⅱ放置在空裂隙岩石试件的下方。进液口与液压泵之间有截止阀和压力表。

本装置提供的岩石损伤和渗透测试装置，可以实时进行轴向超声波波速的测试、特殊裂隙岩石环向渗流的测试以及温度对渗透特性影响的研究。为了确保中空裂隙岩石试件与传力柱Ⅰ、传力柱Ⅱ接触部分，以及压力室液体的密封性，该装置设置了密封圈和密封垫片对压力室进行密封保护。渗流液体温度的控制采用一套智能水浴加热装置，该加热装置具有先进的内、外循环叶轮搅拌系统，使恒温水槽内部温度场均匀恒定，大大提高了控温精度和温度场均匀度。该岩石损伤和渗透测试装置结构相对简单，具有普遍适用性和精确性的优点。图 2.6 为环向渗流-应力耦合作用下岩石损伤、渗透测试装置的结构示意图。

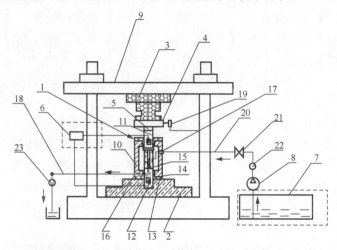

图 2.6　环向渗流-应力耦合作用下岩石损伤、渗透测试装置结构示意图

1. 压力室；2. 底座；3. 油压千斤顶；4. 加载头；5. 测力传感器；6. 超声波检测仪；
7. 水浴加热装置；8. 液压泵；9. 架体；10. 缸体；11. 传力柱；12. 超声波探头；
13. 盖体；14. 密封圈；15. 密封垫片；16. 出液口；17. 进液口；18. 液体输出管路；
19. 位移传感器；20. 液体输入管路；21. 截止阀；22. 压力表；23. 流量计

压力室与中空裂隙岩石试件配合使用及放大的试件如图 2.7 所示。压力室的结构示意图如图 2.8 所示。

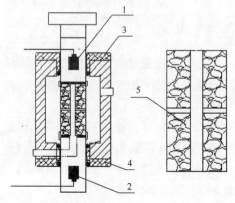

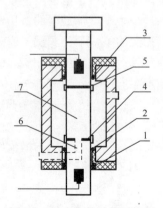

图 2.7　压力室与中空裂隙岩石试件配合使用　　　图 2.8　压力室的结构示意图
　　　　　及放大的试件

1. 超声波探头Ⅰ；2. 超声波探头Ⅱ；3. 盖体Ⅰ；　　1. 密封圈Ⅰ；2. 密封圈Ⅱ；3. 密封圈Ⅲ；
4. 盖体Ⅱ；5. 中空裂隙岩石试件　　　　　　　4. 密封垫片Ⅰ；5. 密封垫片Ⅱ；6. 孔；7. 容纳空间

### 2.3.3　使用步骤及计算公式

环向渗流-应力耦合作用下岩石损伤与渗透测试方法的步骤如下。

步骤 1：试件可用岩心或岩块加工，尺寸为直径 50mm、高 100mm 的标准岩石试件，制备精度需满足《工程岩体试验方法标准》（GB/T 50266—2013）的要求。将岩石加工成装置用的中空裂隙岩石试件进行试验，同时可将该试件制作成不同形式的特殊裂隙组合。

步骤 2：将传力柱与缸体连接，在传力柱上有与出液口相配合使用的孔，注意在安装时将孔与出液口相连通，以确保渗流液体的流出。在传力柱上端安装密封垫片，该密封垫片的形状与中空裂隙岩石试件、缸体的形状相配合，然后将中空裂隙岩石试件放在缸体内，在试件的上方放置密封垫片，再将传力柱与缸体相连接，传力柱的上端连接有测力传感器，测力传感器与加载头连接，再将加载头连接位移传感器，将中空裂隙岩石试件安装完毕后，在出液口的上下、缸体与传力柱之间安装密封圈，同时用盖体将缸体的底端和顶端盖紧，保证试件在缸体内被完全密封。

步骤 3：将传力柱和传力柱内的超声波探头与超声波检测仪连接，将压力室的进液口与液压泵相连接，将液压泵与水浴加热装置相连接，并且在进液口与液压泵之间连接截止阀和压力表。将水浴加热装置内的温度调节到试验所需要的温度。

步骤 4：试件顶端是传力柱和加载头，打开轴向电机开关，方向开关拨至上升位置，使得压力室上升与加载头接触。关闭电机，重新调节位移传感器高度，并将位移和压力传感器读数清零。对试件施加轴力，直到测力传感器显示数值时停止。一是为了试件断面的挤压密封，二是为了超声设备的调试。然后打开液压泵，在渗流的条件下，测试波速时间初始值。

步骤 5：打开液压泵，施加渗透压，同时测定在渗透压作用下的波速传播时间；施加轴向压力，对试件进行加载，试验记录结果。试验中同步记录波速、轴向应变、荷载大小及不同温度下液体的渗流量。

步骤 6：接通电源，点击轴向电机启动开关，轴向压力系统工作。调节轴压系统先导溢流阀压力，先导溢流阀装在泵站集成块上，顺时针方向旋转为压力升高，反之为压力下降。轴向调速阀顺时针方向旋转为速度加快，反之速度降低。通过位移传感器测定加载速度，可对轴向油缸进行恒速或恒力控制。

环向渗流-应力耦合作用下岩石损伤与渗透测试系统和测试方法，可以利用冻胀力测试装置对岩石进行反复冻融试验后测量该岩石试件的冻胀力变化。再将岩石放置于压力室内，利用压力加载装置对岩石试件施加压力，在不同压力作用下

实现岩石渗透系数 $k$ 的测定和超声波波速传播时间 $T$ 的测定，从而研究岩石的渗透性和损伤情况。

渗透系数的物理意义是介质对某种特定流体的渗透阻力，对于水在岩石中渗流来说，渗透系数的大小就取决于岩石的物理特性和结构特征，如岩石中孔隙和裂隙的大小、开启程度、连通情况等。岩石的渗透系数可在现场或实验室内通过实验确定。已有研究均是采用下式计算渗透系数 $k$：

$$k = \frac{QL\gamma_w}{PA} \tag{2.1}$$

式中，$\gamma_w$ 为水的容重（kN/m³）；$Q$ 为单位时间内通过试件的水量（m³/s）；$L$ 为试件长度（m）；$A$ 为试件的横截面积（m²）；$P$ 为试件两端的压力差（kPa）。

式（2.1）不适合计算环向渗透试验的渗透系数，下面给出环向试验渗透系数计算公式。设试件外壁上的压力为 $p$，内壁或小孔内的压力为零，则压力水从试件外壁向小孔内渗流。如果小孔的长度为 $L$，渗过半径为 $r$ 的同心圆柱体的流量为

$$q = \frac{k}{\gamma_w} \times 2\pi r L \frac{\mathrm{d}p}{\mathrm{d}r} \tag{2.2}$$

由于在试件内没有积聚液体，故 $q$ 为常数，等于试件内部所接纳的水量 $Q$，故可将式（2.2）写成

$$\frac{\mathrm{d}r}{r} = \frac{k \times 2\pi L}{\gamma_w Q}\mathrm{d}p \tag{2.3}$$

从 $r = R_1$ 到 $R_2$ 范围内积分（$R_1$ 为试件的内半径，$R_2$ 为外半径），得

$$\ln\frac{R_2}{R_1} = k\frac{2\pi L}{\gamma_w Q}p \text{ 或 } k = \frac{\gamma_w Q}{2\pi L p}\ln\frac{R_2}{R_1} \tag{2.4}$$

长期以来的有关渗流的研究基本上集中在孔隙介质中的渗流，对于裂隙介质中的渗流研究还很不成熟。为了近似地分析裂隙岩体中的渗流问题，假定它服从达西定律。按照这个规律，渗流速度 $v$ 与水力梯度 $J$ 成正比，即

$$v = kJ \tag{2.5}$$

### 2.3.4　试验方法和过程

基本的试验方法如下：采用 2.2.4 小节中制作试件的方法，制作若干个直径为 50mm、长为 100mm 的圆柱试件，在试件内预制一个直径为 10mm、长为 100mm 的轴向通孔。将试件装载密封后［图 2.9（a）］，向装载试件的压力室中加入水，将试件、传力柱、密封圈和密封垫在压力室内装载完毕［图 2.9（b）］，放置在三轴仪的加载架下，施加预应力后将试件端面、传力柱、加载头充分挤压。然后采用渗透压加压泵达到试验所需压力，并维持该压力。这样保持试件轴向小孔壁上

的水压力与试件外壁上的水压力不等，这样就引起环向渗透，水流几乎在试件的整个高度上都是环向的，可以测量在各种应力状态下的岩石渗透性。试验装置及试验过程如图 2.9 和图 2.10 所示。

　　　（a）装置组成及试件端部密封　　　　　　　　（b）环向渗流测试装置

图 2.9　环向渗流测试装置及试件端部密封

　　　　　（a）试件安装过程　　　　　　　　　　　（b）试件加载过程

图 2.10　试件安装及加载过程

### 1. 不同 JRC 的获取

预制环向结构面粗糙度系数（joint roughness coefficient，JRC）裂隙的优点是能更准确、方便地获取其 JRC，原因在于两个试件的裂隙接触为完全吻合的无空隙的断面，沿中轴线展开后的轮廓线可以通过手工绘制准确获得。图纸横轴为圆柱体横截面的外周长，纵轴为试件的高度。试件裂隙外边缘所滚动过的轨迹即为该试件的 JRC 曲线，具体方法如图 2.11 所示。图 2.12 为 Barton 等[135]给出的 JRC 标准轮廓曲线。

为减少试验误差，将该手工绘制过程重复 4 次取平均值，经电子扫描设备导入 AutoCAD 软件进行 JRC 值数字化。为方便研究，本试验选取容易区分的 6 个试件进行试验，试件对应的编号分别为 1#、2#、2-1#、3#、4#、4-1#。根据 JRC 标准轮廓曲线图，确定各试件的 JRC 分别为 15、5、1、11、17、20。获取的 6 组 JRC 曲线如图 2.13 所示。

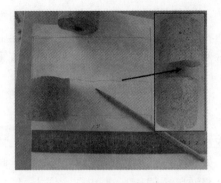

图 2.11　不同 JRC 的获取方法

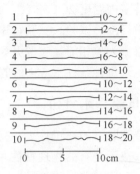

图 2.12　JRC 标准轮廓曲线图

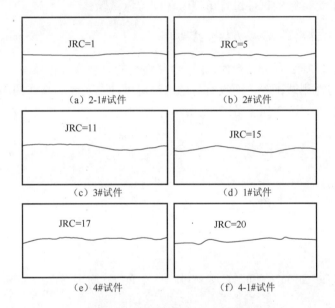

图 2.13　试验中获取的 JRC 曲线

2. 试验过程

　　试验主要为了研究较低围压水平下的裂隙渗透规律，为了简化试验条件，减少其他因素对试验结果的影响，设定试件处于只受围压和水压状态。分两种条件下进行加载：①轴向仅施加 1kN 的荷载，保证试件底端与压力室良好接触。为确保试件底端不漏水，采用防水胶带完全密封。出口端通大气，只变动围压。根据试验研究目的和试验设备条件，施加的围压分别为 20kPa、30kPa、40kPa、50kPa、60kPa、70kPa、80kPa、100kPa，采集其对应的渗流量 $Q$。②固定渗透压为 50kPa，施加轴向荷载，轴向应力不低于 50kPa，即保证有效应力大于零。将试件加载至破坏，采集破坏前的渗流量 $Q$。

保持室内温度20℃左右，将密封好的岩石试件放置于试验机内，采用蒸馏水对试件进行渗透试验。试验前试件先进行饱和，抽真空3.5h，以保证试验过程中试件的渗流为单相流。试验开始后打开出水阀，稳定一段时间后，用秒表和量筒测量并记录每种条件下60s内的渗流量Q。

### 2.3.5　试验结果分析

单裂隙岩石的渗透性大小受到多方面因素的影响，对于水在岩石中的渗透性来说就取决于岩石的物理特性和结构特征，如岩石中裂隙的大小、粗糙程度、倾斜角度、配称及非配称接触情况等。分别对普通单裂隙、不同JRC、不同倾斜角度和不同非配称接触的试件进行单裂隙环向渗流试验。

#### 1. 单裂隙环向渗流–应力耦合结果

为了验证自制装置的可行性，采用自然断裂的单裂隙进行环向渗流–应力耦合作用下的渗透性测试试验，而没有考虑水浴温度加热及超声损伤的测量。根据试验所得数据整理如图2.14和图2.15所示。

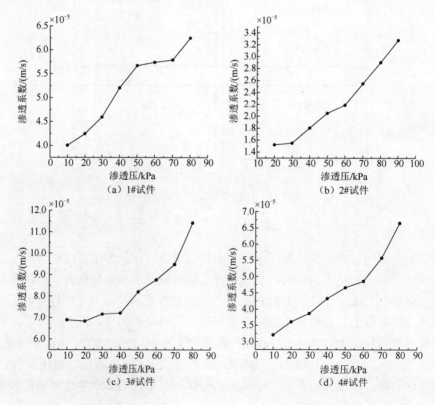

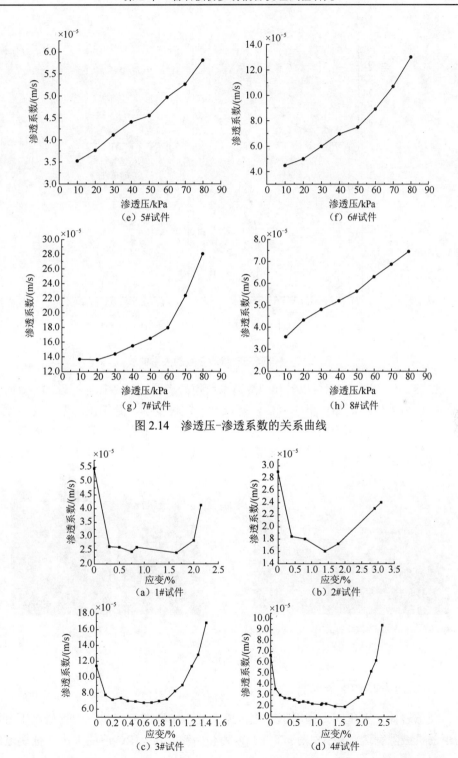

（e）5#试件　　　　　　　　　　　（f）6#试件

（g）7#试件　　　　　　　　　　　（h）8#试件

图 2.14　渗透压–渗透系数的关系曲线

（a）1#试件　　　　　　　　　　　（b）2#试件

（c）3#试件　　　　　　　　　　　（d）4#试件

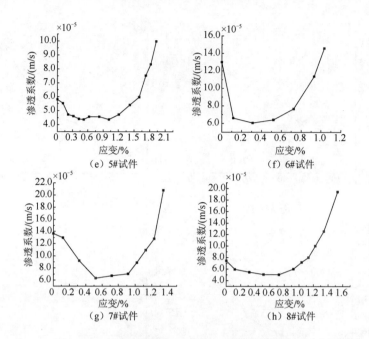

图 2.15　轴向应变–渗透系数的关系曲线

由图 2.14 和图 2.15 可以看出，渗透系数随着渗透压的增加非线性增长，而随着轴向压力的增加，渗流量先降低，降低到一定程度后，开始出现增加的现象。原因在于开始裂隙处于压缩状态，裂隙被挤压，轴向压力增加到一定程度后，试件出现新的裂隙，由此导致渗流量增加，直至试件破坏。试验的破坏试件如图 2.16 所示。

（a）破坏的试件　　　　　　　　　　　　　（b）放大的破坏试件

图 2.16　破坏的试件

## 2. 不同 JRC 的渗流分析

裂隙岩体在正压应力作用下产生压缩，处于初始零应力状态的裂隙在压力作用下的机械隙宽达到最大，称此时的 $Q_0$ 为初始渗流量。JRC 值的大小表征裂隙的凹凸面粗糙程度，JRC 值越大，凹凸面的数量越多、起伏度也越大。JRC 值作为一种估测方法有其任意性，为消除 JRC 值取样间隔随机性和离散性的影响，本章以 Barton 等[135]提出的 10 条 JRC 标准轮廓曲线为研究对象，对 6 个 JRC-$Q_0$ 样本点的试验数据进行拟合，相关系数 $R^2$=0.968，如图 2.17 所示。可以发现，其基本呈线性递减规律，说明本试验所采用的 JRC 轮廓线的间距均匀性和本次试验的可行性。

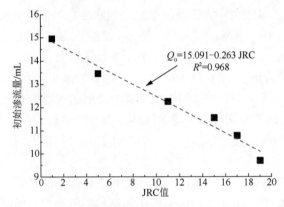

$$Q_0=15.091-0.263\ JRC$$
$$R^2=0.968$$

图 2.17　初始渗流量 JRC-$Q_0$ 关系曲线

施加法向应力过程中，粗糙裂隙面的凹凸面受到挤压变形、损伤、破坏，空隙构造产生复杂变化。当达到峰值强度时裂隙被压碎，此时其粗糙性发挥到最大程度。这个过程其实是裂隙表面的凸起不断被磨平或剪断，促进水力开度的减小，相应的平均裂隙隙宽减小，与此同时由凹凸面损伤产生的碎屑也在一定程度上增大裂隙的阻水性能，法向闭合变形和接触面积比逐渐达到最大，通过裂隙的渗流量 $Q$ 达到最小。

为研究这一复杂的变化过程，建立有效应力 $\sigma$ 和渗流量 $Q$ 的关系，保持渗透压为 50kPa 下对不同 JRC 试件进行加载，采集获得其受力状态下的渗流量，对每条曲线进行二次多项式拟合，见下式：

$$Q(\sigma) = a\sigma + b\sigma^2 + Q_0, \quad \sigma < \sigma_s \tag{2.6}$$

式中，$\sigma$ 为偏应力，即法向应力与围压之差；$a$、$b$ 为系数；$Q_0$ 为轴压为零时的初始渗流量；$\sigma_s$ 为裂隙的峰值抗压强度。

拟合结果如表 2.1 所示。

表 2.1　$\sigma$-$Q$ 拟合结果

| JRC 值 | 拟合公式 | $R^2$ |
|---|---|---|
| 1 | $Q=-8.02\,\sigma +1.48\,\sigma^2 +14.37$ | 0.994 |
| 5 | $Q=-8.98\,\sigma +1.83\,\sigma^2 +13.06$ | 0.990 |

续表

| JRC 值 | 拟合公式 | $R^2$ |
|---|---|---|
| 11 | $Q=-9.39\,\sigma+2.02\,\sigma^2+12.36$ | 0.977 |
| 15 | $Q=-10.12\,\sigma+2.51\,\sigma^2+11.37$ | 0.996 |
| 17 | $Q=-10.26\,\sigma+2.67\,\sigma^2+10.45$ | 0.995 |
| 19 | $Q=-11.5\,\sigma+3.41\,\sigma^2+9.88$ | 0.987 |

图 2.18 给出了偏应力和渗流量的关系曲线和各自的拟合曲线,可以看出偏应力和渗流量之间存在二次幂函数关系,当 $\sigma<\sigma_s$ 时,渗流量随着偏应力的增大呈减小趋势。同一偏应力作用下, JRC 值越小,渗流量越大。

由表 2.1 可以看出,6 条曲线中拟合相关系数 $R^2$ 最小为 0.977,表明用式(2.6)的拟合是合理的。当 $\sigma<\sigma_s$ 时,不同 JRC 值单裂隙的渗透率对 $Q(\sigma)$ 求一次导数, $Q'(\sigma)=0$ 时的流量 $Q$ 取得极小值,此时试件水力开度达到最小。当 $\sigma\geqslant\sigma_s$ 时,继续加载则超过裂隙的抗压强度导致裂隙破坏,认为此时的轴向应力点为闭合极值应力 $\sigma_s$。

轴向正应力对裂隙面影响很大,而不同 JRC 裂隙面的受剪作用相对较弱可以忽略不计,因此本章针对不同 JRC 值的相同材料裂隙岩体总结出闭合极值应力与 JRC 之间的关系曲线。由图 2.19 可见 JRC 值越大,闭合极值应力 $\sigma_s$ 越小,它们基本符合线性递减的趋势。

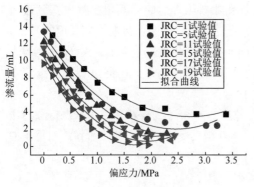

图 2.18　偏应力-渗流量关系曲线

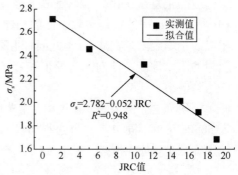

图 2.19　JRC 与 $\sigma_s$ 关系曲线

### 3. 配称与非配称接触的裂隙渗流分析

自然界岩体工程当中,影响裂隙渗透性的关键因素主要是构成裂隙两个接触面的表面形貌和不同接触状态下的组合形貌[136]。裂隙表面的粗糙程度 JRC 即裂隙的表面形貌,而当裂隙发生相对错位接触时,即对两裂隙接触面进行配称和非配称放置,此时,裂隙表面形貌并未发生变化,因此改变裂隙渗透性的影响因素主要是两个组合面的配称与非配称组合情况。

按照上述介绍的试验方法，分别针对接触面进行配称 0°、非配称 45°、非配称 60°、非配称 90° 等放置情况的裂隙渗透性试验，渗透压保持 50kPa 恒定值，施加轴向压应力。

配称放置的接触面由于接触面断茬又重新恢复原来的表面组合形貌，其加载过程中的受力状态相对简单。而不同配称的两个接触面存在很多随机起伏点、断茬凹凸体，增大了裂隙的平均隙宽，此时未必满足立方定律，因此通过渗流量来评价裂隙的渗透能力。非配称放置接触面在接受外部传来的荷载时，主要靠这些随机接触的表面凹凸体承受。

图 2.20 为不同配称和非配称接触的有效应力和渗流量的关系曲线。这些曲线开始阶段渗流量较大，随着有效应力增加渗流量减少。当有效应力增加到一定程度时，渗流量逐渐趋于稳定。这是因为开始阶段裂隙面结构较为松散，后期阶段裂隙凹凸体已经压密导致。由图 2.20 可知，荷载为零时，配称接触的渗流量明显比其他接触方式小很多，且加载过程中，其渗流量的减小缓慢。而非配称接触 45°、60°、90° 的渗流量随机性较大，开始阶段渗流量减小迅速。这是由于凹凸体的损伤、破坏使得裂隙间的碎屑和胶结物重新分配、充填到裂隙间，大大增加了裂隙的阻水能力。而到达稳定阶段之后，裂隙的抗压、抗剪强度的进一步稳定化使得结构面变形趋于稳定，渗流量也趋于平缓。

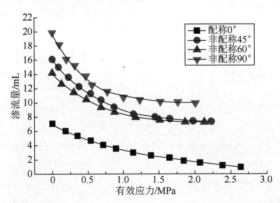

图 2.20　不同配称和非配称接触的有效应力-渗流量关系曲线

### 4. 不同角度裂隙渗流分析

裂隙倾斜的渗流特性不仅受到围压、轴压、水力冲刷等复杂影响，而且裂隙面伴随有明显的剪切滑动。剪应力对裂隙渗透性的影响，一是改变其表面粗糙度，二是改变其接触面积比，进而影响渗透性。

裂隙的抗剪强度可用下式表述：

$$\tau = \sigma_n \tan \phi \qquad (2.7)$$

式中，$\phi$ 为裂隙表面的基本摩擦角；$\sigma_n$ 为裂隙的法向应力。

在裂隙面接受正应力的过程中，其受力状态可拆解为图 2.21 的示意图。其中 $\sigma_e$ 为有效应力，$p$ 为围压，即 $\sigma_e = \sigma - p$，代入式（2.7），得

$$\tau = (\sigma - p)\cos \alpha \cdot \tan \phi, \quad p < \sigma < \sigma_s \qquad (2.8)$$

当 $\tau \leqslant \tau_p$（$\tau_p$ 为剪切屈服强度）时，岩石裂隙的剪切变形处于线性增大阶段，裂隙间无明显错位滑动；当 $\tau > \tau_p$ 时，剪切应力达到极限屈服强度，裂隙面沿爬坡反方向有明显错位滑动，在此过程中，裂隙的受力状态、应变变形及水力传导特性发生变化。

分别对 4 种不同倾斜角度 $\alpha$（19.8°、26.33°、38.33°、41.19°）的裂隙，在固定渗透压 50kPa 下施加不同的轴向压应力，记录各应力点的渗流量。通过式（2.8）建立剪切应力 $\tau$ 与 $Q$ 的关系，如图 2.22 所示。由图可知，随着倾斜角度的增大，裂隙的初始渗流量减小。渗流量随着剪切应力的增大而减小，最终达到最小值，这标志着裂隙被受压破坏或剪切破坏，之后渗流量迅速增加。对测得的数据进行二次多项式拟合，结果如表 2.2 所示。

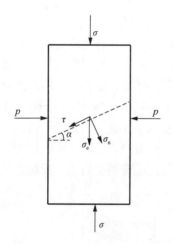

图 2.21　不同倾斜角度裂隙的
受力状态示意图

表 2.2　$\tau$-$Q$ 拟合结果

| $\alpha /(°)$ | 拟合公式 | $R^2$ |
|---|---|---|
| 0 | $Q = -14.516\tau + 4.891\tau^2 + 15.379$ | 0.977 |
| 19.8 | $Q = -16.767\tau + 7.255\tau^2 + 14.081$ | 0.984 |
| 26.33 | $Q = -18.896\tau + 9.999\tau^2 + 12.925$ | 0.995 |
| 38.33 | $Q = -15.256\tau + 12.578\tau^2 + 10.333$ | 0.983 |
| 41.19 | $Q = -19.67\tau + 22.128\tau^2 + 8.626$ | 0.954 |

按照上述介绍的方法求得裂隙在荷载过程中产生明显损伤时的剪切强度 $\tau_m$，并进行拟合，建立 $\alpha$-$\tau_m$ 的关系曲线如图 2.23 所示。可以看出，$\alpha$-$\tau_m$ 符合指数递减关系。

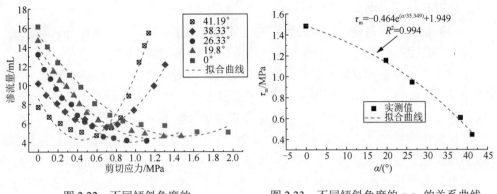

图 2.22　不同倾斜角度的
剪切应力-渗流量关系曲线

图 2.23　不同倾斜角度的 $\alpha$-$\tau_m$ 的关系曲线

## 2.4　低温试验设备的改进和电阻率测试方法

### 2.4.1　三轴流变仪介绍

　　RLW-2000 岩石伺服三轴流变仪是长春市朝阳试验仪器有限公司生产的岩石流变试验系统。它可以实现岩石在高温环境下的多种试验，能够完成如下具体试验和参数测定：在不同围压下，测量岩石的弹性参数；全应力-应变试验，获得峰值强度和残余强度；蠕变试验；松弛试验；在模拟原地应力水平下测试地层的流动参数；测试岩石的断裂韧性；测试地层的原地应力。

　　主机采用组合门式加载框架，油缸下置。压力室采用优质合金钢锻件，表面镀硬铬，结构刚度大。控制系统采用德国 DOLI 生产的全数字伺服控制器，该控制系统控制精度高、保护功能全、可靠性能强。试验机采集软件适用于 Windows 环境，具有良好的人机界面，可以显示应力、位移、变形（轴向、径向）、围压、控制方式、加载速率等多种测量参数以及多种试验曲线。试验完成后可进行曲线分析，打印试验报告。硬件组成如图 2.24 所示。

图 2.24　RLW-2000 岩石伺服三轴流变仪的硬件组成部分

硬件系统组成部分如下。

（1）轴向加载系统。轴向加载系统包括轴向加载框架、压力室提升装置、伺服油源等。轴向加载框架是由整体铸造构成门式四框，加载油缸固定在下横梁上，活塞向上对试件施加试验力。这种结构形式最大限度地提高了试验机的刚度，减小了试验机的间隙。轴向和围压共用一个伺服油源，油源提供动力油给电液伺服阀，通过电液伺服阀来控制进行轴向加载及围压加载。

轴向控制系统是由德国原装 EDC 全数字伺服控制器及传感器构成，它包括试验力传感器、位移传感器、轴向变形传感器、径向变形传感器、伺服阀等。EDC 控制器把各传感器的信号进行放大处理后进行显示和控制（与设定的参数进行比较），然后调整伺服阀的开口大小，以达到设定的目标值，并同时把这些数据送到计算机内，由计算机进行显示和数据处理，画出试验曲线，打印试验报告。由此完成轴向的闭环控制。

（2）围压系统。围压系统由压力室、增压器组成。压力室是由优质合金钢经锻压成型后，表面进行了镀硬铬处理，防止压力室腐蚀。增压器是把伺服油源的低压油增压之后提供给压力室内所需的高压油，两种油是完全隔离的，这样做既加快了试验时间，又节省了能源和辅助材料。

围压系统的控制器也是德国原装 EDC 全数字伺服控制器，在围压系统中还有压力传感器、伺服电机等。EDC 控制器同样把压力信号进行放大处理后进行显示和控制（同轴压），调整伺服阀的开口大小，使增压器的输出压力与设定压力一致。同时把围压数据送给计算机进行数据存储、显示和打印试验报告。

（3）孔压系统。通过在试件上下端加透水垫和有管路的压垫，使试件上端能加水压，从试件下端渗出。水压的加载由伺服电机带动丝杠加载，此种方式加压稳定。

孔压系统控制器也是德国原装 EDC 全数字伺服控制器，EDC 控制器同样把压力信号进行放大处理后进行显示和控制（同轴压），调整电机转速，带动丝杠和活塞运动，同时把围压数据送给计算机进行数据存储、显示和打印试验报告。

（4）控制系统。控制系统是指试验机的控制中心，它包括轴向控制系统、围压控制系统和操作系统。

（5）温度系统。温度系统实现对高温、低温及油源温度的测量，实时监测油源的油温。

当打开电源时，加热圈温度和压力室温度的人工智能调节器开始自检，当前的工作灯应为闪烁状态，加热开关应在"关"状态，加热电流表无电流显示。

加热圈温度和压力室温度的人工智能调节器自检状态下可以在上显示窗里看

到调节器的型号，自检结束后，在上显示窗里显示的是当前测量的温度。若显示900.1，则表示未接温度传感器。若传感器设置不匹配加热圈温度，则上显示窗为1759 与 orRL 交替闪烁，压力室温度上显示窗显示为1759。

## 2.4.2　低温三轴蠕变电阻率测试方法

在低温制冷设备的基础上增加了可以测试电阻率的试验装置，同时提出了低温三轴压缩全过程的电阻率测试方法。试件安装完毕后，该系统首先通过低温制冷循环柜将制冷介质（酒精）降到指定温度，然后开启外循环，温度降低后的酒精不断循环进出压力室内的酒精贮存套筒，以降低压力室内温度，并借助温度传感器来实现压力室内岩石试件温度的测量及控制。该系统温度控制精度可达到±0.5℃，温度范围可控制在-20～0℃。降温完毕后，采集蠕变压缩全过程的电阻率。图 2.25 为低温环境岩石三轴压缩全过程的电阻率测试系统及示意图。

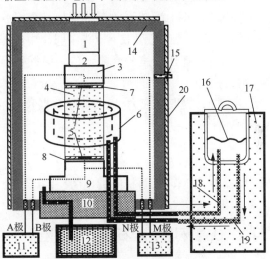

图 2.25　低温环境岩石三轴压缩全过程的电阻率测试系统及示意图

1. 活塞；2. 垫块；3. 上压头；4. 试件；5. 铜片；6. 酒精贮存套筒；7. 硫酸铜耦合剂；
8. 绝缘垫片；9. 下压头；10. 压力室底座；11. 岩样测试信号源（供电端）；12. 围压系统；
13. 数字直流激电接收机（测量端）；14. 压力室壁；15. 阀门；16. 酒精槽；17. 冷浴箱；
18. 进液管；19. 出液管；20. 保温棉

（1）压力加载步骤。

步骤 1：试件安装完毕后，打开主油泵施加 2kN 的轴压使试件固定，确保试件上下端接触良好。

步骤 2：将硅油充满压力室后，打开制冷循环系统开始降温。

步骤 3：待压力室内温度降至-7℃时，打开围压系统，将围压调至目标值。

步骤 4：当轴压、围压、温度、应变都达到稳定后清零，采用变形控制，加载速率控制在 0.02mm/min，直至试件破坏，同时实时采集电阻率数据。

（2）电阻率测试方法及步骤。

步骤 1：试件的每个端面上放置一个薄铜片，每个铜片上引出两根细导线。为了防止铜片和试件之间产生极化现象，需在试件两端涂抹耦合剂，起到固定、黏合、充当电极的作用。耦合剂的主要成分是腻子粉、硫酸铜、水，质量比为 5：4：1.8，拌匀后涂抹在试件两端，与铜片等厚度。

步骤 2：采用焊锡式烙铁焊接在三轴流变仪压力室预留的接线柱上。电极分别为 A、M、N、B，其中，A、B 为供电电极，M、N 为测量电压电极，接线顺序为 A-B 接试件测试信号源，M-N 接数字直流激电接收机。通过干电池箱在 A、B 两极施加 3V 的恒定电压。

步骤 3：将上述装置两端分别加一个绝缘胶片，防止铜片和上下压头之间导电，然后将装置固定在上下压头中间，用热缩管和防水胶带对试件进行密封。

步骤 4：在压力室外壳裹一层保温棉保温，温度计紧贴在压力室外壁，启动制冷设备。

步骤 5：提取全应力-应变曲线数据和电阻率测试数据，并根据如下公式计算电阻率值：

$$\rho = \frac{\Delta U}{I} \frac{S}{L} \tag{2.9}$$

式中，$\Delta U$ 为 M、N 两极间的电势差；$I$ 为通过 A、B 两极间的电流；$S$ 为试件的横截面积；$L$ 为 M、N 两极间的距离。

### 2.4.3　低温环境下岩石蠕变的电阻率响应

损伤变量是一种内部损伤变量，可根据研究对象的不同特点，选用空隙数目、长度、体积、弹性模量、密度、电阻率等作为定义损伤变量的标准。岩石蠕变是材料经历压密、微裂纹萌生、扩展、裂隙贯通的过程，所以通过测定岩石的电阻率获取损伤变量是一种简便、前沿的方法。目前，探索岩石变形破坏过程电阻率勘探技术的试验均采用单轴压缩[137-140]，还未曾查阅到有关三轴压缩条件下的相关试验。而事实上，实际工程岩体的受载情况要比单轴压缩情况复杂得多，围岩的侧向应力不可忽略。研究不同含水状态及低温环境下三轴压缩全过程的蠕变特性和电阻率响应规律具有实际意义。按照 2.4.2 小节中介绍的电阻率测试方法，采集了室温（23℃）饱和状态及-7℃含水率为 0、4%、8%、12% 的 5 组蠕变全过程的电阻率变化数据。冻融过程的照片如图 2.26 所示。

绘出蠕变压缩全过程时间-应变曲线、时间-电阻率曲线如图 2.27 所示。从图 2.27 中明显看出，室温下饱和试件在轴向应变达到 2%时就进入加速段，而-7℃下的试件一般在 0.8%时才进入加速段。与室温条件下的三轴蠕变相比，低温条件下的最大抗压强度有明显提高。与之对应的电阻率值呈先减小后增大的趋势，最后在加速段突然增大，平均电阻率为 200Ω·m 左右。含水的试件在冻结前后电阻率变化巨大，由试验数据可知，-7℃下的试件的电阻率约为 6000Ω·m，比室温饱和状态的试件高出 30 倍左右，这一结果与文献[137]有较好的一致性。这是由于水在液相时的导电性远远大于固相的导电性。

图 2.26　冻融过程照片

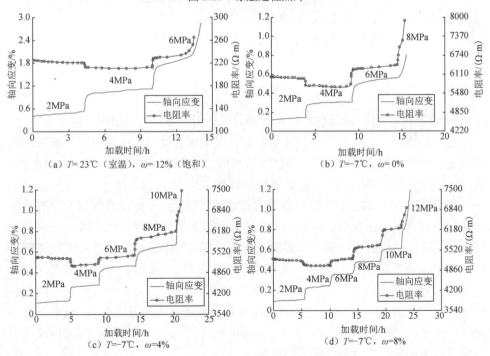

（a）$T$= 23℃（室温），$\omega$= 12%（饱和）

（b）$T$=-7℃，$\omega$= 0%

（c）$T$=-7℃，$\omega$= 4%

（d）$T$=-7℃，$\omega$= 8%

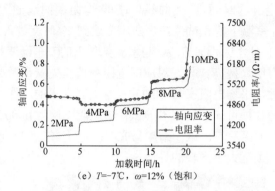

（e）$T$=-7℃，$\omega$=12%（饱和）

图 2.27　不同条件下三轴压缩蠕变过程轴向应变及电阻率曲线

本试验所采用的材料为人造均匀材料，可基本排除矿物成分、颗粒结构及孔隙率对电阻率的影响。通过试验可知，温度和含水率等条件的差异是影响电阻率变化的主要原因。电阻率都经历了先减小后增大的过程，这是由于围压和轴向荷载的作用，试件的蠕变过程经历了压密、弹性变形、裂纹萌生、裂纹扩展、塑性屈服和破裂阶段。从试验值可以看出，当施加到 4MPa 的轴向应力水平时，电阻率减到最小，随后逐渐增大。此时，试件内部的新旧微裂纹开始萌生扩展，孔隙率增大，颗粒结构开始发生变化。电阻率的变化趋势在之后的受载过程中基本与时间-应变曲线一致。当蠕变进入加速段，电阻率剧烈增大。

为了便于研究低温条件下蠕变全过程的硬化、损伤演化规律，借助于电阻率引入电阻率比例系数 $\kappa$ 来表示：

$$\kappa = \frac{\rho_0}{\rho} \tag{2.10}$$

式中，$\rho_0$ 为初始电阻率（Ω·m）；$\rho$ 为试验过程中某时刻的电阻率（Ω·m）。

当 $\kappa$ 增大时，此时试件处于压密阶段，受载试件处于硬化路径下，颗粒之间接触更加紧密，孔隙体积缩小，弹性模量增加。当 $\kappa$ 达到最大值时开始产生损伤，因此，把 $\kappa$ 的最大值作为产生初始损伤的阈值。

当 $\kappa$ 减小时，试件内部材料由于内部颗粒之间的过度挤压和摩擦，材料局部产生劣化和损伤，出现的微裂纹和破裂面致使试件材料的导电性下降，电阻率升高。到达应力峰值时，电阻率出现突变，可以把突变时对应的 $\kappa$ 作为突变阈值。

通过测试不同含水率的冻结类试件的电阻率，可以更深刻地揭示蠕变过程中的损伤规律。图 2.28 为-7℃下不同含水率的蠕变试验中，$\kappa$ 所对应的损伤阈值和突变阈值的关系曲线。从图中可以看出，损伤阈值随含水率变化不大，基本在 1.05 附近。而突变阈值随着含水率的增大呈现出先减小后增大的趋势，其总体波动幅度受含水率的变化大于损伤阈值的波动。

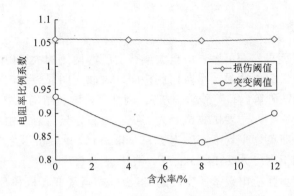

图 2.28　−7℃下不同含水率的电阻率比例系数所对应的损伤阈值和突变阈值的关系曲线

# 2.5　化学腐蚀−冻融循环岩石蠕变试验

岩体的失稳并不仅是由于化学或冻融对强度的劣化，其过程往往是与时间紧密联系的，通常由于应力重分布或地质环境恶化（如水-岩环境的改变），使岩体中的裂隙结构面不断蠕变、演化、贯通，进而产生宏观断裂[141,142]。针对岩石化学−冻融交互作用的蠕变力学特性试验和理论研究匮乏的现状，采用大连普兰店湾南侧的大东山隧道的岩石开展岩石蠕变试验。

## 2.5.1　低温岩石蠕变试验过程介绍

### 1. 试验设备介绍

仍然采用前面试验过程中所述的 RLW-2000 岩石三轴流变仪进行三轴蠕变加载试验。冻融循环设备采用广州爱斯佩克环境仪器有限公司生产的 G/E U 型高低温试验箱。该设备具有正弦、线性（包括恒温）规律的复合编程能力，适用于−40～60℃（冻岩、土）的冻融循环试验等。各温区的温度范围为箱体，−35～40℃；热源循环泵，−40～60℃；冷源循环泵，−40～60℃。动态恒温控制系统在整个量程范围内精确控制，箱体的温度最佳波动达到 0.2℃，底板和顶板的温度最佳波动达到 0.1℃，数字显示设置温度和实际温度设置和显示分辨率均为 0.1℃。

试验箱的三端（箱体、顶板、底板）温度不但可以通过控制显示面板设置、调控，而且可以由另外一个软件三端多参数设置来模拟正弦、直线和恒温这三种复杂的温度变化过程，同时显示温度模拟曲线与实际运行温度曲线的对比结果。试验箱还具有先进的超温保护和温度传感异常保护及断电保护记忆等功能，充分保证了试验工作的连续性和稳定性。通过试验箱的观察窗口可以随时观测内部试件的变化、制冷系统的工作情况。冻融设备如图 2.29 所示。

### 2. 试件制备

试验所选石英岩、石英砂岩取自大连普兰店湾南侧的大东山隧道。石英岩的岩性致密，裂隙发育不明显，呈灰白色相间，表面无明显裂痕，主要矿物成分为石英、云母和赤铁矿等。石英砂岩呈灰白-肉红色，砂质结构，中厚层状构造，裂隙发育，岩体较完整，主要矿物成分为石英、长石、云母等。由密度测试和强制饱和试验得知，石英岩平均干密度为 2789.24kg/m³，单轴抗压强度为 118.6MPa；石英砂岩的平均干密度为 2614.25kg/m³，孔隙度为 0.79%。

采用姜堰市星光机电设备厂生产的 ZS-200 型自动取芯机和 SHM-200 双端面磨石机制备试件，按照国际岩石力学学会（International Society for Rock Mechanics，ISRM）试验规程加工，剔除破损和目测差异性过大的试件，共制成 $\phi$50mm×100mm 的圆柱状标准试件 9 个，其中石英砂岩 3 个（S1，S2，S3）、石英岩 6 个（Y1，Y2，Y3，Y4，Y5，Y6）。制成的试件如图 2.30 所示。

图 2.29　冻融循环高低温试验箱　　　　图 2.30　制成的标准试件

### 3. 试验方案规划

分别对两种岩石（石英砂岩和石英岩）进行试验。由于试件数量的限制，只研究 HCl 溶液环境和冻融次数对石英砂岩的影响。为了增加影响因素之间的可对比性，将石英岩的 6 个试件分成两部分进行试验，Y1 为无腐蚀无冻融，Y2～Y4 考虑了 HCl 溶液环境下不同冻融次数的影响，Y4～Y6 考虑了 HCl、NaOH、NaCl 三种溶液环境下在冻融 30 次时的影响规律。试验过程可分为以下三个阶段。

（1）化学溶液浸泡阶段：先将试件浸泡至相应溶液中进行强制饱和 12h，然后以保鲜膜包裹并严格密封，化学溶液采用 pH=2 的 HCl、pH=12 的 NaOH、pH=7 的 NaCl。

（2）冻融循环阶段：大东山隧道所在地区冬季最低气温可达-20℃，日均气温 10℃，因此确定冻融循环温度为-20～10℃。按照每天进行一次冻融循环计，每个循环周期定为 24h；进行冻融循环的次数分别定为 0、5、15、30。

（3）蠕变阶段：根据隧道围岩的地应力平均水平测量值，确定本次试验围压为 3MPa。先以 500N/s 的加载速率将围压加至 3MPa，使试件在静水压力中保持不少于 24h；以相同加载速率加轴压至 10MPa 并保持恒定；逐级施加轴向荷载 $\Delta\sigma_1$，加载速率为 0.5MPa/min；在每施加一级荷载后，维持相应的应力状态一段时间，待蠕变变形速率小于 0.01mm/d 后，再继续施加一级荷载，直至破坏。具体蠕变试验方案按照表 2.3 进行。

表 2.3　不同条件下的岩石蠕变试验方案

| 岩性 | 试件编号 | 腐蚀溶液 | 冻融次数 | 围压 $\sigma_3$ /MPa | 初始值 $\sigma_1$ /MPa | 每级荷载 $\Delta\sigma_1$ /MPa | 加载速率 $v$ /(MPa/min) |
|---|---|---|---|---|---|---|---|
| 石英砂岩 | S1 | 无 | 0 | | | | |
| | S2 | HCl | 5 | | | | |
| | S3 | HCl | 15 | | | | |
| 石英岩 | Y1 | 无 | 0 | 3 | 10 | 10 | 0.5 |
| | Y2 | HCl | 5 | | | | |
| | Y3 | HCl | 15 | | | | |
| | Y4 | HCl | 30 | | | | |
| | Y5 | NaOH | 30 | | | | |
| | Y6 | NaCl | 30 | | | | |

## 2.5.2　冻融–腐蚀作用后岩石蠕变试验结果分析

### 1.　冻融–腐蚀后的细观特征分析

图 2.31 为石英砂岩在无腐蚀无冻融、HCl 环境中冻融 5 次、HCl 环境中冻融 15 次的放大 500 倍的表面扫描电子显微镜（scanning electron microscope，SEM）显微图像。

（a）石英砂岩-无腐蚀无冻融　　　（b）石英砂岩-HCl，冻融 5 次　　　（c）石英砂岩-HCl，冻融 15 次

图 2.31　不同试验条件下的石英砂岩显微图像

无腐蚀无冻融条件的试件表面呈砂砾状紧密构造，隐晶质构造。试件的微观外部形貌经过 HCl 环境冻融 5 次后，之前的砂砾状晶粒溶蚀过半；相同腐蚀条件下冻融 15 次后，试件表面的砂砾状晶粒几乎消失，表面更加平整。对石英砂岩表

面选择多处进行 EDS 能谱分析，所有元素进行归一化处理后发现石英砂岩裂隙表面元素以 Si 和 Ca 为主，腐蚀冻融循环后的 C、O、Si、Na、Al、Ca 等元素含量均有不同程度的减少，Cl 元素的含量明显增加。这是由于 HCl 溶液的强腐蚀性与冻融循环的耦合作用加剧了岩石表面晶粒的溶蚀、脱落。Si、Ca、Al 等元素 Cl 形成析出可溶盐，$H^+$ 和 $O^{2-}$ 结合成 $H_2O$，促使元素迁移。

　　图 2.32 为不同化学腐蚀和不同冻融循环次数共同作用下石英岩放大 500 倍的表面 SEM 显微图像。图 2.32（a）是石英岩无腐蚀无冻融的表面形貌，由图可见，石英岩表面由蜂窝状排列紧密的晶格体构成。图 2.32（b）～图 2.32（d）为在腐蚀溶液 HCl 环境中冻融不同次数后的表面形貌，经过腐蚀-冻融后石英岩的表面呈现坑蚀、脱落等现象，溶蚀程度随着冻融循环次数的增加而越来越明显。当冻融达到 30 次时，岩体表面变得平整，已经基本无蜂窝状凹凸体。与石英砂岩的腐蚀-冻融现象基本一致。通过以上试验，总结造成这种现象的原因是岩石表层温度变化速率相对于岩石内部的更快一些，这就导致岩石内外产生温度梯度，同时在岩石表面形成拉应力，当这种拉应力超过抗拉强度时，岩粒与岩石表面之间会产生微裂纹。反复冻融将导致试件表面的岩粒脱落下来而变得平整。由图 2.32（d）～图 2.32（f）可知，相同冻融循环次数（30 次）不同化学溶液（HCl、NaOH、NaCl）环境中的冻融损伤程度有所不同。经 NaOH 溶液腐蚀作用的石英岩有白色固体附着在岩石表面，且表面有一条裂缝出现。同样，图 2.32（f）中 NaCl 环境中的试件表面也有白色固体物质出现，但颗粒数量覆盖率与 NaOH 环境中的相比明显较小。经 EDS 能谱分析可知，白色沉淀的主要成分为 $Ca(OH)_2$ 和 $Mg(OH)_2$。

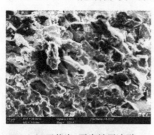 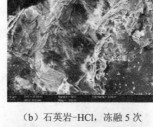 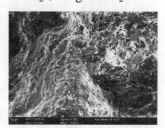

（a）石英岩-无腐蚀无冻融　　　（b）石英岩-HCl，冻融 5 次　　　（c）石英岩-HCl，冻融 15 次

 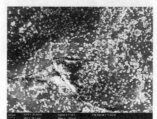 

（d）石英岩-HCl，冻融 30 次　　　（e）石英岩-NaOH，冻融 30 次　　　（f）石英岩-NaCl，冻融 30 次

图 2.32　不同试验条件下的石英岩显微图像

## 2. 石英砂岩的蠕变特征

将石英砂岩三个试件 S1～S3 的分级加载蠕变曲线进行了整理。加载过程遵循应变趋于稳定后才施加下一级荷载的原则，并不是按照等时加载，所以数据曲线可能出现同级荷载时长不等的情况，如图 2.33 所示。

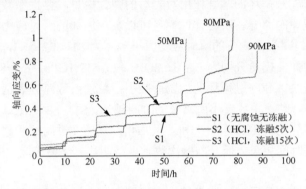

图 2.33　不同试验条件下的石英砂岩蠕变曲线

由图 2.33 可见，试件 S1、S2、S3 分别在施加完第 9 级、8 级、6 级荷载后进入加速段，最大轴向应力水平为 $\sigma_{S1}=90MPa$、$\sigma_{S2}=80MPa$、$\sigma_{S3}=50MPa$，加速段的破坏模式均为脆性破坏。S1 代表无损状态的石英砂岩，蠕变量小，而经过化学腐蚀与冻融循环耦合作用之后的 S2 试件（HCl 环境冻融 5 次）和 S3 试件（HCl 环境冻融 15 次），其蠕变曲线则依次位于 S1 曲线上方。同级荷载下的应变排序为 $\varepsilon_{S1}<\varepsilon_{S2}<\varepsilon_{S3}$，稳定段的蠕变速率排序为 $\dot{\varepsilon}_{S1}<\dot{\varepsilon}_{S2}<\dot{\varepsilon}_{S3}$。

已有的蠕变试验研究成果表明，分级加载蠕变曲线在低应力水平时一般只出现两个阶段，即初始蠕变段和稳定蠕变段，当应力水平超过长期强度时蠕变进入第三个过程，即加速蠕变阶段。以施加第 4 级荷载（40MPa）为例，通过对分级加载蠕变试验曲线进行处理，可得到从 30MPa 到 40MPa 同级瞬时加载的等时蠕变曲线，如图 2.34 所示。

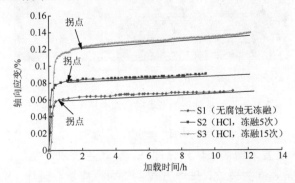

图 2.34　第 4 级荷载（40MPa）不同条件下的石英砂岩蠕变曲线

图 2.34 中，拐点标记处的时间点之前为蠕变初始段，也叫减速段。本阶段包含弹性变形和黏性变形，所以初始段的蠕变速率衰减快慢受岩石弹性模量和黏性系数共同影响。拐点之后的时间到下一级荷载之前称为稳定蠕变段，此时蠕变速率已经基本保持不变，轴向应变与加载时间呈线性关系。

化学腐蚀与冻融循环的耦合作用对岩石的弹性模量、黏性系数不同的损伤积累，造成蠕变规律的差异。瞬时弹性模量可以表示施加的瞬时应力与对应产生应变的比值 $\Delta\sigma/\Delta\varepsilon$。同级荷载下的瞬时应变大小顺序为 S1 < S2 < S3，由此可计算出试件在该时刻的弹性模量分别为 $E_{S1}$=16.2GPa，$E_{S2}$=12.1GPa，$E_{S3}$=8.79GPa。很明显弹性模量随着腐蚀和冻融循环的加剧而减小；黏性系数可以表征固定荷载下达到稳定段的快慢，黏性系数越小所需要的时间越长。S1～S3 三个试件的拐点处所经历的加载时间分别为 0.65h、1.118h、1.754h，显然经过腐蚀和冻融循环的试件完成初始段所需时间更长，而且冻融次数越多越明显。结果表明，S2、S3 试件的黏性系数有明显降低。

拐点之后的蠕变阶段应变速率基本保持不变，表示已经进入稳定段。稳定段无弹性变形，只产生黏性变形。S1、S2、S3 的稳定段蠕变速率分别为 $9.32\times10^{-6}\,h^{-1}$，$9.36\times10^{-6}\,h^{-1}$，$1.72\times10^{-6}\,h^{-1}$。由此可见，石英砂岩稳定段的黏性系数受化学腐蚀和冻融循环的共同作用影响明显，随着冻融循环次数的增加而增大。

当轴向应力水平超过长期抗压强度后，蠕变开始进入加速段。石英砂岩属于硬脆材料，加速段几乎是瞬间完成的，由于加速段时间短，而且破坏模式可能受到裂隙、结构面等多方面的影响，难以寻找定量的规律。但是，通过 S1～S3 的破裂形态照片可以进行一些直观判断，如图 2.35 所示。

（a）无腐蚀无冻融　（b）HCl，冻融 5 次　（c）HCl，冻融 15 次

图 2.35　不同条件下的石英砂岩蠕变压缩后破裂形态

试验过程中，三个试件破坏时均伴有响亮的爆鸣声。从图 2.35 中的破裂形态上来看，S1 试件主要为剪切破坏，试件只有一条主裂纹，完整程度良好；S2 试件表面出现了两条竖向主裂纹，破坏方式主要为拉剪复合破坏；S3 试件沿轴向有

一个主裂纹，主要是拉伸破坏模式，完整程度很差。

分别对 S1～S3 的石英砂岩试件的蠕变曲线进行处理，提取了破坏之前不同轴压水平下的瞬时应变、瞬时弹性模量、蠕应变和稳态蠕变速率，详细的蠕变特性指标如表 2.4 所示。

表2.4　不同应力水平下的石英砂岩蠕变特性指标

| 试件编号 | 轴压/MPa | 偏应力/MPa | 瞬时应变/% | 瞬时弹性模量/MPa | 蠕应变/% | 稳态蠕变速率/h$^{-1}$ |
|---|---|---|---|---|---|---|
| S1 | 10 | 7 | 0.0505 | 19.80 | $1.20\times10^{-4}$ | $7.27\times10^{-6}$ |
| | 20 | 17 | 0.0610 | 16.39 | $1.69\times10^{-4}$ | $6.68\times10^{-6}$ |
| | 30 | 27 | 0.0643 | 15.56 | $1.02\times10^{-4}$ | $5.95\times10^{-6}$ |
| | 40 | 37 | 0.0617 | 16.20 | $2.11\times10^{-4}$ | $9.32\times10^{-6}$ |
| | 50 | 47 | 0.0719 | 13.90 | $1.46\times10^{-4}$ | $6.64\times10^{-6}$ |
| | 60 | 57 | 0.0796 | 12.57 | $1.66\times10^{-4}$ | $8.27\times10^{-6}$ |
| | 70 | 67 | 0.1027 | 9.74 | $2.41\times10^{-4}$ | $1.35\times10^{-5}$ |
| | 80 | 77 | 0.0920 | 10.87 | $3.89\times10^{-4}$ | $1.54\times10^{-5}$ |
| S2 | 10 | 7 | 0.0820 | 12.19 | $1.74\times10^{-4}$ | $8.86\times10^{-6}$ |
| | 20 | 17 | 0.0633 | 15.81 | $2.39\times10^{-4}$ | $1.02\times10^{-5}$ |
| | 30 | 27 | 0.0775 | 12.91 | $1.98\times10^{-4}$ | $8.50\times10^{-6}$ |
| | 40 | 37 | 0.0826 | 12.1 | $1.80\times10^{-4}$ | $9.36\times10^{-6}$ |
| | 50 | 47 | 0.0922 | 10.85 | $2.67\times10^{-4}$ | $9.86\times10^{-6}$ |
| | 60 | 57 | 0.1042 | 9.60 | $2.80\times10^{-4}$ | $1.67\times10^{-5}$ |
| | 70 | 67 | 0.1280 | 7.81 | $5.50\times10^{-4}$ | $3.11\times10^{-5}$ |
| S3 | 10 | 7 | 0.1120 | 8.93 | $1.11\times10^{-4}$ | $5.14\times10^{-6}$ |
| | 20 | 17 | 0.0997 | 10.03 | $2.22\times10^{-4}$ | $9.00\times10^{-6}$ |
| | 30 | 27 | 0.1319 | 7.58 | $3.09\times10^{-4}$ | $1.30\times10^{-5}$ |
| | 40 | 37 | 0.1138 | 8.79 | $3.63\times10^{-4}$ | $1.72\times10^{-5}$ |
| | 50 | 47 | 0.1186 | 8.43 | $7.37\times10^{-4}$ | $3.37\times10^{-5}$ |

影响岩石冻融损伤的因素很多，太过复杂，本部分只围绕 HCl 腐蚀溶液及不同冻融循环次数与无损状态的 S1 进行对比分析：石英砂岩冻融循环过程中，岩石内部的化学溶液、冰和岩石等三相介质由于存在不同的热物理特性，当温度降低（冻结）时表现出不同的收缩性。这种不均匀的收缩性将导致其内部微裂纹的萌生和扩展，并且削弱岩石晶粒之间的连接强度；当冻融温度超过某个值时，岩石内部因为自由水的存在将凝结成冰，发生冻胀作用。

这种冻胀力对颗粒之间的黏结强度具有破坏作用，导致岩石局部损伤，加剧微裂纹的萌生、扩展，孔隙率也逐渐增大。当试验由冻结状态转入融化时，岩石内部化学物质从固相重新返回到液相，与此同时，由于温度的升高，化学溶液中分子的总体活跃程度也得到很大提高。化学溶液不断在岩石内部迁移，将更容易进入由冻胀力作用产生的微裂纹，使得水-岩作用更充分，加剧了岩石损伤。因此，化学腐蚀与冻融循环作用是相互耦合、共同促进的，冻融循环次数越多，岩石蠕变力学特性劣化程度越大。

### 3. 石英岩的蠕变特征

图 2.36 为石英岩试件（Y1～Y6）在不同化学腐蚀、冻融条件下的蠕变曲线。由图可知，未经腐蚀冻融的 Y1 试件，达到蠕变破坏时的轴向应变阈值为 0.363%，而对应的石英砂岩试件 S1 的轴向应变阈值为 0.66%；Y1 试件在经历了 11 级荷载水平后才进入加速段，而 S1 试件只经历了 9 级荷载，说明石英岩较石英砂岩具有更强的抗压能力，岩性更坚硬，属于硬脆性岩石。从整体来看，经过化学腐蚀和冻融循环的蠕变曲线均位于无损试件的上方，而且损伤程度越严重位置越靠上，由低到高可排序为 Y1 < Y2 < Y3 < Y6 < Y5 < Y4。

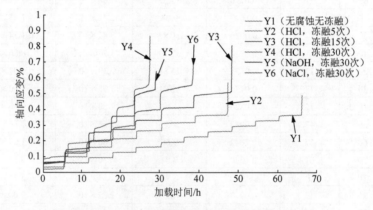

图 2.36　不同试验条件下的石英岩蠕变曲线

分别对冻融次数或不同化学溶液的影响因素进行对比分析。图 2.36 中试件 Y2～Y4 为受同一种化学溶液（HCl）腐蚀后，不同冻融次数下的蠕变曲线。对比可知，随着冻融循环次数的增加，试件的抗压强度降低，蠕变速率和蠕变量增加，说明岩石的弹性模量和黏性系数都有不同程度的降低。加速段的破坏速率较快，均表现出脆性特征。

图 2.36 中试件 Y4～Y6 分别是经 HCl、NaOH、NaCl 三种溶液腐蚀后，经过 30 次冻融循环后的蠕变曲线。对比可知，三个试件的屈服极限应变均比无损试件 Y1 的有所增加，试件变得松软。施加第 1 级荷载产生的瞬时应变排序为 Y4（HCl）>Y5（NaOH）>Y6（NaCl），说明 HCl 的腐蚀和冻融循环作用对石英岩弹性模量的损伤最大，NaOH 次之，NaCl 最小。

通过石英岩（Y1～Y4）蠕变过程中第 1 级荷载下的应力-应变关系，提取 HCl 腐蚀环境中对应试件的弹性模量并进行拟合，如图 2.37 所示。

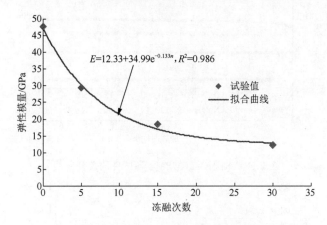

图 2.37　受 HCl 腐蚀后试件弹性模量与冻融次数的关系

经过拟合，可以得到在不同水化学溶液和冻融循环共同作用下的弹性模量随冻融次数的变化规律函数关系，可见弹性模量随着冻融次数的增加呈指数递减规律，而且降低速率逐渐变慢。

选取 50MPa 同一轴压下各试件的蠕变曲线进行对比，如图 2.38 所示。Y1 和 Y2 的蠕变变形增速不大，蠕变速率的量级基本保持在 $10^{-6}h^{-1}$，当冻融循环达到 15 次时，试件 Y3 的蠕变速率增加到 $2.62 \times 10^{-5}h^{-1}$。但 Y1～Y3 的减速段都历时较短，而且冻融前后变化不大，说明石英岩的强度和密实度大，耐腐蚀性和抗冻性能强。当冻融循环达到 30 次时（Y4），瞬时应变是 0.5174%，蠕变速率增长到 Y1 的 15.6 倍，达到 $1.26 \times 10^{-4}h^{-1}$，该级荷载下后半段已经进入加速段。

同种腐蚀溶液中，蠕变速率随着冻融循环次数的增大有明显提高，说明岩石的黏性系数产生明显损伤。对于相同冻融次数、不同腐蚀溶液的 Y4～Y6 试件，对比可知，HCl 环境中的试件蠕变速率最大，加速段更长，具有最强的腐蚀能力，NaOH 的次之，NaCl 的最弱。

图 2.39 为不同试件的长期强度和轴向应变阈值的统计曲线。从图中可以看出，Y4 和 Y5 的长期强度是 6 个试件中最小的，代表 HCl 和 NaOH 环境中冻融循环 30 次对石英岩的强度产生最大的损伤。从进入加速段的轴向应变阈值来看，同种腐蚀溶液环境下（Y2～Y4），冻融循环次数越多，岩石变得越松软，变形量越大。

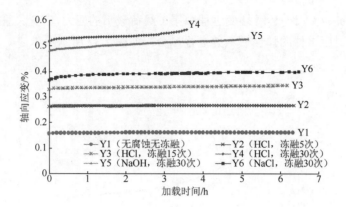

图 2.38 轴压为 50MPa 下各试件的蠕变曲线

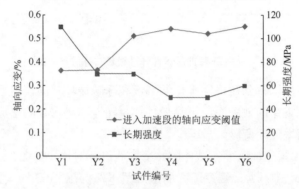

图 2.39 不同试件的长期强度和轴向应变阈值的统计曲线

图 2.40 为不同条件下石英岩蠕变加载试验的破裂形态。图 2.40（a）为无腐蚀无冻融条件下的破裂后试件，可以看到表面有条件贯穿轴向的裂纹，完整程度良好，主要为拉伸破坏。图 2.40（b）为 HCl 环境中冻融 5 次后的破裂形态，不难看出与 Y1 试件的破裂形态类似，只是开裂隙宽略大于前者。图 2.40（c）为 HCl 环境中冻融 15 次的破裂形态，试件顶端集中出现 5～6 条拉伸破坏的裂隙，整体较破碎，说明冻融循环 15 次后使得石英岩变得松软，岩石间的黏聚力降低。图 2.40（d）为 HCl 环境中冻融 30 次后的破裂形态，可以看出，试件顶端很破碎，主要有两条大裂隙，表现为拉剪破坏。说明，HCl 环境中冻融循环 30 次后可能对岩石的剪切模量有明显损伤。而图 2.40（e）和图 2.40（f）分别为 NaOH 环境中冻融 30 次和 NaCl 环境中冻融 30 次的破裂形态。经 NaOH 腐蚀后的试件主要为剪切破坏，经 NaCl 溶液腐蚀后的试件主要为拉伸破坏。

冻融循环过程中岩石的破坏总是从表面向内里进行的，岩石表层温度变化速率相对于岩石内部更快一些，这就导致岩石内外的温差较大，在岩石层理间形成切应力，同时与冻胀作用共同对岩体产生作用，当这种切应力和冻胀力的大小超过岩石的强度值时，岩粒与岩石表面之间会产生微裂纹。反复冻融将导致岩粒从岩石结构上脱落下来。经历冻融循环后岩石表面变得光滑、平整，这一结论也可以从微观 SEM 扫描图像中得到印证。随着冻融次数的增加岩石损伤也越来越严重，蠕变参数也随之变化。

（a）Y1（无腐蚀无冻融）　（b）Y2（HCl，冻融 5 次）　（c）Y3（HCl，冻融 15 次）　（d）Y4（HCl，冻融 30 次）　（e）Y5（NaOH，冻融 30 次）　（f）Y6（NaCl，冻融 30 次）

图 2.40　不同条件下的石英岩蠕变压缩后破裂形态

分别对 Y1～Y6 的石英岩试件的蠕变曲线进行处理，提取了破坏之前不同轴压水平下的瞬时应变、瞬时弹性模量、蠕应变和稳态蠕变速率，详细的蠕变特性指标如表 2.5 所示。

表 2.5　不同应力水平下的石英岩蠕变特性指标

| 试件编号 | 轴压/MPa | 偏应力/MPa | 瞬时应变/% | 瞬时弹性模量/GPa | 蠕应变/% | 稳态蠕变速率/h$^{-1}$ |
|---|---|---|---|---|---|---|
| | 10 | 7 | 0.021 | 47.62 | $2.00\times10^{-3}$ | $4.05\times10^{-6}$ |
| | 20 | 17 | 0.030 | 33.06 | $2.35\times10^{-3}$ | $3.97\times10^{-6}$ |
| | 30 | 27 | 0.030 | 32.79 | $2.60\times10^{-3}$ | $4.55\times10^{-6}$ |
| | 40 | 37 | 0.032 | 31.65 | $3.20\times10^{-3}$ | $6.02\times10^{-6}$ |
| | 50 | 47 | 0.032 | 31.6 | $5.05\times10^{-3}$ | $8.54\times10^{-6}$ |
| Y1 | 60 | 57 | 0.033 | 30.3 | $3.85\times10^{-3}$ | $7.38\times10^{-6}$ |
| | 70 | 67 | 0.033 | 30.03 | $7.50\times10^{-3}$ | $1.38\times10^{-5}$ |
| | 80 | 77 | 0.034 | 29.63 | $4.90\times10^{-3}$ | $8.89\times10^{-6}$ |
| | 90 | 87 | 0.035 | 28.74 | $6.40\times10^{-3}$ | $1.23\times10^{-5}$ |
| | 100 | 97 | 0.037 | 26.99 | $5.25\times10^{-3}$ | $9.52\times10^{-6}$ |
| | 110 | 107 | 0.038 | 26.21 | $8.70\times10^{-3}$ | $1.67\times10^{-5}$ |
| | 10 | 7 | 0.034 | 29.4 | $1.40\times10^{-3}$ | $2.58\times10^{-6}$ |
| | 20 | 17 | 0.046 | 21.74 | $2.00\times10^{-3}$ | $3.75\times10^{-6}$ |
| | 30 | 27 | 0.051 | 19.61 | $4.45\times10^{-3}$ | $7.39\times10^{-6}$ |
| Y2 | 40 | 37 | 0.052 | 19.23 | $6.00\times10^{-3}$ | $9.89\times10^{-6}$ |
| | 50 | 47 | 0.052 | 19.07 | $5.50\times10^{-3}$ | $8.94\times10^{-6}$ |
| | 60 | 57 | 0.060 | 16.79 | $1.10\times10^{-2}$ | $1.33\times10^{-5}$ |
| | 70 | 67 | 0.064 | 15.63 | $1.30\times10^{-2}$ | $1.65\times10^{-5}$ |

续表

| 试件编号 | 轴压/MPa | 偏应力/MPa | 瞬时应变/% | 瞬时弹性模量/GPa | 蠕应变/% | 稳态蠕变速率/h⁻¹ |
|---|---|---|---|---|---|---|
| | 10 | 7 | 0.054 | 18.43 | $9.80 \times 10^{-3}$ | $1.88 \times 10^{-5}$ |
| | 20 | 17 | 0.056 | 17.92 | $8.70 \times 10^{-3}$ | $1.70 \times 10^{-5}$ |
| | 30 | 27 | 0.063 | 15.92 | $7.80 \times 10^{-3}$ | $1.41 \times 10^{-5}$ |
| Y3 | 40 | 37 | 0.076 | 13.19 | $6.00 \times 10^{-3}$ | $1.06 \times 10^{-5}$ |
| | 50 | 47 | 0.076 | 13.12 | $7.20 \times 10^{-3}$ | $1.19 \times 10^{-5}$ |
| | 60 | 57 | 0.077 | 12.95 | $1.10 \times 10^{-2}$ | $1.52 \times 10^{-5}$ |
| | 70 | 67 | 0.084 | 11.9 | $2.40 \times 10^{-2}$ | $2.64 \times 10^{-5}$ |
| | 10 | 7 | 0.082 | 12.23 | $2.08 \times 10^{-2}$ | $3.36 \times 10^{-5}$ |
| | 20 | 17 | 0.096 | 10.37 | $1.88 \times 10^{-2}$ | $3.00 \times 10^{-5}$ |
| Y4 | 30 | 27 | 0.100 | 10.03 | $3.78 \times 10^{-2}$ | $7.12 \times 10^{-5}$ |
| | 40 | 37 | 0.117 | 8.58 | $1.96 \times 10^{-2}$ | $5.10 \times 10^{-5}$ |
| | 50 | 47 | 0.130 | 7.67 | $3.02 \times 10^{-2}$ | $9.31 \times 10^{-5}$ |
| | 10 | 7 | 0.061 | 16.39 | $7.80 \times 10^{-3}$ | $1.42 \times 10^{-5}$ |
| | 20 | 17 | 0.082 | 12.13 | $7.92 \times 10^{-3}$ | $1.50 \times 10^{-5}$ |
| Y5 | 30 | 27 | 0.105 | 9.53 | $7.90 \times 10^{-3}$ | $1.44 \times 10^{-5}$ |
| | 40 | 37 | 0.101 | 9.9 | $8.56 \times 10^{-3}$ | $1.56 \times 10^{-5}$ |
| | 50 | 47 | 0.132 | 7.58 | $4.36 \times 10^{-2}$ | $8.96 \times 10^{-5}$ |
| | 10 | 7 | 0.059 | 16.95 | $5.10 \times 10^{-3}$ | $9.78 \times 10^{-6}$ |
| | 20 | 17 | 0.060 | 16.69 | $1.40 \times 10^{-2}$ | $2.56 \times 10^{-5}$ |
| Y6 | 30 | 27 | 0.075 | 13.33 | $1.10 \times 10^{-2}$ | $2.03 \times 10^{-5}$ |
| | 40 | 37 | 0.075 | 13.39 | $2.69 \times 10^{-2}$ | $5.43 \times 10^{-5}$ |
| | 50 | 47 | 0.097 | 10.31 | $3.33 \times 10^{-2}$ | $5.36 \times 10^{-5}$ |
| | 60 | 57 | 0.134 | 7.45 | $5.40 \times 10^{-2}$ | $7.04 \times 10^{-5}$ |

# 2.6　饱水裂隙片岩超声试验及损伤断裂机制研究

## 2.6.1　试件制备及试验设备

　　试验所选岩样取自大孤山应急供水工程区域内，岩性主要为二云片岩，岩石风化程度较高，片理明显，沿片理面有宏观的裂隙出现，总体连续性、完整性较差，强度很低，且易破碎。对现场采集的岩块采用切割机进行试件制备，试件为长 50mm、宽 50mm、高 100mm 的长方体，实际尺寸在这个值附近有小幅度波动。然后用打磨机磨平，制样要求参照 ISRM 试验规程来加工。共制备了 21 个试件，选取其中的 12 个试件，如图 2.41 所示。

　　加载系统采用江苏溧阳市永昌工程实验仪器厂生产的 YSY-60 型岩石三轴仪，其单轴加载垂直向采用 1000kN 力传感器、5mm 位移传感器测量轴向位移。位移控制模式下加载速率为 0.1mm/min；波速测试采用康科瑞 NH-4A 非金属超声波测试仪。此外，还用到真空饱和器等。

（a）共加工 21 个试件

（b）选取 12 个试件

图 2.41　裂隙片岩试件

## 2.6.2　试验方法

首先将上述 12 个试件分成两组，每组 6 个试件。其中一组制备后搁置一周，自然干燥状态，试件编号为 1#～6#；另一组采用真空抽气法使试件处于饱水状态，试件编号为 7#～12#。其次在单轴压缩过程中，轴力及轴向位移、超声波速同步测量。在试验测定岩石波速时，按照《工程岩体试验方法标准》（GB/T 50266—2013），在非受力状态下测试时，将试件置于测试架上，对换能器施加约 0.05MPa 的压力，测读纵波在试件中的行走时间；在受力状态下测试时，与单轴压缩变形试验同时进行。为了防止换能器与被测试件接触面间存在空隙，采用黄油润滑剂进行耦合，每隔 6s 记录波速及对应的轴向位移。试验波速记录及加载过程如图 2.42 所示。

（a）波速记录

（b）加载过程

图 2.42　试验波速记录及加载过程

## 2.6.3　试验结果及分析

### 1. 干燥和饱水片岩波速特性

超声波技术作为一种有效的无损测试手段，可用于研究岩石的构成和内部发育情况。岩石自身具有裂隙、层理等，在微观机制上表现为岩石内部的孔隙、微裂纹等，不同岩石及同种岩石不同状态下的波速均具有明显差异，因此可以根据岩石声波波速的差异判断岩石内部的完整性。

对 12 个试件进行初始波速测量，沿垂直裂隙方向波速 $v_\perp$ 范围为 878.214～1378.804m/s，平行裂隙方向波速 $v_{//}$ 范围为 2706.765～4323.333m/s。显而易见，波速 $v_{//}$ 明显大于波速 $v_\perp$，呈现出显著的各向异性特征。初始声波波速如表 2.6 所示。

表 2.6　初始声波波速　　　　　　（单位：m/s）

| 试件编号 | 垂直裂隙 $v_\perp$ | 平行裂隙 $v_{//}$ | 试件编号 | 垂直裂隙 $v_\perp$ | 平行裂隙 $v_{//}$ |
|---|---|---|---|---|---|
| 1# | 1378.804 | 3378.154 | 7# | 1317.327 | 3734.815 |
| 2# | 892.958 | 3571.667 | 8# | 1101.414 | 2895.349 |
| 3# | 1349.479 | 3692.188 | 9# | 878.214 | 2706.765 |
| 4# | 1264.904 | 4323.333 | 10# | 940.991 | 3285.526 |
| 5# | 1322.745 | 3792.188 | 11# | 1037.273 | 3115.190 |
| 6# | 1007.480 | 3543.939 | 12# | 1132.727 | 3610.417 |

在岩石试件处于饱水状态后，内部孔隙、裂隙等多种缺陷对岩石的波速影响明显。对 7#～12#试件饱水前、后的垂直裂隙波速 $v_\perp$ 与平行裂隙波速 $v_{//}$ 进行对比，如图 2.43 所示。

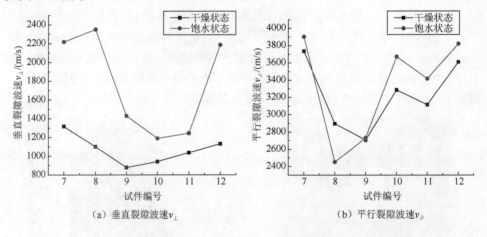

（a）垂直裂隙波速$v_\perp$　　　　　　　　　（b）平行裂隙波速$v_{//}$

图 2.43　干燥和饱水状态下垂直和平行裂隙波速

从表 2.6 和图 2.43 中分析可以看出：

（1）饱水状态下岩石垂直裂隙的波速 $v_\perp$ 和平行裂隙的波速 $v_{//}$ 均比干燥状态的波速有大幅度增加，其中只有 8#试件饱水后波速 $v_{//}=2450.714$m/s 低于干燥状态下 $v_{//}=2895.349$m/s。

（2）垂直裂隙波速 $v_\perp$ 饱水前后影响在 20.042%～113.362%的范围内，平行裂隙波速 $v_{//}$ 饱水前后影响在 0.928%～15.357%的范围内，呈现出一定的分散性。

行波沿测试方向传播时，对遇到的裂隙、孔洞等发生绕射，并只能绕过这些空隙在岩石骨架中迂回传播。绕射距离的长短与测试方向上空隙的数目、形状和大小直接相关。高赛红等[143]从理论上详细解释了饱水状态下波速的变化特性。裂隙越扁、孔隙越大、数目越多，绕射越显著，则绕射系数 $k^*$ 越大，行波在岩石内实际传播的距离如下：

$$f(n) = 1 + k^* n \tag{2.11}$$

式中，$k^*$ 随含水量而变化；饱水状态下 $k^*=0$，其余情况 $k^*>0$；$n$ 为空隙率。

干燥、饱水状态下试件测试方向的视速度 $v_a$、$v_b$ 如下：

$$v_a = v_r / (k^* + k^* n)$$
$$v_b = v_r / (1 + ln) \tag{2.12}$$

饱水状态与干燥状态波速之差，有公式如下：

$$\Delta v = v_r (k^* - l) / [(l + 1/n)(k^* + 1/n)] \tag{2.13}$$

式中，$v_r$ 为均质各向同性体岩石骨架；$v_w$ 为孔隙水的波速；$l=v_r/(v_w-1)$，一般范围为 $l \in (0,3]$。当 $k^*<l$ 时，则 $\Delta v < 0$，试件饱水后波速下降；当 $k^*=l$ 时，则 $\Delta v = 0$，饱水后波速不变化；当 $k^*>l$ 时，则 $\Delta v > 0$，饱水后波速变大。由于 $l$ 取值范围有限，而空隙在岩石内部的发育情况却纷繁复杂，常使得 $k^*$ 的分布远大于 1。故多数情况 $k^*>l$，大部分饱水后波速上升。

（3）垂直裂隙波速 $v_\perp$ 比平行裂隙波速 $v_{//}$ 受水的影响要明显，垂直裂隙方向的饱水波速比平行裂隙方向的饱水波速增加显著，平行裂隙方向的饱水波速增加幅度不大，而垂直裂隙方向的饱水波速普遍在干燥波速的 2 倍以上，同时各向异性指数 $\gamma = v_{//}/v_\perp$ 减小，各向异性被弱化，如图 2.44 所示。

**2. 压缩过程中波速的变化规律**

岩石压缩过程伴随着岩石微裂纹闭合、萌生、扩展和贯通等，宏观表现为岩石变形、破坏过程。在此过程中声波波速随着损伤、破坏表现出一定的变化规律，运用这种变化规律预测岩石工程结构稳定性有着重要的意义。

在饱水和干燥状态下，裂隙岩石试件变形破坏大致分为 5 个阶段，即压密阶段（OA）、弹性变形阶段（AB）、稳定破裂阶段（BC）、不稳定破裂阶段（CD）和完全破坏阶段（DE）。以 9#饱水试件为例，典型应力-应变曲线如图 2.45 所示。

在压缩过程中，干燥试件平行裂隙方向波速 $v_{//}$ 在峰值前几乎没有变化，在峰值点处有个突变，波速迅速降低，如图 2.46 所示。图 2.47 为垂直裂隙方向波速 $v_\perp$ 随着应变的变化情况，表现出整个岩石压缩全过程的变化。在压密变形阶段和弹性变形阶段，原有裂隙逐渐闭合，压缩变形具有非线性特征，此时波速也随着微裂纹的闭合，而有略微的增加。经压密后，岩石由不连续介质转化似连续介质，在此阶段波速与应变的关系表现为非线性关系。超过弹性极限以后，岩体进入塑性变形阶段，体内开始出现微破裂，达到稳定破裂发展阶段，垂直裂隙方向波速 $v_\perp$ 开始下降，随着应变的增加逐渐降低。当达到峰值点时，波速 $v_{/\!/}$ 和 $v_\perp$ 均有个突跳，突然跌落，此时进入不稳定破裂阶段，在该阶段微裂纹的发展发生了显著变化，出现明显的破裂。在完全破坏阶段，岩体内的微破裂面变为贯通性破坏面，岩体变形继续增加，直至岩体被分成相互脱离的块体而完全破坏。由于平行裂隙方向的空隙要小于垂直裂隙方向的空隙，在压缩过程中空隙被压缩，进而体现出该现象。而平行裂隙方向波速 $v_{/\!/}$ 变化很小，由于微裂隙扩展是沿着原有裂隙方向起裂，垂直方向裂隙扩展明显。

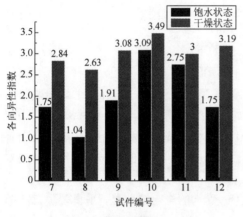

图 2.44　干燥和饱水状态下的各向异性指数对比

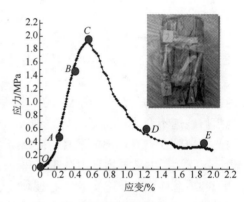

图 2.45　试件压缩全过程应力-应变曲线

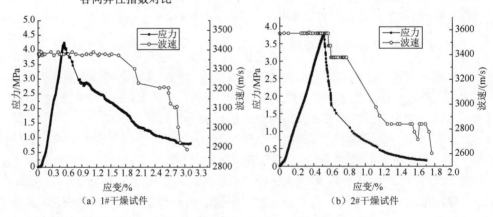

（a）1#干燥试件　　　　　　　　　　（b）2#干燥试件

图 2.46　1#和 2#干燥试件平行裂隙方向波速

　　岩石波速变化能够反映岩石应力变化，在各向异性岩石波速均有一定的变化规律。垂直裂隙方向波速的变化规律更能反映整个岩石的压缩过程中的现象，平行裂隙方向的波速只有在应力达到峰值时突然变化。

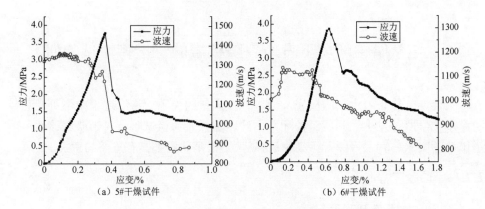

（a）5#干燥试件　　　　　　　　　　（b）6#干燥试件

图 2.47　5#和 6#干燥试件垂直裂隙方向波速

饱水试件与干燥试件相比较，平行裂隙方向波速 $v_{//}$ 在应力峰值点附近下降，如图 2.48 所示。图 2.49 所示的垂直裂隙方向波速 $v_\perp$ 变化的大体趋势与干燥状态相似，即在压密阶段和线弹性阶段表现出非线性特性。在稳定破裂阶段，波速开始下降。而在应力的峰值点附近波速迅速下降，但饱水状态下 $v_{//}$ 表现出一定波动性。

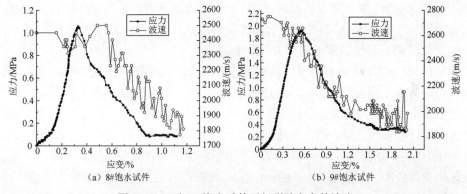

（a）8#饱水试件　　　　　　　　　　（b）9#饱水试件

图 2.48　8#和 9#饱水试件平行裂隙方向的波速

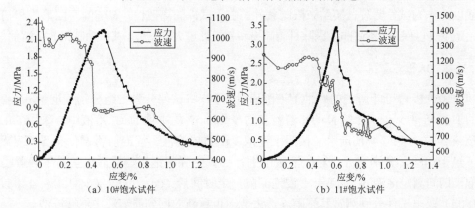

（a）10#饱水试件　　　　　　　　　　（b）11#饱水试件

图 2.49　10#和 11#饱水试件垂直裂隙方向的波速

## 2.7　化学腐蚀环境下贯通裂隙板岩的渗透特性试验研究

大连地区分布着大量的板岩，板岩存在大量的裂隙，渗流过程中不可避免伴随有水化学腐蚀发生。开展腐蚀环境中的裂隙板岩渗流试验，对于研究该地区隧道矿井涌突水、海水入侵、污染物运移等[144]诸多问题都具有重要的意义。

### 2.7.1　试验过程

#### 1. 试件制备及试验设备

试验所选岩样取自大连地铁学苑广场站—海事大学站区间的 3 号竖井。由大连地铁 100 标段提供的勘察资料[145]可知，板岩的岩性致密，裂隙发育较明显。板岩的主要矿物成分为绢云母、绿泥石和石英，外观为灰黑色，平均干密度为 2717.73 kg/m$^3$，孔隙率为 0.177%。

采用 ZS-200 型自动取芯机和 SHM-200 双端面磨石机制备试件，按照 ISRM试验规程加工成 $\phi$50mm×100mm 的圆柱状标准试件。为了减小试件之间差异，尽量从相似的整块石块钻取试件，并确保裂隙方向平行于岩样的轴向。

采用 RLW-2000 岩石伺服三轴流变仪进行板岩试件劈裂和裂隙渗流试验。该设备可进行高低温、高孔隙压、渗透环境下的全应力-应变试验和流变试验。采用德国 DOLI 公司生产的全数字伺服控制、滚珠丝杠和液压技术，能很稳定地控制渗透压、围压和轴压。最高围压可达 80MPa，最高渗透压可达 60MPa，控制精度在±0.01%以内。通过该设备单轴加载，将完整岩样制成含有贯通裂隙试件。加载过程采用变形控制，加载速度为 0.04mm/min。根据已有板岩试验的报道[146] 和加载测试，轴向应变达到 0.8%时的裂隙已基本贯通，且不致碎裂，裂隙试件效果较好，故以此作为试件劈裂试验结束限制条件。由于试件的离散性，裂隙的表面形貌和初始隙宽难以保证完全相同，剔除目测破损和差异性过大的试件，共成功制得 8 个试件。

#### 2. 试验方案

考虑板岩可能所处的腐蚀溶液酸碱性不同，将试件分为三组分别浸泡于 pH=2的 HCl 溶液、pH=12 的 NaOH 溶液和盐度为 3.5%的中性 NaCl 溶液中。采用 50L塑料容器，装入 45L 清水，按照上述浓度配置成溶液，浸泡前将试件在 50℃[147]下烘干 48h，分别在各自对应溶液中进行抽真空强制饱和。然后在室温下静置浸泡，期间测定溶液 pH 的变化。浸泡间隔一定时间后（0d、30d、80d、120d、150d、180d）取出试件分别测定其裂隙渗透系数，再重新放回到原溶液中继续浸泡。

研究表明，经 180d 浸泡后试件与溶液反应速率已基本趋于稳定，故试验最长浸泡时间确定为 180d。试验方案如表 2.7 所示。

表 2.7　试验方案

| 试件编号 | 浸泡溶液 | 溶液 pH | 测定渗透系数的时间间隔/d |
| --- | --- | --- | --- |
| LX-34<br>LX-35 | NaCl | 7 | 0、30、80、120、150、180 |
| LX-18<br>LX-19<br>LX-33 | HCl | 2 | 0、30、80、120、150、180 |
| LX-36<br>LX-37<br>LX-38 | NaOH | 12 | 0、30、80、120、150、180 |

本次浸泡裂隙试件渗流试验分为如下加载步骤。

步骤 1：试验开始后按照应力控制施加 0.5MPa 静水压力，保持稳定。

步骤 2：在进水口施加某一恒定水头，如 $p_0$=0.2MPa，下端外接大气压。水压恒定后保持 5min 并记录其渗流量。数据记录完毕，根据试验要求改变进水口的水头继续测试。

步骤 3：继续增加静水压力，压差 $\Delta\sigma_3$ 为 0.5MPa，压力稳定后返回步骤 2 进行试验，直到最高静水压力增加为 3MPa。

渗流试验过程示意图如图 2.50 所示。虽然试件的裂隙接触面本身吻合度较好，但考虑试件试验过程中裂隙面错动、摩擦可能会影响裂隙结构面粗糙度和隙宽的改变，造成试验误差，采取了适当固定措施。措施具体为在裂隙面距离上下端面 2cm 的两处各涂抹少量改性丙烯酸酯 AB 胶固定，此胶性物质化学性质稳定，不与溶液发生化学反应，只起到黏结裂隙面的作用。另外，采用

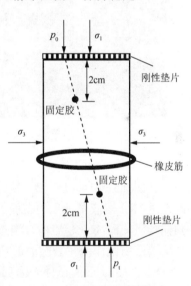

图 2.50　渗流试验过程示意图

环向橡皮筋箍在试件圆周表面，对其进行固定。整个试验过程中围压小于 3MPa，避免围压加卸载产生剧烈的裂隙结构面损伤。

## 2.7.2　试验结果及分析

### 1. 试件表面腐蚀特征

通过 SEM 扫描和能谱分析可看出，板岩裂隙表面主要以 Si 和 Al 为主，呈灰

黑色板状构造和隐晶质构造。裂隙面无腐蚀和三种溶液中浸泡 180d 的试件裂隙表面 SEM 显微图像对比如图 2.51 所示。

（a）无腐蚀　　　　　　　　　　　　　（b）NaCl 溶液

（c）HCl 溶液　　　　　　　　　　　　（d）NaOH 溶液

图 2.51　无腐蚀和浸泡溶液 180d 裂隙表面 SEM 显微图像

从图 2.51 中可以看出，板岩的微观外部形貌在浸泡后的裂隙痕迹变浅，特别是经过 HCl 溶液腐蚀后的表面尤为光滑，NaOH 溶液中的裂隙表面出现白色碎屑固体物质，而 NaCl 溶液浸泡过的裂隙表面有类似微小结晶体。由此可见，不同化学溶液腐蚀作用对裂隙面的粗糙程度有不同的影响。

浸泡 180d 后的试件表面形貌特征如图 2.52 所示。观察发现，HCl 浸泡过的试件表面有明显的锈蚀现象，而 NaCl 和 NaOH 中的试件却不明显。这是因为 HCl 与岩样中的含铁矿物质反应生成 $Fe^{2+}$、$Fe^{3+}$ 所致。

（a）NaCl 溶液（外貌）　　　　（b）HCl 溶液（外貌）　　　　（c）NaOH 溶液（外貌）

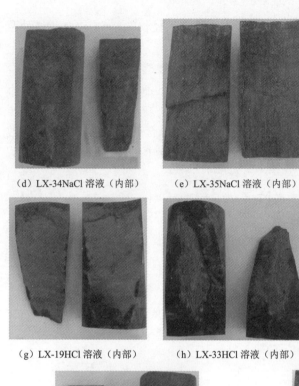

（d）LX-34NaCl 溶液（内部）　　　（e）LX-35NaCl 溶液（内部）　　　（f）LX-18HCl 溶液（内部）

（g）LX-19HCl 溶液（内部）　　　（h）LX-33HCl 溶液（内部）　　　（i）LX-36NaOH 溶液（内部）

（j）LX-37NaOH 溶液（内部）　　　　　　（k）LX-38NaOH 溶液（内部）

图 2.52　浸泡 180d 后的试件

### 2. 围压对裂隙渗透性的影响

　　试验测定多个岩样裂隙的渗透系数随水压的变化规律，结果发现试件裂隙同一围压下单位时间内的渗流量与水压基本呈线性关系。以未腐蚀 LX-34 试件为例，水压-流量关系如图 2.53 所示，可见渗流符合达西定律。

　　根据达西定律进行含裂隙试件渗透系数 $k$ 的计算：

$$k = Q\mu\Delta L / A\Delta H \qquad (2.14)$$

式中，$k$ 为渗透系数（m/s）；$Q$ 为单位时间内流量（m$^3$/s）；$\mu$ 为水的动力黏度（Pa·s），

20℃时水的动力黏度为 $1.005 \times 10^{-3}$ Pa·s；$\Delta L$ 为渗流路径长度（m）；$\Delta H$ 为试件两端水头（m）；$A$ 为裂隙截面积（m²）。

对无腐蚀试件 LX-18、LX-19、LX-35、LX-38 的渗透系数进行了测定并拟合了关系式，如图 2.54 所示。从图中可以看出，同围压下各试件的初始渗透系数不同，相差 $16.1 \times 10^{-5}$m/s，即试件初始裂隙开度存在一定差异。渗透系数随着围压的增大而减小，基本呈幂指数关系，假设渗透系数的拟合关系如式（2.15），对数据进行拟合，获得相关参数，如图 2.54 所示。$R^2$ 均大于 0.97，说明幂指数关系假设是合理的。

$$k = \alpha_0 \bar{\sigma}_n^\beta = \alpha_0 [\sigma_3 - \mu(\sigma_1 + \sigma_3) - p_0]^\beta \tag{2.15}$$

式中，$\alpha_0$ 为常数；$\bar{\sigma}_n$ 为有效法向应力；$\beta$ 为拟合系数；$\mu$ 为泊松比；$p_0$ 为裂隙水压；$\sigma_1$ 为轴向压力；$\sigma_3$ 为围压。

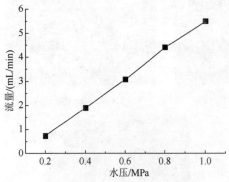

图 2.53　水压-流量关系（试件 LX-34）　　　图 2.54　无腐蚀试件在不同围压下的
　　　　　　　　　　　　　　　　　　　　　　　　　　　　　渗透系数变化曲线

### 3. 腐蚀过程中裂隙渗透性的变化

在历时 180d 的腐蚀过程中，分别测定了在 0d、30d、80d、120d、150d、180d 时的渗透系数。由于每个试件的初始裂隙开度具有差异性，为了保持恒定水压 $p_0$，需要施加适当的围压，所以本试验获取的渗透系数是在围压应力水平 0.5～3MPa 的结果。选择围压分别为 1.5MPa、2MPa、2.5MPa 对应的渗透系数随时间的变化绘成曲线，如图 2.55 所示。由图可知，岩石裂隙渗透系数均随着围压增大而减小，同样围压下试件的初始渗透系数随着时间的变化规律因化学溶液不同而不同。NaCl 溶液中试件 LX-34、LX-35 的渗透系数随着浸泡时间的推移而增大。图 2.55（a）～图 2.55（c）中均显示，浸泡于 NaCl 溶液的曲线介于 HCl 和 NaOH 之间，且渗透系数增加速率在 0～90d 最快，超过 120d 后已基本趋于稳定，浸泡 180d 后渗透系数平均增加量为 $7.6 \times 10^{-5}$～$16.9 \times 10^{-5}$m/s。

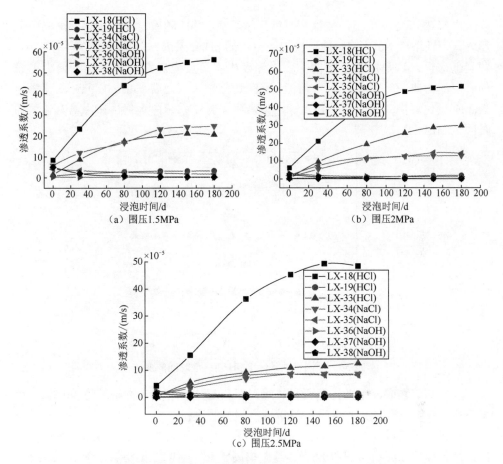

图 2.55　不同腐蚀条件下渗透系数随浸泡时间的变化

经 HCl 溶液腐蚀后的岩石裂隙渗透系数随着浸泡时间的推移而迅速升高，可以看出 HCl 对裂隙板岩具有更强的腐蚀性，浸泡 180d 后的渗透系数平均增加量为 $44.13×10^{-5}$～$47.8×10^{-5}$m/s。而经 NaOH 溶液腐蚀后的岩石裂隙渗透系数随着浸泡时间的推移呈减小趋势，与 NaCl、HCl 溶液中渗透系数变化规律正好相反。浸泡 180d 后渗透系数的平均减小量为 $0.94×10^{-5}$～$2.45×10^{-5}$m/s。0～80d 降低趋势较快，之后基本趋于平衡。试件 LX-19 的渗透系数变化趋势符合上述规律，但数值比其他试件明显偏小，这可能与岩石材质离散性有关。

4. 浸泡裂隙板岩化学腐蚀机制分析

为揭示不同溶液对于裂隙渗透系数影响规律，需要进行化学腐蚀机制分析。浸泡试验开始后，采用 PHS-3C 型数显酸度计进行测定，得到各种腐蚀溶液环境下 pH 随时间的变化规律，如图 2.56 所示。

由图 2.56 可以看出，酸性和碱性环境溶液的 pH 随着时间的推移逐渐向中性趋近；中性溶液 NaCl 的腐蚀环境中，溶液的 pH 随着腐蚀时间的推移有所增大，即呈弱碱性。这是由于板岩的主要成分发生水解反应后 $OH^-$ 浓度逐渐增大造成的。浸泡初期（前 40d），腐蚀溶液的 pH 变化显著，之后（40～180d）水化学溶液 pH 变化逐步减缓并趋于稳定。结果表明在封闭系统内水化学作用具有较强的时间依赖性。

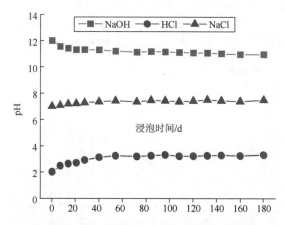

图 2.56　不同腐蚀条件下 pH 随浸泡时间的变化

板岩的矿物成分主要为绢云母、绿泥石和石英，占其矿物质量的 90.5%，故本节主要针对这几种矿物成分的溶蚀或沉淀机制进行分析。

板岩中绢云母和绿泥石的溶蚀反应化学方程式如表 2.8 所示。由表 2.8 可以看出，绢云母和绿泥石与 HCl 反应，其矿物离子 $K^+$、$Al^{3+}$ 逐渐溶解于 HCl 溶液中，导致等效隙宽和渗透系数增大。

表 2.8　板岩中绢云母和绿泥石的化学方程式

| 成分 | 溶液 | 化学方程式 |
|---|---|---|
| 绢云母 | pH=2 的 HCl 溶液 | $KAl_2(AlSi_3O_{10})(OH)_2+10H^+ \rightleftharpoons K^++3Al^{3+}+3H_4SiO_4$ |
| | pH=7 的 NaCl 溶液 | $KAl_2(AlSi_3O_{10})(OH)_2+10H_2O \rightleftharpoons K^++3Al(OH)_3+OH^-+3H_4SiO_4$ |
| | pH=12 的 NaOH 溶液 | $KAl_2(AlSi_3O_{10})(OH)_2+H_2O+8OH^- \rightleftharpoons K^++3Al(OH)_4^-+3SiO_3^{2-}$ |
| 绿泥石 | pH=2 的 HCl 溶液 | $Mg_5Al_2Si_3O_{10}(OH)_8+16H^+ \rightleftharpoons 5Mg^{2+}+2Al^{3+}+3H_4SiO_4+6H_2O$ |
| | pH=7 的 NaCl 溶液 | $Mg_5Al_2Si_3O_{10}(OH)_8+10H_2O \rightleftharpoons 5Mg^{2+}+2Al(OH)_3+10H_4SiO_4$ |
| | pH=12 的 NaOH 溶液 | $Mg_5Al_2Si_3O_{10}(OH)_8+H_2O+8OH^- \rightleftharpoons 5Mg(OH)_2+2Al(OH)_4^-+3SiO_3^{2-}$ |

在 NaCl 溶液中水解产生 $OH^-$ 使溶液呈弱碱性，伴随产生的沉淀 $Al(OH)_3$ 性质不稳定，易水解。这也是 NaCl 溶液中裂隙渗透系数增大的原因。NaOH 溶液中绿泥石与 $OH^-$ 反应生成的 $Mg(OH)_2$ 为白色稳定固体沉淀，此物质附着在裂隙表面，堵塞了空洞和毛细裂纹，使裂隙结构面的等效隙宽和渗透系数降低。

石英的主要成分为 $SiO_2$，系碱性氧化物，可与 HCl 反应生成硅酸盐溶解于水中。$SiO_2$ 在中性 NaCl 溶液中溶解度很低。当处在碱性溶液 NaOH 中时，$SiO_2$ 的水化物 $H_4SiO_4$ 依次离解为 $H_3SiO_4^-$ 和 $H_2SiO_4^{2-}$，表面形成富 Si 的络合物，是导致渗透系数减小的原因之一。其化学反应方程式如下：

$$SiO_2 + 2H_2O \rightleftharpoons H_4SiO_4 \tag{2.16}$$

$$\begin{cases} H_4SiO_4 \rightleftharpoons H_3SiO_4^- + H^+ \\ H_3SiO_4^- \rightleftharpoons H_2SiO_4^{2-} + H^+ \end{cases} \tag{2.17}$$

由上述分析可知，化学腐蚀主要通过化学溶液和主要矿物质之间的离子交换使结构面溶蚀脱落或沉淀堵塞，改变了岩石的微细观结构，是导致隙宽和渗透系数变化的主要原因。

### 2.7.3　渗流机理数值模拟分析

为了进一步理解本试验裂隙渗流机理，建立数值模型进行渗流机理模拟分析。

1. 渗流应力的总体控制方程

渗流区域（或裂隙网络）三维渗流场数学模型为

$$\begin{cases} \dfrac{\partial}{\partial x}\left(K_x\dfrac{\partial H}{\partial x}\right) + \dfrac{\partial}{\partial y}\left(K_y\dfrac{\partial H}{\partial y}\right) + \dfrac{\partial}{\partial z}\left(K_z\dfrac{\partial H}{\partial z}\right) = 0, & (x,y,z)\in \Omega_1 \\ H(x,y,z) = H_1(x,y,z), & (x,y,z)\in \Gamma_1 \\ q(x,y,z) = q_2(x,y,z), & (x,y,z)\in \Gamma_2 \end{cases} \tag{2.18}$$

式中，$\Omega_1$ 为裂隙网络的渗流区域；$H(x,y,z)$ 为第一类边界 $\Gamma_1$ 下的水头分布函数；$q(x,y,z)$ 为第二类边界 $\Gamma_2$ 下的流量函数；$K_x$、$K_y$ 和 $K_z$ 分别为渗透主方向的渗透系数，由裂隙隙宽确定；$\Gamma_1$ 和 $\Gamma_2$ 分别为水头分布和流量分布边界。

渗流场影响的裂隙岩体三维应力场模型为

$$\begin{cases} \sigma_{ij} + f_i = 0, & (x,y,z)\in \Omega \\ \varepsilon_{ij} = 0.5\times(u_{i,j}+u_{j,i}), & (x,y,z)\in \Omega \\ \sigma_{ij} = \lambda\varepsilon_V\delta_{ij} + 2G\varepsilon_{ij}, & (x,y,z)\in \Omega;\ i,j=1,2,3 \\ \sigma_{ij}n_j = t_i(H), & (x,y,z)\in S_\sigma \\ u_i = \overline{u_i}, & (x,y,z)\in S_u \end{cases} \tag{2.19}$$

式中，$\Omega$ 为包括岩块和裂隙整个岩体区域；$\sigma_{ij}$ 为应力场张量；$f_i$ 为体力；$\varepsilon_{ij}$ 为应变场张量；$u_{i,j}$ 和 $u_{j,i}$ 为位移场；$\varepsilon_V$ 是体积应变；$\lambda$ 和 $G$ 为拉梅常数；$n_j$ 为边界法向余弦；$t_i(H)$ 为作用在边界上的已知面力；$\overline{u_i}$ 为边界上的已知位移；$S_\sigma$ 为已知应力边界；$S_u$ 为已知位移边界。

### 2. 岩石裂隙渗流计算公式

根据光滑平行板假定而得到含裂隙试件渗流量与均值隙宽的关系：

$$Q = kJ \cdot W = \frac{g\overline{e}^2}{12\mu} J \cdot W = \frac{gR\overline{e}^3 \Delta H}{6\mu \Delta L} \tag{2.20}$$

式中，$Q$ 为单位时间内流量（$m^3/s$）；$k$ 为裂隙渗透系数；$W$ 为过水断面面积（$m^2$）；$J$ 为水力梯度（无量纲）；$\mu$ 为水的动力黏度（Pa·s），20℃时水的动力黏度为 $1.005 \times 10^{-3}$ Pa·s；$g$ 为重力加速度（$g \approx 9.8 m/s^2$）；$R$ 为试件的半径（m）；$\overline{e}$ 为均值隙宽（m）；$\Delta L$ 为渗流路径长度（m）；$\Delta H$ 为试件两端水头（m）。

韩围锋等[53]根据试验资料发现，随着裂隙闭合变形增大，闭合变形速率逐步减少，该关系呈现为下凸曲线，而最大闭合变形量为曲线趋近的最大值[147]。本试验条件为施加静水压力围压，忽略剪切效应。裂隙薄层采用如下的增量弹性本构关系：

$$d\sigma_n = \frac{\lambda + 2G}{V_m - u_n} du_n \tag{2.21}$$

式中，$u_n$ 为渗流计算的法向闭合变形；$V_m$ 为裂隙最大闭合变形量，小于或等于裂隙的初始开度 $b_0$；$\sigma_n$ 为法向应力；$\lambda$ 和 $G$ 为拉梅常数。

对式（2.21）积分得

$$u_n = V_m(1 - e^{-\frac{\sigma_n}{\lambda + 2G}}) \tag{2.22}$$

可知，法向闭合变形与法向应力具有负指数关系，与孙广忠[148]的结论具有一致性。

### 3. 化学腐蚀对贯通裂隙均值隙宽的影响

贯通裂隙受到化学腐蚀作用，宏观上主要表现为溶蚀其表面凹凸体结构或吸附沉淀堵塞空隙，从而改变裂隙等效隙宽。裂隙渗透系数的变化主要是由于裂隙结构面的 $\overline{e}$ 发生了变化。

考虑到试件初始裂隙开度的差异性，为了更直观对比，采用均值隙宽变化率 $\rho$ 进行描述。$\rho$ 的表达式如下：

$$\rho = \frac{\overline{e} - \overline{e}_0}{\overline{e}_0} \times 100\% \tag{2.23}$$

通过以上试验结果和式（2.20）、式（2.23），对初始裂隙 $\overline{e}_0$ 和不同腐蚀时间的均值隙宽 $\overline{e}$ 进行整理，拟合得出围压为 1.5MPa 下三种腐蚀环境中不同腐蚀时间 $t$ 与等效隙宽变化比的关系曲线。拟合结果如图 2.57 所示，拟合后的 $R^2$ 均大于 0.99。

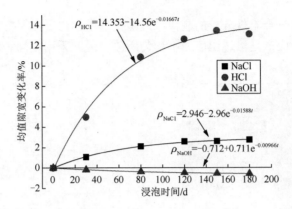

图 2.57　不同腐蚀环境中均值隙宽变化率与浸泡时间的拟合曲线（围压为 1.5MPa）

**4. 裂隙渗流计算方法及验证**

基于 FLAC$^{3D}$ 平台进行岩石裂隙渗流-应力耦合的算例验证，并与试验对比。FLAC$^{3D}$ 在求解渗流-应力耦合方程（2.18）和方程（2.19）时，采用了显式迭代的有限差分方法。考虑按照试验条件建立含裂隙岩石试件模型，岩块采用不透水弹性实体单元，裂隙采用透水的薄层弹性实体单元。FLAC$^{3D}$ 本身未提供裂隙渗流的本构，借助 FISH 语言和时步控制法进行渗流-应力耦合程序编写和时步迭代控制。先关闭渗流模块，使模型进行力学计算迭代，按照式（2.21）、式（2.22）计算裂隙各单元的变形 $u_n$ 和裂隙宽度，按照最低点、中点和最高点三个位置取平均隙宽，按照式（2.24）计算渗透系数，赋给所有裂隙单元。然后关闭力学模块，打开渗流模块，模拟水体流动和渗压分布。如此反复地进行渗流场和力学场的模拟计算，直到模型渗流量趋于稳定。

上述渗流模拟中存在裂隙单元尺度效应问题。如果裂隙单元尺度大于实际隙宽，对于位移和渗流量计算就会造成一定偏差。裂隙变形值和渗流量按照尺度比例进行换算，其中渗流量修正公式如下：

$$q = q_{flac} / (\bar{b}_{nuit} / \bar{b}_0) \tag{2.24}$$

式中，$q$ 为修正后的隙宽渗流量；$q_{flac}$ 为修正前模拟的流量；$\bar{b}_{nuit}$ 为裂隙模拟单元尺度，本节为 2mm；$\bar{b}_0$ 为试件的实际水力隙宽。

**5. 裂隙渗流机理分析**

按照试验条件进行数值模拟。岩块弹性参数 $E_r$ 和 $u_r$ 通过试验峰前压缩曲线确定。采用计算参数如下：岩块弹性模量 $E_r$ =130MPa，岩块泊松比 $u_r$ =0.15。初始裂隙开度 $b_0$=55μm，裂隙最大闭合变形量 $V_m$=51μm，裂隙初始弹性模量 $E_c$=25MPa。图 2.58 为围压 1.5MPa、渗透压 0.2MPa 条件下的含裂隙试件裂隙水压和渗流矢量图。由图可见试件的裂隙水压上部大于下部，呈倒三角形分布。模拟的裂隙水压分布和流动矢量符合常规分析的规律。裂隙变形基本沿着水平方向，裂隙宽度上部略宽于下部，应该是渗透压应力不均匀所致。因此采用不同高度的裂隙宽度取均值作为计算宽度。

（a）渗流矢量及孔隙水压

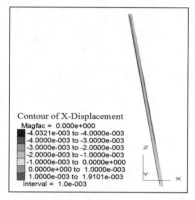

（b）裂隙水平位移

图 2.58　含裂隙试件裂隙水压和渗流矢量图（$p_0$=0.2MPa, $\sigma_3$=1.5MPa）

按上述参数条件进行数值模拟，由于篇幅限制，只针对 NaCl 溶液中的 LX-35 试件的试验结果进行对比，如图 2.59 所示。数值模拟渗透系数在 $10^{-5} \sim 10^{-4}$m/s 的范围内，数值范围和趋势与试验数据基本相符。模拟结果表明，随着围压的增加，渗透系数下降，但变化的速率逐渐减小，是典型的下凸曲线。

图 2.60 为按照均值隙宽拟合曲线得出的数值模拟结果。从图中可以看出，NaOH 溶液中的裂隙渗透系数随着时间的推移有明显的下降趋势，最后趋于稳定。而 HCl、NaCl 溶液对裂隙面具有很强的溶蚀作用，使得渗透系数增大，并且在 HCl 溶液中裂隙渗透系数增大明显。对比可知，模拟结果与试验结果数据基本吻合。

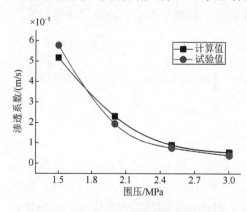

图 2.59　LX-35 不同围压渗透系数模拟和试验对比

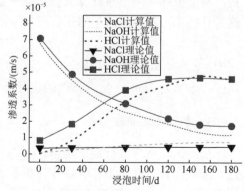

图 2.60　渗透系数在不同溶液环境的变化规律

## 2.8　加卸载条件下石英岩蠕变-渗流耦合规律试验研究

开展循环加卸载的蠕变-渗流试验对于模拟岩体开挖过程中的扰动，更符合实际工程情况。但目前仅见潘荣锟等[149]采用卸围压的方式进行煤岩渗透-力学试验，研究了不同荷载条件下煤体的气体渗透演化规律。针对此条件下水渗流的试验研究鲜见报道。因此，本节以大东山隧道的石英岩为研究对象，开展水蠕变-渗流耦合加卸载试验。研究结果可以为海底隧道和沿海地铁等富水区岩体工程的海水入侵、涌突水防治提供一定的理论指导。

### 2.8.1　蠕变-渗流耦合加卸载试验

#### 1. 试验仪器

本次石英岩的蠕变-渗流耦合加卸载试验采用 RLW-2000 岩石伺服三轴流变仪。该设备可进行高低温、高孔隙压、渗透环境下的全应力-应变试验和流变试验。采用德国 DOLI 公司生产的全数字伺服控制、滚珠丝杠和液压技术能很稳定地控制渗透压、围压和轴压。最高围压可达 80MPa，最高渗透压可达 60MPa，控制精度在±0.01%以内。

#### 2. 试件制备

试验所选岩样取自大东山隧道石英岩。该岩石的结构致密、颗粒细腻、硬度较大，裂隙发育不明显，透水性差。此石英岩是石英砂岩及硅质岩经变质作用、重结晶而形成的，主要矿物成分为石英、云母和赤铁矿等，其中石英含量85.7%。岩样呈灰白色相间，表面无明显裂痕，由密度测试和强制饱和试验得知，属于低渗透性硬岩材料，平均干密度为 $2789.24kg/m^3$，孔隙度为 0.63%。

采用 ZS-200 型自动取芯机和 SHM-200 双端面磨石机制备试件，按照 ISRM 试验规程加工，剔除破损和目测差异性过大的试件，共制成 5 个$\phi$50mm×100mm 的圆柱状标准试件，试件均取自同一块岩体。试件的编号为 S1～S5。

#### 3. 试验原理

为了便于分析和测试岩石渗透率，做如下几点假设。
（1）渗透水为不可压缩的流体。
（2）岩体内部初始孔隙和微裂纹分布较均匀，可视为孔隙介质。
（3）恒定稳定渗流视为连续渗流。

（4）石英岩为低渗透岩石，蠕变试验过程中流体渗流速度较小，可假定符合达西定律。

根据达西定律可以推导出渗透率计算公式[150]为

$$k = \frac{\mu L V}{A \Delta p \Delta t} \tag{2.25}$$

式中，$k$ 为岩样的渗透率（m²）；$V$ 为时刻渗流流体流入体积（m³）；$\mu$ 为水的动力黏滞系数，$\mu = 1 \times 10^{-3}$Pa·s（$T$=20℃）；$L$ 为试件沿渗流方向的长度（m）；$\Delta t$ 为时间（s）；$A$ 为试件的截面积（m²）；$\Delta p$ 为试件两端的压力水头（Pa）。

4. 试验方法

试验过程中，实验室内温度始终保持在 25℃。考虑到蠕变、渗流试验可能会受到来自周围机器和环境的振动干扰，在本试验过程中，其他振动性试验不同时进行，试验环境的振幅、频率可以忽略。

试验前对石英岩进行了常规三轴压缩试验，选择试件 S1 和 S2 在围压 10MPa 下进行三轴压缩试验，获取平均瞬时抗压强度为 165MPa。根据该强度确定出加卸载过程中的轴向偏应力水平。

为了充分反映岩石的渗透规律，试验前先将制备好的试件在清水中进行抽真空强制饱和 8h。渗流试验过程采用稳态法进行，试件进口端施加稳定水压 5MPa，出口端和大气相连通，保持恒定压差，记录稳定后的渗流量。整个过程采用定围压，即围压始终保持为 10MPa。然后按照表 2.9 进行轴向偏应力的蠕变-渗流耦合加卸载试验。

表 2.9　加卸载蠕变-渗流耦合试验方案

| 轴向应力水平 | 加载时长/h | 渗透压/MPa | 围压/MPa |
|---|---|---|---|
| 加载至 10MPa | 6 | 5 | 10 |
| 卸载至 5MPa | 2 | 5 | 10 |
| 加载至 20MPa | 6 | 5 | 10 |
| 卸载至 5MPa | 2 | 5 | 10 |
| 加载至 30MPa | 6 | 5 | 10 |
| 卸载至 5MPa | 2 | 5 | 10 |
| ⋮ | ⋮ | ⋮ | ⋮ |
| 依次加载至破坏 | ⋯ | ⋯ | ⋯ |

具体试验操作步骤如下。

步骤 1：将饱和的试件放入压力室内，调整轴向和径向引伸计位置，初始应变清零。

步骤 2：蠕变试验开始时，首先施加 2kN 荷载保证试件两端被压头挤紧，然后以围压系统的滚珠丝杠轴承的加载速率为 25mm/min 施加围压至预定值。

步骤 3：采用水压系统滚珠丝杠轴承为 20mm/min 的移动速率，将试件进口端施加预定的渗透压差，另一端外接大气压，稳定保持 12h。

步骤 4：采用轴压系统滚珠丝杠轴承为 1mm/min 的移动速率，将试件施加至预定的轴向应力水平。在此条件下蠕变 6h 后，仍然以滚珠丝杠 1mm/min 的移动速率卸载至预定轴向应力值，蠕变 2h。然后进行下一级荷载的施加，按照表 2.9 的方案加载至试件破坏。

步骤 5：试件破坏后，先卸载水压到 0，然后卸载轴压到 0，最后卸载围压到 0，导出试验数据进行整理。

## 2.8.2　试验结果及分析

### 1. 循环加卸载过程的蠕变–渗流曲线分析

加卸载试验过程中，选择 S3～S5 三个试件进行试验，所选试件的表面形貌和质地色泽相似度很高，获得的试验过程曲线类似。采用上述试验方案和加载步骤得到石英岩在围压为 10MPa、水压差为 5MPa 下的加卸载蠕变曲线和应力-应变全过程曲线，取最具代表性的编号为 S3 的试件进行分析，如图 2.61 所示。

从图 2.61（a）中可以看出，随着逐级加载和卸载，石英岩的应变表现出增长—回落—再增长的变化规律逐级递增，最终在轴向偏应力达到 160MPa 时，试件经过短暂的应变调整后，进入加速段。整个过程的总应变较小，轴向应变达到 0.3%、径向应变达到 –0.075% 时就发生破坏，而且破坏速率较快，有明显的脆性特征。加载开始时，首先产生瞬时变形，随后进入蠕变阶段，而且随着加载应力水平的增大，蠕变变形速率加快。当轴向偏应力卸载到固定水平 5MPa 后，轴向应变重

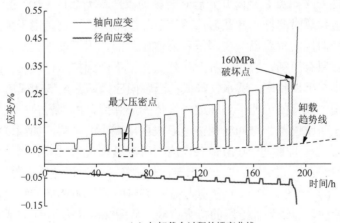

（a）加卸载全过程的蠕变曲线

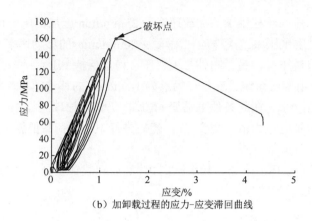

（b）加卸载过程的应力-应变滞回曲线

图 2.61　蠕变-渗流耦合加卸载全过程的试验曲线

新跌落到卸载趋势线附近。趋势线呈先减小后增大的规律，从加载开始到应变最低点之前的时间内，试件处于压密阶段，此时的应力-应变关系主要表现为明显的黏弹性特征，并无明显的不可恢复变形。受荷试件在到达最大压密点之后，逐渐产生了不可恢复变形。此时试件的蠕变特性主要表现为黏弹塑性特征，这是由于孔隙水压和外部循环荷载导致岩石内部结构产生明显损伤所致。

从图 2.61（b）中可以看出，循环加卸载曲线并不闭合，试件的应力-应变曲线出现了明显的塑性滞回环，且滞回环随轴向偏应力的增大逐渐增大，当轴向偏应力达到 160MPa 时，试件破坏。

**2. 渗透率在循环加卸载过程中的变化规律分析**

通过式（2.25）计算获得循环加载过程中的渗透率的演化规律，如图 2.62 所示。由图 2.62（a）可知，试验开始后 0 时刻的渗透率为 $2.11 \times 10^{-20} \mathrm{m}^2$，施加轴向荷载导致渗透率瞬时降低，卸载后渗透率反而瞬时升高。这是由于加载前的试件内部结构的径向排布位置已经在围压和渗透压差的作用下基本达到稳态，轴向荷载的施加打破原有平衡，岩粒、骨架在外力作用下受到挤压，填实了颗粒之间的部分空隙，排布更加紧密，透水性降低；当轴向应力卸回至 5MPa 时，试件在前一步加载过程中贮存的势能得到释放，岩体变形弹回，内部岩粒在孔压和应力的作用下趋于返回原位置。前 60h 的渗透率表现出减小的趋势，加载过程致使试件压密。当 60h 之后即超过 50MPa 轴向应力时渗透率逐渐增大。当轴向应力达到 160MPa 时，蠕变进入加速阶段，标志着试件破坏，此时渗透率突然急剧增大。

图 2.62（b）和图 2.62（c）分别为轴压 40MPa 和 100MPa 的蠕变曲线及所对应的渗透率曲线，虚线为稳定段的拟合直线。从图 2.62（b）中可以看出，在轴压 40MPa 下，前 5h 蠕变曲线处于初始段，蠕变速率为 $2.2 \times 10^{-6} \mathrm{h}^{-1}$，进入稳定段的

蠕变速率为 $9.09 \times 10^{-7} h^{-1}$，整体蠕变量和速率较小，该轴压下试件处于压密阶段，蠕变过程中的渗透率也以 $0.02 \times 10^{-20} m^2$ 的速率降低。

从图 2.62（c）中的蠕变曲线可以看出，初始段所持续的时间比图 2.62（a）中明显减少，蠕变速率增大，约 $6.75 \times 10^{-6} h^{-1}$。稳定段蠕变速率也增大到 $2.65 \times 10^{-6} h^{-1}$。轴压 100MPa 下渗透率随蠕变时间呈现出增大的趋势，平均速率为 $0.0168 \times 10^{-20} m^2$。此时岩粒之间产生滑移、错位，新生微裂纹增多，孔隙水压的有效应力和湿润作用促使空隙的扩张和萌生，同时岩石内部材料的劣化又促进了蠕变速率的增加。

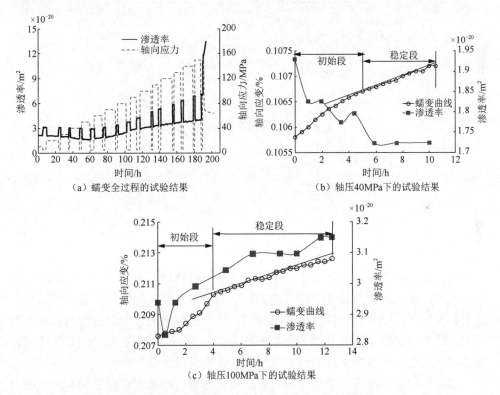

（a）蠕变全过程的试验结果　　　　（b）轴压40MPa下的试验结果

（c）轴压100MPa下的试验结果

图 2.62　渗透率随轴向应力和加载时间的变化规律

**3. 加载后渗透率与体积应变的规律分析**

岩石变形过程中体积应变经历了压密和扩容阶段，岩石体积应变按照如下公式计算：

$$\varepsilon_V = \varepsilon_D + 2\varepsilon_R \tag{2.26}$$

式中，$\varepsilon_V$、$\varepsilon_D$ 和 $\varepsilon_R$ 分别为体积应变、轴向应变和径向应变。

图 2.63 给出了 S3、S4 和 S5 的轴向应力和渗透率随体积应变的变化规律，可

分为以下几个阶段阐述。

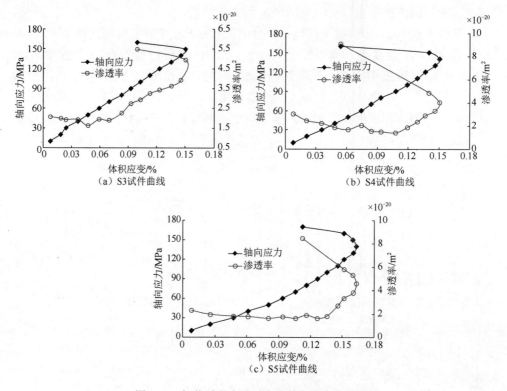

图 2.63　加载过程中渗透率和体积应变的关系

（1）压密阶段。岩石是由不同形状与尺寸的矿物颗粒组成的多孔材料，在低应力水平作用下，岩石试件主要表现为原生裂隙压密和孔洞的闭合等局部调整。随着蠕变时间的推移，试件发生体积剪缩，体积应变增大（体积应变的值增大为剪缩，减小为剪胀），液体主要通过岩石内部晶粒骨架连通的孔隙渗流，渗透率表现为减小的趋势，渗透率最小值出现在体积应变拐点之前。

（2）裂纹扩展阶段。渗透率随着体积应变的增大而增大。随着轴向应力的增大，微孔洞体积扩展和成长，孔隙水压力逐渐渗入并填充到形成的微孔洞内。随着蠕变时间的增长，微孔洞周围产生不可恢复的塑性变形。循环加卸载产生的外界不平衡力、渗流力以及水的润湿作用更加大了对岩石内部晶粒之间排布位置的扰动，这种扰动具有部分不可恢复性，渗透率也逐渐增强。

（3）裂纹贯通阶段。随着微孔洞的增多，它们之间贯通、连接形成了微裂纹，当微裂纹周围的材料达到临界破坏强度后，微裂纹汇合形成明显剪切带，孔隙水迅速充填破裂带。本阶段，体积应变达到最大值后（拐点处）试件开始出现剪胀，随后体积应变急剧减小，渗透率迅速增大，最终破坏。

**4. 卸载后渗透率与体积应变的变化规律分析**

按照试验条件，每逐级加载一次后，要卸载至 5MPa 蠕变 2h。根据试验结果，获得了卸载后的渗透率和体积应变与加卸载次数（卸载完成后为一个周期）的关系并进行拟合，如图 2.64 所示，拟合结果如表 2.10 所示。

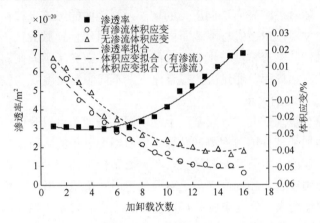

图 2.64　渗透率和体积应变随加卸载次数的变化曲线（卸回到 5MPa 后）

**表 2.10　拟合结果**

| 参数 | 拟合公式 | $R^2$ |
|---|---|---|
| 渗透率 | $k = 0.0285x^2 - 0.1953x + 3.264$ | 0.98 |
| 体积应变（无渗流） | $\varepsilon_v = 0.0004x^2 - 0.0097x + 0.026$ | 0.99 |
| 体积应变（有渗流） | $\varepsilon_v = 0.0003x^2 - 0.0095x + 0.018$ | 0.99 |

注：表中 $k$ 为渗透率，$\varepsilon_v$ 为体积应变，$x$ 为加卸载次数（$0 \leqslant x \leqslant 16$）。

由图 2.64 可知，随着加卸载次数的增加，渗透率（当 $n \leqslant 6$ 次）略有降低，从 $5.11 \times 10^{-20} \mathrm{m}^2$ 降至 $2.92 \times 10^{-20} \mathrm{m}^2$，随后逐渐增大，经过拟合其符合二次多项式变化规律。施加渗流的体积应变随着加载次数的增加而非线性减小。与不施加渗流的同条件蠕变试验对比发现，两者变化规律基本相同，施加渗流的试件（初始体应变为 0.0108%）体积应变曲线在无渗流（初始体应变为 0.0159%）的曲线下方。将三条曲线按照二次多项式拟合，$R^2$ 都在 0.98 之上，拟合效果理想。

# 2.9　本 章 小 结

本章围绕着岩石弹塑性损伤 MHC 多场耦合问题，采用自主研制相关试验装置，进行了关于损伤、渗透性方面的试验研究。

（1）自主研制了含水岩石冻胀力测试装置并进行了含水岩石冻胀力测试。试验结果表明冻结温度越低，冻胀力越大，达到极值的时间越短。达到极值后继续维持冻结温度，应力略有降低。岩石的孔隙率和含水量是影响岩石冻融损伤劣化的主要条件，冻融循环次数越多，岩石受冻融循环的影响越明显。

（2）自主研制环向渗流-应力耦合下岩石渗透性试验装置并进行相关试验。试验结果表明，随着裂隙表面法向应力的增加，裂隙面的渗流量存在线性减小的关系。通过拟合发现，JRC 值与裂隙面抗压强度 $\sigma_s$ 呈线性递减关系；进行配称和非配称放置接触，其渗流特性表现出明显的随机性。研究了不同倾斜角度的试件裂隙渗透能力的变化规律，通过公式拟合建立了不同倾斜角度 $\alpha$ 与发生明显损伤时的剪切强度 $\tau_m$ 之间的关系。

（3）在原有常规蠕变三轴仪基础上，研制并添加了可以开展低温试验的酒精冷浴系统，增加了试件电阻率测试装置。岩石蠕变过程的电阻率先减小后增大，当蠕变进入加速段，电阻率剧烈增大。与室温条件下的三轴蠕变相比，低温条件下的最大抗压强度有明显提高。与之对应的电阻率值呈先减小后增大的趋势，最后在加速段突然增大，平均电阻率在 $200\Omega\cdot m$ 左右。含水岩石在冻结前后电阻率变化巨大，由试验数据可知，$-7℃$ 下的岩石的电阻率约为 $6000\Omega\cdot m$，比室温饱和状态的岩石高出 30 倍左右。

（4）干燥和饱水岩石压缩过程超声试验表明，垂直裂隙方向波速 $v_\perp$，在压密及线弹性阶段表现出非线性特性，在峰值点处，裂隙较为明显，波速突然降低；平行裂隙方向的波速 $v_{/\!/}$，只有在峰值应力处，波速有个跌落，但饱水状态下 $v_{/\!/}$ 表现出一定波动性。在未受力的条件下，饱水试件比干燥试件的波速明显增加；垂直裂隙声速 $v_\perp$ 比平行裂隙声速 $v_{/\!/}$ 受水的影响要显著，垂直裂隙方向声速饱水波速增加显著，饱水波速普遍在天然波速的 2 倍以上，而平行裂隙方向饱水波速增加不大，各向异性被弱化。

（5）化学腐蚀环境下贯通裂隙板岩的渗透特性试验通过 SEM 扫描结果表明，板岩试件裂隙经 HCl 溶液腐蚀后表面比较光滑，经 NaCl 溶液浸泡过的表面呈现类似微小结晶体，经 NaOH 溶液腐蚀后的表面出现白色碎屑固体物质；围压与渗透系数基本呈指数关系，随着围压增大，渗透系数趋于减小直至稳定。HCl 溶液和 NaCl 溶液浸泡的板岩裂隙的渗透系数随着浸泡时间推移而增大，其中 HCl 溶液对裂隙的腐蚀作用更明显。而 NaOH 溶液中板岩裂隙渗透系数随浸泡时间的增加而减小。NaOH 与板岩中的绿泥石生成 $Mg(OH)_2$ 沉淀，堵塞了裂隙间的空隙，减少了裂隙的张开程度。将不同溶液中板岩的渗透系数与浸泡时间的非线性关系引入到裂隙渗流计算理论公式中，采用 FLAC$^{3D}$ 的 FISH 语言编写板岩裂隙渗流-应力耦合的实体单元法计算程序，计算与试验结果有较好一致性。

（6）加卸载蠕变-渗流耦合试验表明，石英岩压密阶段主要表现为黏弹性特征，并无明显的不可恢复变形。在最大压密点之后逐渐产生了不可恢复变形，出现明显损伤，主要表现为黏弹塑性特征；渗透率总体呈先减小后增大的趋势，在最大压密点达到最小，进入加速段后渗透率突然增大，标志着试件的破坏；渗透率随着加卸载次数的增加先降低后逐渐增大，体积应变随着加卸载次数的增加非线性减小，都符合二次多项式的变化规律。试验结果为非线性蠕变-渗流耦合模型的研究提供了基础。

# 第3章  岩石弹塑性损伤 MHC 耦合机理及程序框架搭建

## 3.1  引　言

　　工程岩体是非均质、非线性、非连续性和各向异性介质，其所受荷载及边界条件较为复杂，难以表达为可直接求解的显式函数。经典土力学常用的极限分析方法，无法反映复杂的应力-应变关系，适应性也受到限制。由于计算机科学与技术的快速发展，数值计算和定量分析水平有了突飞猛进的进步。

　　有限元法能方便地处理各种非线性问题，灵活地模拟岩土工程中复杂的施工过程，因而成为岩土工程领域应用最广泛的数值分析方法。对于一般工程计算，常用的商业有限元软件可以得到很好的效果，但对于工程问题的科学研究，需要考虑更复杂的本构关系，如黏弹塑性模型、断裂损伤模型、软化模型、MHC 多场耦合模型等，尤其是考虑更加细致的接触条件、损伤演化过程以及复杂的应力路径等，则需要根据具体的情况自主编制计算程序。

　　针对岩土工程中的弹塑性 MHC 多场耦合问题，首先，搭建面向对象的岩石弹塑性损伤 MHC 耦合程序框架；其次，编制弹塑性力学有限元程序，包括 Drucker-Prager 本构模型和 von Mises 本构模型；最后，将所开发的有限元程序嵌入差异进化算法之中形成智能位移反分析程序。

## 3.2  岩石弹塑性损伤 MHC 耦合作用机理

　　自然界中存在着不同的物理、力学与化学过程，如果这些过程间存在着相互影响，即一个过程的发生与发展将会受到或影响到另一个过程的发生和发展，那么称这些过程为耦合作用过程，这种现象称为多场耦合。岩石弹塑性损伤 MHC 耦合作用涉及固体力学、损伤力学、流体力学、物理化学等基础学科与众多工程科学，主要包括固体介质和其中传输的流体的多物理场之间的耦合作用，其控制方程中包含了场与场之间的耦合作用项，本构方程中包含了多物理场与物理量之间的相互作用关系。力学场（M）、渗流场（H）、化学场（C）之间的相互作用、相互耦合使得多场耦合变得复杂，其中某一物理场的本构规律和控制方程的形式受其他物理场的作用而发生改变[151]。

地下水与岩土体之间的相互作用，一方面改变岩土体的物理、化学及力学性质，另一方面也改变自身的物理、力学性质及化学组分。运动着的地下水对岩土体产生三种作用：物理作用、化学作用和力学作用。物理作用包括润滑作用、软化和泥化作用、结合水的强化作用；化学作用包括地下水与岩土体之间的离子交换、溶解作用、水化作用、水解作用、溶蚀作用、氧化还原作用、沉淀作用以及超渗透作用等；力学作用主要是通过孔隙静水压力和空隙动水压力作用对岩土体的力学性质施加影响[152, 153]。MHC 耦合中的各场之间的相互作用、相互影响如下。

（1）MHC 耦合中的 MH 两场相互作用。就固体介质或固体力学而言，流体在其中的存在与传输，涉及许多方面，流体的物理作用与化学作用导致固体骨架力学特性的改变，这是最常见的一类问题。渗流场对应力场的作用主要表现为固体的变形受到有效应力控制、裂隙的张开度和刚度与流体压力相关。应力场对渗流场的作用为流体传输性态取决于多固体介质骨架性态，即孔隙、裂隙的宏观结构特征及其连续性态；也取决于流体的性态，即流体的黏度。从物理角度分析，固体应力场对流体的作用，使得固体骨架孔隙裂隙变小，或闭合，或形态改变，从而导致渗透系数的改变。另一类是固体应力场导致固体骨架的破裂，发生永久变形与塑性破坏，它可能产生两个方面的作用，一个是单纯的渗透系数的变化，另一个是流体的传输不再是达西流，而变为非达西流，甚至湍流。

（2）MHC 耦合中 C 对 M 的作用。化学场对应力场的影响则是通过化学反应导致力学参数的改变、变形性能的改变而产生的，如弹性模量、泊松比和黏聚力等随着化学反应而弱化。流体的化学作用，使固体的某一部分，甚至很多成分发生了化学反应而变成流体。由于孔隙流体 pH 和浓度变化等改变介质力学参数，在研究中需要采用相应的化学动力学计算，找出溶液 pH 和浓度的变化对力学参数的影响规律。

（3）MHC 耦合中 C 对 H 的作用。对渗流影响最大的是流体的物理化学溶解、熔融和冲刷，它直接导致固体介质骨架的孔隙裂隙形态的大小、连通状况的变化，甚至导致固体骨架的完全溶解。这种作用还表现为对流体密度与黏度的影响。通过矿物的溶解和沉淀改变多孔介质的孔隙率，从而影响渗流场的运动特性。

（4）MHC 耦合中 M、H 对 C 的作用。应力场对化学场的影响表现在化学场变化引起的变形、损伤及破裂，可能引起水-岩接触面积的变化，引起溶质迁移路径变化从而影响化学场。渗流场对化学场的影响表现在流体的压力、流速、饱和度以及水分变化对固-气溶解、沉淀和溶质阻滞的影响。应力场、渗流场的作用对化学场均有较大的影响，通过流体传输速率和流体形态来改变影响流体传输效率和传质规律，目前关于该部分研究还较少。

# 3.3 岩石弹塑性损伤 MHC 耦合控制方程

多场耦合作用控制方程组或称数学模型，主要研究某一个物理场方程中因变量或汇源项受其他物理场作用的变化的数学描述，也包括本构规律的影响在控制方程中的反映。岩石弹塑性损伤 MHC 耦合方程组中包含了必不可少的物理控制方程，如应力场方程、渗流场方程、力学损伤场方程、水化学场方程、应力-应变与渗透性关系方程、化学场损伤变量的耦合方程。

## 3.3.1 应力场方程

固体介质的应力场方程包括平衡方程、几何方程和本构方程，分别如下。

（1）平衡方程：根据单元体处于受力平衡状态得出应力平衡方程为

$$\sigma_{ij,j} + f_i = 0 \tag{3.1}$$

式中，$\sigma_{ij}$ 为总应力；$f_i$ 为体力。

由多孔介质有效应力原理，有效应力可表示为总应力的形式：

$$\sigma_{ij} = \sigma'_{ij} + ap\delta_{ij} \tag{3.2}$$

式中，$\sigma'_{ij}$ 为有效应力张量；$a$ 为孔隙压力系数；$p$ 为孔隙水压力；$\delta_{ij}$ 为克罗内克符号。

（2）几何方程：根据小变形理论，几何方程表示为

$$\varepsilon_{ij} = \frac{1}{2}(u_{i,j} + u_{j,i}) \tag{3.3}$$

式中，$\varepsilon_{ij}$ 为应变；$u$ 为位移。

（3）本构方程：岩石的变形本构关系采用增量形式给出，增量弹塑性方程为

$$\{d\sigma'_{ij}\} = [D]\{d\varepsilon_{ij}\} \tag{3.4}$$

屈服准则可以采用莫尔-库仑准则、Drucker-Prager 准则等给出，本章采用 Drucker-Prager 损伤本构模型进行程序开发，开发过程的详细内容见第 4 章。

## 3.3.2 渗流场方程

渗流场方程包括连续性方程和渗流本构方程。

连续性方程为

$$\text{div}(\rho\overline{q}) + \frac{\partial(\rho n)}{\partial t} + I = 0 \tag{3.5}$$

式中，$\rho$ 为流体密度；$\bar{q}$ 为流体比流量；$n$ 为岩石的孔隙率；$I$ 为流体在单位时间内单位体积吸附解析的质量。

依据达西定律得出，各向同性介质渗流本构方程为

$$\bar{q} = -k \cdot \mathrm{grad}p \tag{3.6}$$

式中，$k$ 为渗透系数；$p$ 为水头。

### 3.3.3　力学损伤场方程

本章考虑应用等效塑性应变 $\bar{\varepsilon}^{\mathrm{p}}$ 表征岩石损伤变量的演化过程[154]，损伤变量 $D$ 是等效塑性应变的指数函数。

等效塑性应变 $\bar{\varepsilon}^{\mathrm{p}}$ 为

$$\bar{\varepsilon}^{\mathrm{p}} = \frac{\sqrt{2}}{3}\sqrt{(\varepsilon_{\mathrm{p1}} - \varepsilon_{\mathrm{p2}})^2 + (\varepsilon_{\mathrm{p2}} - \varepsilon_{\mathrm{p3}})^2 + (\varepsilon_{\mathrm{p3}} - \varepsilon_{\mathrm{p1}})^2} \tag{3.7}$$

式中，$\varepsilon_{\mathrm{p1}}$、$\varepsilon_{\mathrm{p2}}$ 和 $\varepsilon_{\mathrm{p3}}$ 分别为 3 个主塑性应变。

对应损伤变量 $D$ 的演化方程为

$$D = 1 - \mathrm{e}^{-\kappa(\bar{\varepsilon}^{\mathrm{p}} - \bar{\varepsilon}_0^{\mathrm{p}})} \tag{3.8}$$

式中，等效塑性应变阈值 $\bar{\varepsilon}_0^{\mathrm{p}} = 0$，即等效塑性应变产生时有损伤演化；$\kappa$ 为试验所得正常数。

### 3.3.4　水化学场方程

（1）质量守恒方程：

$$\frac{\partial C_i}{\partial t} = -v\frac{\partial C_i}{\partial x} + D_L\frac{\partial^2 C_i}{\partial x^2} - \sum_{j=1}^{N} v_{ij}R_j \tag{3.9}$$

式中，$C_i$ 为水化学溶液中第 $i$ 种组分的浓度（mol/L）；$t$ 表示时间（s）；$v$ 为岩石孔隙中流体流速（m/s）；$x$ 为径流长度（m）；$D_L$ 为水动力扩散率（m²/s），$D_L = D_e + \alpha_L v$，其中 $D_e$ 为有效的扩散率，$\alpha_L$ 为弥散度（m）；$v_{ij}$ 为矿物 $j$ 与组分 $i$ 反应的化学计量系数；$N$ 为含有组分 $i$ 的矿物总数；$R_j$ 为矿物 $j$ 的溶蚀或生成速率，反应若向消耗组分 $i$ 的方向进行取正值，向生成组分 $i$ 的方向进行取负值。

（2）矿物反应速率方程：

$$R_j = r_j\frac{A_0}{V}\left(\frac{m_i}{m_{0j}}\right)^n \tag{3.10}$$

式中，$r_j$ 为比速率（mol·s/m²）；$A_0$ 为矿物的初始表面积（m²）；$V$ 为水化学溶液体积（L）；$m_{0j}$ 为矿物初始物质的量（mol）；$m_j$ 为 $t$ 时刻矿物物质的量（mol）；$n$ 为比表面积变化系数。比速率 $r_j$ 与水化学溶液 pH、矿物饱和度和温度等因素有关。

（3）水化学损伤度演化方程：

$$D_{ch} = \frac{\sum_{j=1}^{N} \int_0^t \frac{M_j R_j}{\rho_j V} dt}{1 - \phi_0} \times 100\%$$ （3.11）

式中，$\phi_0$ 为岩石的初始孔隙率；$D_{ch}$ 为水化学损伤度；$M_j$ 为第 $j$ 种矿物的摩尔质量（kg/mol）；$\rho_j$ 为第 $j$ 种矿物密度（kg/m³）；$V$ 为模拟过程中所用岩石体积（m³）；$N$ 为岩石溶蚀矿物总数。

### 3.3.5　应力-应变与渗透性关系方程

应力-应变与渗透性关系方程是进行耦合数值计算不可缺少的控制方程，针对不同的研究问题，有许多具体的方程形式，下面给出几种研究耦合问题时用到的方程形式。

Louis[44]根据不同深度的钻孔抽水试验资料总结出各向平均渗透系数与应力状态之间的经验公式：

$$k = k_0 e^{-\alpha\sigma}, \sigma \approx \gamma H - p$$ （3.12）

式中，$k_0$ 为地表渗透系数；$\alpha$ 为系数；$\gamma H$ 为覆岩重量；$p$ 为孔隙水压力。

唐春安等[17]提出渗透系数 $k$ 是孔隙变化量 $\Delta n$ 的函数，给出了渗透系数孔隙率成指数关系：

$$k_{ij}(\sigma, p) = k_0 e^{\alpha\Delta n}, \Delta n = p/Q - \alpha\varepsilon_V = p/H - \sigma_{ii}/3H$$ （3.13）

式中，$\alpha$ 为耦合参数，由试验确定，表征应力、应变对渗透系数的影响程度；$p$ 为孔隙水压力；$\Delta n$ 为孔隙变化量；$\varepsilon_V$ 为体积应变；$\sigma_{ii}$ 为体积应力；$Q$、$H$、$\alpha$ 为Biot 常数。

李世平等[48]进行岩石应力应变-渗透性全过程试验，得到了正交多项式方程为

$$K = K_0 + a\varepsilon + b\varepsilon^2 + c\varepsilon^3 + d\varepsilon^4$$ （3.14）

式中，$\varepsilon$ 为平均应变；$a$、$b$、$c$、$d$ 为待定参数。

冉启全和顾小芸[152]、梁冰等[153]认为岩石体积的变化等于岩石的孔隙体积变化，推导得到渗透率与体积应变的关系式为

$$\frac{K}{K_0} = \frac{(1 + \varepsilon_V / n_0)^3}{1 + \varepsilon_V}$$ （3.15）

式中，$K_0$ 为初始渗透系数；$n_0$ 为初始孔隙率。

### 3.3.6　力学场与化学场损伤变量的耦合方程

在化学溶液腐蚀作用下，岩石的损伤引起材料微结构的变化和材料受力性能的劣化。根据宏观唯象损伤力学概念，岩石腐蚀损伤变量 $D_c$ 可定义为

$$D_c = 1 - \frac{E_{c(t)}}{E_0} \qquad (3.16)$$

式中，$E_0$ 为岩石腐蚀前的初始弹性模量；$E_{c(t)}$ 为岩石腐蚀后的弹性模量。

Lemaitre[154]提出应变等价原理，其岩石材料内部损伤型本构关系为

$$\boldsymbol{\sigma} = (1 - D_m)E\varepsilon \qquad (3.17)$$

式中，$E$ 为无损材料的弹性模量；$D$ 为应力损伤变量。

岩石腐蚀型本构关系为

$$\boldsymbol{\sigma} = (1 - D_m)E_{c(t)}\varepsilon \qquad (3.18)$$

由式（3.16）和式（3.18）得到用腐蚀和应力损伤变量表示的岩石应力-应变关系为

$$\boldsymbol{\sigma} = (1 - D)E_0\varepsilon \qquad (3.19)$$

式中，$D$ 为岩石的腐蚀受荷总损伤变量：

$$D = D_m + D_c - D_m D_c \qquad (3.20)$$

其中，$D_m D_c$ 为耦合项。

## 3.4　岩石弹塑性损伤 MHC 耦合程序框架搭建

有限元法对岩土工程弹塑性问题求解时，自由度比较大。有时需要求解几万阶的线性方程组或非线性迭代计算，有限元程序能够完成复杂而繁重的数值计算。Owen 和 Hinton[116]进行了早期的研究，为有限元方面的发展做出了突出贡献。有限元程序的设计是有限元研究的一个很重要的部分，它是理论和方法的载体，是理论用于实际必不可少的桥梁。但是有好的、高深的理论和算法并不等于有好的程序，研究人员还必须有多年的实际程序开发经验、丰富的计算机知识、大量人力和物力的投入、多年的开发修正与改进，才能编制出好的程序。

1990 年，Forde 等[155]首次提出了面向对象有限元概念，至今相关研究已开展了近三十年的时间。国内外学者在面向对象有限元程序设计领域已取得了诸多成果，有限元程序已然成为解决复杂问题的一种强有力工具和途径。Mackie[156]描述了面向对象的有限元方法，详细论述了此方法的优点。Dubois-Pelerin 等[157,158]进行面向对象非线性有限元设计。Archer 等[159]采用面向对象的方法建立了一个有限元程序框架，可以进行非线性静态和动态响应的结构特性模拟。Pantale 等[160]开发了面向对象有限元程序，对金属成型和冲击问题进行模拟研究。近些年，国内学者面向对象有限元设计也取得了一定的成果。孔祥安[161]进行了较早的研究，曹中清等[162]、张向等[163]、魏泳涛等[164]也都为后期的面向对象有限元程序的研究和发展奠定了基础。马永其和冯伟[165]使用 VC++，利用其微软基础（microsoft foundation classes，MFC）类库实现了有限元分析类库及相应窗口图形化界面的程序体系。李晓军和朱合华[166]提出了一个可用于地下工程计算分析的面向对象有限元程序。有限元方法解决工程问题已有三十多年了，但由于岩土工程问题的特殊性，近些年该方法才大量用于解决岩土工程问题[167]。项阳等[168]给出了面向对象有限元方法在岩土工程中的应用实例。但至今该领域还没有形成一个系统的、完善的程序供大家使用，大多数均局限于解决特定问题，所编程序对问题的适用性有待提高。在面向对象有限元程序方面还不够成熟，仍需要学者对此进行深入研究和提升。

### 3.4.1　面向对象程序设计思想

传统有限元程序大都以结构化程序设计思想为基础，采用结构化编程语言来设计，此类程序以算法为核心，过程清晰，与有限元分析过程吻合较好。但对问题域的认识和描述不是以问题域中的固有事物作为基本单位，打破了各项事物之间的界限，在全局范围内以功能、数据或数据流为中心进行分析。过程与数据分离的固有特点决定了结构化有限元程序的数据封装不够完善，其扩展能力有限，代码重用率低，可继承性较差，不能很好地适应现代有限元分析软件的发展要求。

考虑到现实世界与计算机解空间的关系，面向对象程序设计（object oriented programming，OOP）思想应运而生。运用面向对象有限元程序的观点来描述现实复杂问题，这种描述和处理是通过类与对象来实现的，对问题进行高度概括、分类和抽象。它仍然具有结构化编程的优点，如模块化、逐步求精、单入口及出口的控制结构，不同的是实现方式有差别。面向对象有限元编程通过封装、继承和派生、多态等技术，有效地解决了速度慢、效率低、程序维护难度大、代码可重用率低等问题。它所包含的继承机制可以最大限度地提高代码的重用率，多态性和重载机制使得整个问题域的信息响应变得越来越简单。

### 3.4.2　解耦策略与方法

多场耦合作用的数学模型一般至少由两个物理场的控制方程组成，在多数情况下由三个物理场甚至四个物理场的控制方程组成，含有两个以上的微分方程和含有多个因变量。大多数方程是非稳态的，因此求解十分困难，通常人们采用数值方法离散控制方程进行求解。解算方法的关键是要给出一个可行的求解策略，尽管国内有些学者提出将一个物理场方程设法简化后，代入另一个物理方程中的解耦方法，但总的来说，非常复杂且不通用，并不可取[169]。

求解多场耦合问题，目前主要有三种基本算法[170]：单向耦合算法、松弛耦合算法及全耦合算法。单向耦合算法，即两组独立方程在同一时间步内分别求解，求解时只将其中一个物理过程的计算结果作为另一个物理过程的输入，这种传递只是单向的。如：由流动方程解出的孔隙水压力作为荷载传给力学计算来求解位移和应力。松弛耦合算法，即两组方程组独立求解，但是有关信息在指定的时间步内在两个求解器之间双向传递。它具有不同的耦合程度，可以连续介于单向耦合和全耦合之间。其优点是相对容易实现，而且在计算精度上能够接近全耦合算法，能较好反映复杂的非线性物理过程。全耦合算法，即推导出统一的一组方程组，通常是一个大型的非线性全耦合的偏微分方程组，里面融合了所有相关物理过程[171,172]。

在工程应用中，松弛耦合算法又被细分为两种。这样上述的三分法演变为四分法：非耦合、显式耦合、迭代耦合和全耦合[173]。这里的非耦合意味着所谓的单向耦合。而显式耦合偏于松弛，力学求解的时步比流动求解的长得多，或者每个时步里只进行一次迭代。迭代耦合则在每个时步里重复迭代，直至满足收敛条件。本章采用的求解策略是，将各物理场均看成独立的子系统，利用各物理场的已有成果进行单独求解。

### 3.4.3　耦合程序组织框架

本章搭建了一个岩石弹塑性损伤 MHC 耦合程序平台，主要功能是岩石弹塑性损伤 MHC 耦合数值模拟和参数反分析。采用了模块化的思想，分别针对各部分程序进行开发和编制，然后按照一定的规则进行相互调用，以这种方式构成了一个有机整体。它主要包括以下几个部分。

（1）主控弹塑性力学程序：该程序在整个程序中起着控制作用。其中包括 von Mises 本构模型、Drucker-Prager 本构模型、应变软化本构、损伤本构模型以及 Lemaitre 弹塑性损伤耦合本构模型。各部分本构模型可以单独进行问题的求解，具体求解过程在后面的章节均有介绍。

（2）渗流力学程序：与主控力学程序构成损伤 MH 耦合程序，通过迭代的方式将二者结合，其中渗透系数及岩体的变形在耦合过程中起着桥梁作用。

（3）水文地球化学模拟软件 PHREEQC：通过 PHREEQC 的动态损伤计算获得损伤变量的演化规律，然后将化学损伤变量与力学损伤变量结合起来。通过孔隙度（变形）和损伤变量将其与损伤 MH 耦合程序结合，即构成了岩石弹塑性损伤 MHC 耦合程序。

（4）智能反分析程序：将损伤 MHC 耦合程序嵌入差异进化算法中，即可以进行参数反演，最终借助该程序可以完成损伤 MHC 耦合问题的正分析和反分析，结合现场监测，构成了一套现场监测—反分析—正分析—现场监测的封闭信息反馈系统，在岩土工程建设中发挥作用。

岩石弹塑性损伤 MHC 耦合程序的各部分之间的相互关系如图 3.1 所示。

### 3.4.4　主控力学程序结构

开发一个岩土弹塑性有限元应用程序，对于一些需要编程序求解的具体问题，

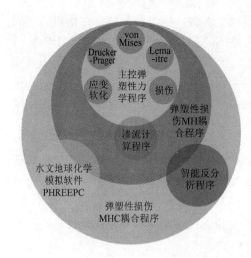

图 3.1　弹塑性损伤 MHC 耦合程序的
各部分之间的相互关系

将是非常有帮助的。它能保证程序设计者根据自己的具体需要来编制有限元程序，或者通过改写虚函数，或者通过继承等方式，体现了面向对象有限元程序设计的优越性。

1. 弹塑性 Application Framework 的整体组成

在应用程序框架（Application Framework）下有一组合作无间的对象，彼此通过发送消息（类的成员函数的调用）而沟通，并且互相调用对方的函数以求完成任务。Application Framework 带来的精神是革命性的，即程序的框架已经存在，程序设计过程中预留接口，开发者只需依照个人或者具体问题的要求添加即可，如加入新类，基类派生类，或者在派生类中加入新的成员函数。

类是面向对象程序设计方法的核心，利用它可以实现对数据的封装、隐蔽，通过类的继承和派生，能够实现对问题的深入抽象描述。在面向过程的结构化程序设计中，程序的模块是由函数构成的；在面向对象程序设计中，程序模块是由类构成的。函数是逻辑上相关语句与数据的封装，用于完成特定的功能，类是逻辑上相关的函数与数据的封装，它是对所处理问题的抽象描述。

设计一个有限元应用程序，实际上就是建立有限元法中的主要三个大类，即前处理（PrepAnalysis）类、有限元求解分析（FsolAnalysis）类及后处理（PostpAnalysis）类。具体类之间的关系如图 3.2 所示。

具体实施步骤如下。

前处理类：对研究对象进行离散，划分单元，确定材料性质、荷载类型等。本章利用 ANSYS 软件划分网格，将节点和单元文件提取出来，将这些信息重新写成一个 *.inp 文件。

有限元求解分析类：可以读入 *.inp 的信息，进行有限元的计算。

后处理类：对计算结果整理，并绘制等值线、变形云图等。将计算数据转为 Tecplot 软件可以显示的数据格式，实现将应力、位移和应变等结果转换成图像，显示在计算机屏幕上，以便直观地对计算结果进行分析。

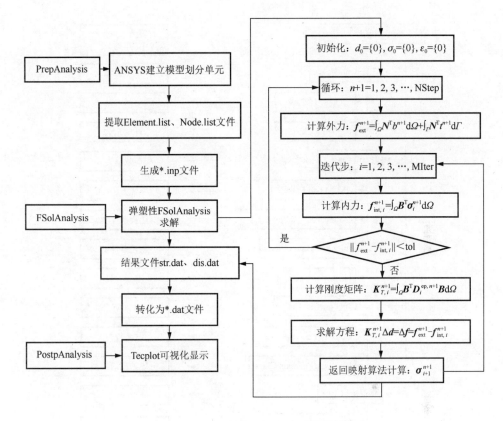

图 3.2　弹塑性有限元程序总体结构

## 2. 有限元求解分析类的实施

有限元求解分析类是整个有限元计算的核心部分，用来计算各单元的应力、位移和塑性区等。其类结构按照计算功能来说，分为数学函数类和有限元类，主要类如图 3.3 和图 3.4 所示。在有限元类方面，几乎所有的研究都包括了节点（Node）类、单元（Element）类、材料（Material）类、边界条件（BoundaryCondition）类、自由度（DoF）类、荷载（Load）类、求解域（Domain）类等设计，这些类之间是相关、派生或者聚合的关系。可以在此基础上添加新类，或从某些基类中派生出新类。如再添加一种新的本构模型，可以方便地从 Material 基类继承下来，或者增加新的求解方法，可以从 EpFSolver 基类继承下来，从而实现代码复用，提高编写效率。

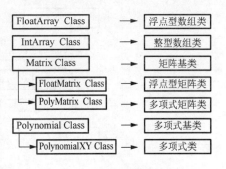

图 3.3　数学函数类

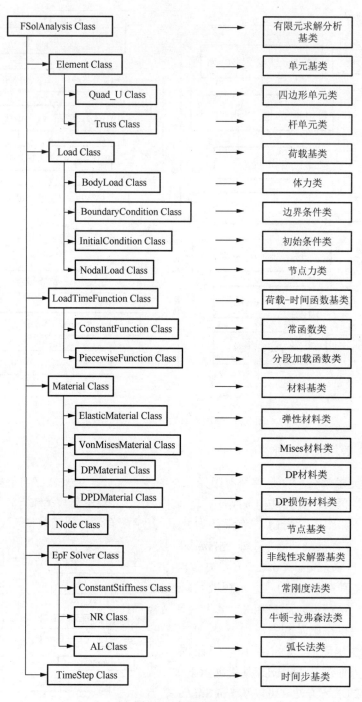

图 3.4　有限元类

　　单元类是比较重要的类,其基本功能是计算单元刚度矩阵和计算等效节点力,是一个抽象的基类。具体的单元类可由此基类派生得到,而无须改动现有的数据结构。本程序框架留有单元接口,通过下面的函数,可以加入新的单元类。

```
Element* Element::of Type （char* aClass）
{
   Element* NewElement ;
if （! strcmp （aClass,"Q4U"）)
    NewElement = new Quad_U (number,domain);
else if （! strncmp （aClass,"T"）)
    NewElement = new Truss (number,domain);
else{
printf （"%s : unknown element type \n",aClass);
exit（0）;}
return NewElement;
}
```

　　材料基类派生出具体的不同材料类,不同材料即本构模型不同,主要是根据增量位移计算应力、应变和弹塑性矩阵。材料类接口设计简单明了,可以加入不同的本构模型。

```
Material*  Material::of Type （char* aClass）
{
   Material* NewMaterial;
if （! strcmp（aClass,"ElasticMaterial"）)
    NewMaterial = new ElasticMaterial (number,domain);
else if （! strcmp（aClass,"VonMisesMaterial"）)
    NewMaterial = new VonMisesMaterial (number,domain);
else if （! strcmp（aClass,"DPMaterial"）)
    NewMaterial = new DPMaterial (number,domain);
else if （! strcmp（aClass,"LemaMaterial"）)
    NewMaterial = new LemaMaterial (number,domain);
else
{ printf （"%s : unknown material type \n",aClass);
exit（0）;}
return NewMaterial;
}
```

　　根据面向对象程序设计方法,声明了类之后,可以进一步声明类的对象用于解决问题。有限元分析过程类的实例化对象为荷载对象、节点对象、单元对象、矩阵对象、材料对象、高斯积分点对象、边界条件对象等。根据问题的特点合理地组织数据结构,充分利用资源,解决存储、速度和计算精度之间的矛盾。

非线性求解器（EpFSolver）类（整体有限元迭代求解方法）继承的类有 NRSolver 类，即牛顿-拉弗森法；ALSolver 类，即弧长迭代法。类的实例化对象函数主要包括 NRSolver 类中与外界连接的入口函数 Solve()，其内部涉及 Domain 类中 GiveInitialGuess() 成员函数，给出下一个荷载步计算的初始迭代位移（即 $d_{n+1}^0 = d_n$）、Domain 类中成员函数 ComputeTangentStiffness Matrix()，用以组装整体切线刚度矩阵 $K$、Domain 类中成员函数 ComputerRHSAt()、ComputeFunctionlAt()，Element 类中的成员函数 ComputeRHsAt()，用以计算增量有限元方程右侧的内外力之差 $\Delta f$。

本构模型 Material 类派生的类有 ElasticMaterial 类（弹性模型）、VonMises Material 类（von Mises 模型）、DPMaterial 类（Drucker-Prager 模型）及 DPDMaterial 类（基于 Drucker-Prager 模型的损伤模型）。用到上述相应材料类中的成员函数 ComputeConstitutive()、ComputeStress(FloatArray *, Element *, GaussPoint *)，计算一致切线模型 $C^{\mathrm{ep}}$ 及应力和应变等。

## 3.5　弹塑性本构积分算法-完全隐式返回映射算法

### 3.5.1　一般弹塑性本构方程

应变张量 $\varepsilon$ 可以分解为弹性应变张量 $\varepsilon^e$ 和塑性应变张量 $\varepsilon^p$ 之和：

$$\varepsilon = \varepsilon^e + \varepsilon^p \tag{3.21}$$

自由能函数是总应变 $\varepsilon$、塑性应变 $\varepsilon^p$ 和硬化有关的一组状态变量 $\alpha$ 的函数，分解形式为

$$\psi(\varepsilon, \varepsilon^p, \alpha) = \psi^e(\varepsilon - \varepsilon^p) + \psi^p(\alpha) \tag{3.22}$$

Clausius-Duhem 对自由能函数给出了不等式表达：

$$(\sigma - \bar{\rho} \frac{\partial \psi^e}{\partial \varepsilon^e}) \varepsilon^e + \sigma \varepsilon^p - A\alpha \geqslant 0 \tag{3.23}$$

式中，$A \equiv \bar{\rho} \dfrac{\partial \psi^p}{\partial \alpha}$ 为硬化热力学力；$\bar{\rho}$ 为物体的质量密度。

通过不等式（3.23）可以得到各向同性弹性、弹塑性材料的应力-应变关系为

$$\sigma = \bar{\rho} \frac{\partial \psi^e}{\partial \varepsilon^e} = D^e \varepsilon = 2G\varepsilon_d^e + K\varepsilon_V^e, \sigma = D^{ep}\varepsilon \tag{3.24}$$

式中，$D^e$ 为弹性矩阵；$D^{ep}$ 为弹塑性矩阵；$G$ 为剪切模量；$K$ 为体积模量；$\varepsilon_d^e$ 为应变偏张量；$\varepsilon_V^e$ 为体应变张量。

屈服函数 $\Phi$ 是应力张量 $\boldsymbol{\sigma}$ 和一组硬化热力学力 $\boldsymbol{A}$ 的函数，发生塑性变形的条件为

$$\Phi(\boldsymbol{\sigma}, \boldsymbol{A}) = 0 \tag{3.25}$$

塑性流动法则、硬化法则分别如下：

$$\boldsymbol{\varepsilon}^{\mathrm{p}} = \gamma \boldsymbol{N}(\boldsymbol{\sigma}, \boldsymbol{A}) = \gamma \frac{\partial \psi(\boldsymbol{\sigma}, \boldsymbol{A})}{\partial \boldsymbol{\sigma}}$$

$$\boldsymbol{\alpha} = \gamma \boldsymbol{H}(\boldsymbol{\sigma}, \boldsymbol{A}) = \gamma \frac{\partial \psi(\boldsymbol{\sigma}, \boldsymbol{A})}{\partial \boldsymbol{A}} \tag{3.26}$$

式中，$\boldsymbol{N}(\boldsymbol{\sigma}, \boldsymbol{A})$ 为塑性流动向量；$\boldsymbol{H}(\boldsymbol{\sigma}, \boldsymbol{A})$ 为硬化模量；$\boldsymbol{\Psi}(\boldsymbol{\sigma}, \boldsymbol{A})$ 为塑性势；$\gamma$ 为塑性因子。

加卸载条件如式（3.27），当 $\Phi(\boldsymbol{\sigma}, \boldsymbol{A}) = 0$ 时为加载状态，当 $\Phi(\boldsymbol{\sigma}, \boldsymbol{A}) < 0$ 时为卸载状态：

$$\gamma \geqslant 0, \Phi(\boldsymbol{\sigma}, \boldsymbol{A}) \leqslant 0, \Phi\gamma = 0 \tag{3.27}$$

在 $t_0$ 时刻给出弹性应变 $\boldsymbol{\varepsilon}^{\mathrm{e}}(t_0)$、中间变量 $\boldsymbol{\alpha}(t_0)$ 和 $t$ 时刻的应变 $\boldsymbol{\varepsilon}(t)$，$t \in [t_0, T]$，给出率无关弹塑性本构方程的一般式为

$$\boldsymbol{\varepsilon}^{\mathrm{e}}(t) = \boldsymbol{\varepsilon}(t) - \gamma(t) \boldsymbol{N}(\boldsymbol{\sigma}(t), \boldsymbol{A}(t))$$

$$\boldsymbol{\alpha}(t) = \gamma(t) \boldsymbol{H}(\boldsymbol{\sigma}(t), \boldsymbol{A}(t)) \tag{3.28}$$

加卸载条件为

$$\gamma(t) \geqslant 0, \Phi(\boldsymbol{\sigma}(t), \boldsymbol{A}(t)) \leqslant 0, \gamma(t)\Phi(\boldsymbol{\sigma}(t), \boldsymbol{A}(t)) = 0 \tag{3.29}$$

对每个时间 $t \in [t_0, T]$，有

$$\boldsymbol{\sigma}(t) = \bar{\rho} \frac{\partial \psi}{\partial \boldsymbol{\varepsilon}^{\mathrm{e}}}\bigg|_t, \quad \boldsymbol{A}(t) = \bar{\rho} \frac{\partial \psi}{\partial \boldsymbol{\alpha}}\bigg|_t \tag{3.30}$$

在时间 $[t_n, t_{n+1}]$ 内，$t_n$ 时刻的应变张量 $\boldsymbol{\varepsilon}_n$、内变量 $\boldsymbol{\alpha}_n$ 和应变增量 $\Delta\boldsymbol{\varepsilon}$，将上述本构方程以增量的形式给出：

$$\boldsymbol{\varepsilon}_{n+1}^{\mathrm{e}} = \boldsymbol{\varepsilon}_n + \Delta\boldsymbol{\varepsilon} - \Delta\gamma \boldsymbol{N}(\boldsymbol{\sigma}_{n+1}, \boldsymbol{A}_{n+1})$$

$$\boldsymbol{\alpha}_{n+1} = \boldsymbol{\alpha}_n + \Delta\gamma \boldsymbol{H}(\boldsymbol{\sigma}_{n+1}, \boldsymbol{A}_{n+1}) \tag{3.31}$$

加卸载条件为

$$\Delta\gamma \geqslant 0, \Phi(\boldsymbol{\sigma}_{n+1}, \boldsymbol{A}_{n+1}) \leqslant 0, \Delta\gamma\Phi(\boldsymbol{\sigma}_{n+1}, \boldsymbol{A}_{n+1}) = 0 \tag{3.32}$$

在 $t_n$ 时刻给出已知量的条件下，对本构方程求解可得到增量塑性因子 $\Delta\gamma$，假设用这个增量塑性因子值，可以得到 $t_{n+1}$ 时刻更新的应力张量 $\boldsymbol{\sigma}_{n+1}$、应变张量 $\boldsymbol{\varepsilon}_{n+1}$ 和内变量 $\boldsymbol{\alpha}_{n+1}$。但是在下一步计算中，这些应力和内变量的更新值不满足屈服条件，并且解答从屈服表面漂移，导致计算结果不精确。

### 3.5.2　完全隐式返回映射算法求解弹塑性本构方程

完全隐式返回映射算法可以解决上述求解存在的问题，能够避免预测应力漂移屈服面的现象，对于准静态变形条件下的本构方程可以获得准确的解，在迭代中使用牛顿-拉弗森法可以获得近似平方的收敛速度，具有较高的精确性和稳定性。它分为弹性预测和塑性修正两个步骤（图 3.5），具体步骤如下：

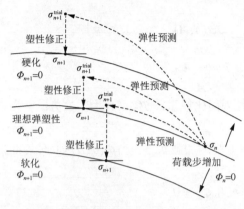

图 3.5　返回映射算法

**1. 弹性预测**

假定 $\Delta\gamma=0$，在时间 $[t_n,t_{n+1}]$ 内是弹性阶段，应变 $\boldsymbol{\varepsilon}_{n+1}^{\mathrm{e\,trial}}$ 及内变量 $\boldsymbol{\alpha}_{n+1}^{\mathrm{trial}}$ 的弹性预测解为

$$\boldsymbol{\varepsilon}_{n+1}^{\mathrm{e\,trial}} = \boldsymbol{\varepsilon}_{n}^{\mathrm{e}} + \Delta\boldsymbol{\varepsilon}$$
$$\boldsymbol{\alpha}_{n+1}^{\mathrm{trial}} = \boldsymbol{\alpha}_{n} \tag{3.33}$$

弹性预测应力 $\boldsymbol{\sigma}_{n+1}^{\mathrm{trial}}$ 和硬化热力学力 $\boldsymbol{A}_{n+1}^{\mathrm{trial}}$ 为

$$\boldsymbol{\sigma}_{n+1}^{\mathrm{trial}} = \left.\bar{\rho}\frac{\partial\psi}{\partial\boldsymbol{\varepsilon}^{\mathrm{e}}}\right|_{n+1}^{\mathrm{trial}}, \ \boldsymbol{A}_{n+1}^{\mathrm{trial}} = \left.\bar{\rho}\frac{\partial\psi}{\partial\boldsymbol{\alpha}}\right|_{n+1}^{\mathrm{trial}} \tag{3.34}$$

若能够满足式（3.35），即

$$\Phi(\boldsymbol{\sigma}_{n+1}^{\mathrm{trial}}, \boldsymbol{A}_{n+1}^{\mathrm{trial}}) \leqslant 0 \tag{3.35}$$

则上述预测状态发生在弹性区域或屈服面上，更新的应力 $\boldsymbol{\sigma}_{n+1}$、硬化热力学力 $\boldsymbol{A}_{n+1}$ 为

$$\boldsymbol{\sigma}_{n+1} = \boldsymbol{\sigma}_{n+1}^{\mathrm{trial}}, \ \boldsymbol{A}_{n+1} = \boldsymbol{A}_{n+1}^{\mathrm{trial}} \tag{3.36}$$

否则，处于塑性状态，进入塑性修正步。

**2. 塑性修正**

根据弹性预测计算的结果，可得到 $t_{n+1}$ 时刻的应变 $\boldsymbol{\varepsilon}_{n+1}^{\mathrm{e}}$、内变量 $\boldsymbol{\alpha}_{n+1}$ 和塑性因子 $\Delta\gamma$ 为

$$\boldsymbol{\varepsilon}_{n+1}^{\mathrm{e}} = \boldsymbol{\varepsilon}_{n+1}^{\mathrm{e\,trial}} - \Delta\gamma\boldsymbol{N}(\boldsymbol{\sigma}_{n+1}, \boldsymbol{A}_{n+1})$$
$$\boldsymbol{\alpha}_{n+1} = \boldsymbol{\alpha}_{n+1}^{\mathrm{trial}} + \Delta\gamma\boldsymbol{H}(\boldsymbol{\sigma}_{n+1}, \boldsymbol{A}_{n+1})$$
$$\Phi(\boldsymbol{\sigma}_{n+1}, \boldsymbol{A}_{n+1}) = 0 \tag{3.37}$$

解上述方程组得到 $\boldsymbol{\varepsilon}_{n+1}^{\mathrm{e}}$、$\boldsymbol{\alpha}_{n+1}$ 和 $\Delta\gamma$，同时需要满足 $\Delta\gamma>0$ 的条件，最后 $t_{n+1}$ 时

刻更新的应力 $\boldsymbol{\sigma}_{n+1}$、硬化热力学力 $\boldsymbol{A}_{n+1}$ 为

$$\boldsymbol{\sigma}_{n+1} = \overline{\rho}\frac{\partial \psi}{\partial \boldsymbol{\varepsilon}^{\mathrm{e}}}\bigg|_{n+1} , \quad \boldsymbol{A}_{n+1} = \overline{\rho}\frac{\partial \psi}{\partial \boldsymbol{\alpha}}\bigg|_{n+1} \tag{3.38}$$

# 3.6　基于 von Mises 本构模型的求解程序

本节基于完全隐式的各向同性硬化的 von Mises 本构模型的返回映射算法和相对应的一致切线模量，采用面向对象的编程方法，利用 C++语言编制弹塑性求解程序，并对该程序进行验证。

## 3.6.1　von Mises 模型的一致切线模量

在隐式积分算法中，需要合适的切线模量来计算增量有限元中的刚度矩阵。由于在屈服时突然转化为塑性行为，连续体弹塑性切线模量可能引起伪加载和卸载。为了避免这点，采用一个基于本构积分算法线性化相一致的一致切线模量，代替连续体弹塑性切线模量[99]。下面重点针对一致切线模量进行说明。

更新的应力 $\boldsymbol{\sigma}_{n+1}$ 可以表示成累积塑性应变 $\overline{\varepsilon}_n^{\mathrm{p}}$ 和预测总弹性应变 $\boldsymbol{\varepsilon}_{n+1}^{\mathrm{e\,trial}}$ 的函数，如下[174]：

$$\boldsymbol{\sigma}_{n+1} = \left[\boldsymbol{D}^{\mathrm{e}} - \frac{6\Delta\gamma G^2}{q_{n+1}^{\mathrm{trial}}}\boldsymbol{I}_{\mathrm{d}}\right] : \boldsymbol{\varepsilon}_{n+1}^{\mathrm{e\,trial}} \tag{3.39}$$

式中，$\boldsymbol{I}_{\mathrm{d}}$ 为单位张量的偏张量。

弹性预测有效应力 $q_{n+1}^{\mathrm{trial}}$ 是弹性预测应变 $\boldsymbol{\varepsilon}_{n+1}^{\mathrm{e\,trial}}$ 的函数，$\Delta\gamma$ 可以通过屈服函数得到，分别为

$$q_{n+1}^{\mathrm{trial}} = 2G\sqrt{\frac{3}{2}} \parallel \boldsymbol{\varepsilon}_{\mathrm{d}\,n+1}^{\mathrm{e\,trial}} \parallel = 2G\sqrt{\frac{3}{2}} \parallel \boldsymbol{I}_{\mathrm{d}} : \boldsymbol{\varepsilon}_{n+1}^{\mathrm{e\,trial}} \parallel \tag{3.40}$$

$$\overline{\varPhi}(\Delta\gamma) = \sqrt{3J_2(s_{n+1}^{\mathrm{trial}})} - 3G\Delta\gamma - \sigma_y(\overline{\varepsilon}_n^{\mathrm{p}} + \Delta\gamma) = 0 \tag{3.41}$$

式中，$J_2$ 为应力偏张量第一不变量；$s_{n+1}^{\mathrm{trial}}$ 为预测应力偏张量。

根据一致切线模量的定义，对式（3.39）求导数得

$$\frac{\partial \boldsymbol{\sigma}_{n+1}}{\partial \boldsymbol{\varepsilon}_{n+1}^{\mathrm{e\,trial}}} = \boldsymbol{D}^{\mathrm{e}} - \frac{6\Delta\gamma G^2}{q_{n+1}^{\mathrm{trial}}}\boldsymbol{I}_{\mathrm{d}} - \frac{6G^2}{q_{n+1}^{\mathrm{trial}}}\boldsymbol{\varepsilon}_{\mathrm{d}\,n+1}^{\mathrm{e\,trial}} \otimes \frac{\partial \Delta\gamma}{\partial \boldsymbol{\varepsilon}_{n+1}^{\mathrm{e\,trial}}} + \frac{6\Delta\gamma G^2}{(q_{n+1}^{\mathrm{trial}})^2}\boldsymbol{\varepsilon}_{\mathrm{d}\,n+1}^{\mathrm{e\,trial}} \otimes \frac{\partial q_{n+1}^{\mathrm{trial}}}{\partial \boldsymbol{\varepsilon}_{n+1}^{\mathrm{e\,trial}}} \tag{3.42}$$

对式（3.40）求导数得

$$\frac{\partial q_{n+1}^{\mathrm{trial}}}{\partial \boldsymbol{\varepsilon}_{n+1}^{\mathrm{e\,trial}}} = 2G\sqrt{\frac{3}{2}}\overline{\boldsymbol{N}}_{n+1} \tag{3.43}$$

单位流动向量 $\overline{\boldsymbol{N}}_{n+1}$ 为

$$\overline{N}_{n+1} = \sqrt{\frac{2}{3}} N_{n+1} = \frac{s_{n+1}^{\text{trial}}}{\| s_{n+1}^{\text{trial}} \|} = \frac{\varepsilon_{d\,n+1}^{\text{e trial}}}{\| \varepsilon_{d\,n+1}^{\text{e trial}} \|} \tag{3.44}$$

对方程（3.41）两边分别求导数可得

$$\frac{\partial \Delta\gamma}{\partial \varepsilon_{n+1}^{\text{e trial}}} = \frac{1}{3G+H} \frac{\partial q_{n+1}^{\text{trial}}}{\partial \varepsilon_{n+1}^{\text{e trial}}} = \frac{2G}{3G+H} \sqrt{\frac{3}{2}} \overline{N}_{n+1} \tag{3.45}$$

式中，$H$ 为硬化模量。

将式（3.43）和式（3.45）代入式（3.42）中，得到与返回映射算法相关的一致切线模量为

$$\begin{aligned} D^{\text{ep}} &= D^{\text{e}} - \frac{\Delta\gamma 6G^2}{q_{n+1}^{\text{trial}}} I_d + 6G^2 \left( \frac{\Delta\gamma}{q_{n+1}^{\text{trial}}} - \frac{1}{3G+H} \right) \overline{N}_{n+1} \otimes \overline{N}_{n+1} \\ &= 2G \left( 1 - \frac{\Delta\gamma 3G}{q_{n+1}^{\text{trial}}} \right) I_d + 6G^2 \left( \frac{\Delta\gamma}{q_{n+1}^{\text{trial}}} - \frac{1}{3G+H} \right) \overline{N}_{n+1} \otimes \overline{N}_{n+1} + KI \otimes I \end{aligned} \tag{3.46}$$

式中，$I$ 为单位张量。

一般形式的连续体弹-塑性切线模量 $D_c^{\text{ep}}$ 与 von Mises 模型连续体弹-塑性切线模量 $D_c^{\text{ep}}$ 的形式分别为

$$D_c^{\text{ep}} = D^{\text{e}} - \frac{(D^{\text{e}} : N) \otimes (D^{\text{e}} : N)}{N : D^{\text{e}} : N + H} \tag{3.47}$$

$$D_c^{\text{ep}} = D^{\text{e}} - \frac{6G^2}{3G+H} \overline{N}_{n+1} \otimes \overline{N}_{n+1} \tag{3.48}$$

根据式（3.48），一致切线模量的另一种表达形式为

$$D^{\text{ep}} = D_c^{\text{ep}} - \frac{\Delta\gamma 6G^2}{q_{n+1}^{\text{trial}}} [I_d - \overline{N}_{n+1} \otimes \overline{N}_{n+1}] \tag{3.49}$$

当 $\Delta\gamma$ 比较大时，二者将有着显著的不同，如果使用连续体弹-塑性切线模量组装的刚度矩阵会导致全局收敛速率明显下降。将连续体弹-塑性切线模量与返回映射算法结合使用，全局的迭代过程不是真正意义的牛顿-拉弗森法，是近似的牛顿-拉弗森法。在早期的弹塑性有限元程序计算中都使用连续体弹-塑性切线模量，直至 Simo 和 Taylor[86]提出一致切线模量为止。

### 3.6.2　各向同性非线性应变硬化

如果硬化函数是线性函数，即线性硬化函数为

$$\sigma_y(\overline{\varepsilon}^{\text{p}}) = \sigma_{y0} + H\overline{\varepsilon}^{\text{p}} \tag{3.50}$$

式中，$\sigma_{y0}$ 为初始屈服应力，即材料初始状态下的单轴屈服应力；$H$ 为线性各向同性硬化模量。

在考虑各向同性非线性硬化的情况下，可以由 $\sigma_y(\overline{\varepsilon}^{\text{p}})$ 定义，认为是分段线性

函数，任何非线性硬化曲线可以近似为足够多的点 $(\bar{\varepsilon}^{p},\sigma_{y})$ 组成，由 $n$ 个点组成的分段线性函数如图 3.6 所示。

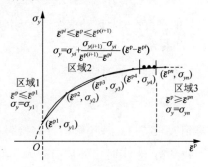

图 3.6　分段线性应变硬化曲线

非线性硬化函数为

$$\sigma_y(\bar{\varepsilon}^{p}) = \sigma_{y0} + k(\bar{\varepsilon}^{p}) \tag{3.51}$$

对式（3.51）求导数，得到硬化模量为

$$H(\bar{\varepsilon}^{p}) = \frac{\partial \sigma_y}{\partial \bar{\varepsilon}^{p}} = \frac{\partial k}{\partial \bar{\varepsilon}^{p}} \tag{3.52}$$

实际硬化曲线可以通过实验确定一系列点，计算中利用这些点直接定义非线性硬化曲线。

### 3.6.3　算例验证

建立 1/2 的平面应变地基模型，沿坐标轴 $x$、$y$ 方向长度均为 6m，沿 $z$ 方向取单位厚度，划分为 237 个单元和 273 个节点，如图 3.7 所示。采用 von Mises 理想弹塑性模型，弹性模量 $E$=10MPa，泊松比 $\mu$=0.3，材料常数 $k$=100kPa，均布荷载 $P$=60kN/m² 分为 20 个荷载步加载，荷载增量为 3kN/m²。

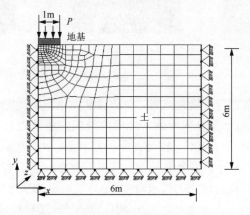

图 3.7　地基模型

太沙基公式计算浅埋条形地基为

$$q_u = cN_c + \gamma t N_q + \frac{1}{2}\gamma b N_\gamma \qquad (3.53)$$

式中，$c$ 为黏聚力；$t$ 为地基的深度；$b$ 为基础宽度；$\gamma$ 为地基以下土的容重；$N_c$、$N_q$、$N_\gamma$ 为地基极限承载力系数。

von Mises 准则与莫尔-库仑准则的对应关系为

$$c = \frac{\sqrt{3}}{2}k, \phi = 0 \qquad (3.54)$$

令 $t=0$，$\gamma=0$，$\phi=0$，得到 $N_c=5.711$。理论解析计算极限荷载 $q_u=494.57\text{kN/m}^2$。

数值计算结果，当加载到第 18 步时，外加荷载为 540kN/m² 时，结果发散，此时已达到地基承载力。理论解析计算与数值解相差 9.19%。

为了观察塑性区的发展变化，将部分塑性区采用 Tecplot 软件进行可视化，如图 3.8 所示，可以清晰、直观地看出地基加载的破坏过程。

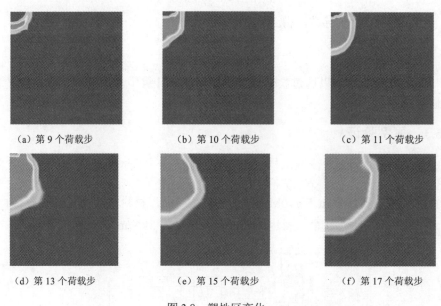

（a）第 9 个荷载步　　　　　（b）第 10 个荷载步　　　　　（c）第 11 个荷载步

（d）第 13 个荷载步　　　　　（e）第 15 个荷载步　　　　　（f）第 17 个荷载步

图 3.8　塑性区变化

随着荷载步的增加位移变化过程，如图 3.9 所示，到达第 17 步时，位移突然增大，第 18 步时数值计算结果发散，地基此时失去承载力。

$OA$ 段 $p\text{-}s$ 曲线接近于直线，整体处于稳定状态。$AB$ 段 $p\text{-}s$ 线为曲线，局部产生了剪切破坏区，但相对于整个地基而言只是局部的，还没有形成贯通的滑动面，地基处于由稳定向不稳定转化的过渡阶段。$BC$ 段地基的变形突然增大，此时地基中出现连续的滑动面，基础也随之突然下陷，此时地基已经破坏。

在第 17 个荷载步作用时，计算的 $x$、$y$ 方向的位移和应力云图，如图 3.10 所示。

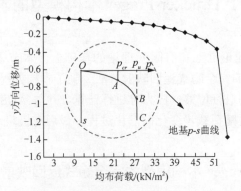

图 3.9　地基竖向位移的变化

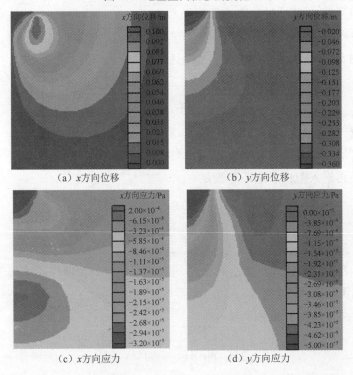

（a）$x$方向位移　　　　　　　　　　（b）$y$方向位移

（c）$x$方向应力　　　　　　　　　　（d）$y$方向应力

图 3.10　$x$、$y$ 方向的位移和应力云图

将计算结果通过图形直观显示，$x$ 方向的最大位移为 0.1m，$y$ 方向的最大位移为 0.36m；$x$ 方向的最大应力为 0.32MPa，$y$ 方向的最大应力为 0.5MPa。

## 3.7 基于 Drucker-Prager 本构模型的求解程序

在弹塑性力学理论框架和有限元理论的基础上，本节采用非关联等向硬化 Drucker-Prager 模型的完全隐式返回映射算法编制了本构方程求解程序。本节对岩土工程中的地基问题进行位移、应力等进行计算，并与 ANSYS 软件计算结果作对比，模拟了塑性区随荷载步变化的演化过程，最后对极限承载力的数值解与解析解进行对比。

### 3.7.1 Drucker-Prager 本构模型的完全隐式返回映射算法

下面给出非关联等向硬化 Drucker-Prager 模型的完全隐式返回映射算法[22]，其中塑性势函数 $\Psi(\boldsymbol{\sigma},c)$ 的选取与屈服函数 $\Phi(\boldsymbol{\sigma},c)$ 的形式相同，将屈服函数中的摩擦角 $\phi$ 用剪胀角 $\varphi$ 来代替。

在 $t_n$ 时刻的弹性预测状态中，给出应变增量 $\Delta\boldsymbol{\varepsilon}$ 和内变量 $\bar{\boldsymbol{\varepsilon}}_n^{\mathrm{p}}$，可得到预测应力为

$$\boldsymbol{\varepsilon}_{n+1}^{\mathrm{e\,trial}} = \boldsymbol{\varepsilon}_n^{\mathrm{e}} + \Delta\boldsymbol{\varepsilon}, \ \bar{\boldsymbol{\varepsilon}}_{n+1}^{\mathrm{p\,trial}} = \bar{\boldsymbol{\varepsilon}}_n^{\mathrm{p}}$$
$$\boldsymbol{p}_{n+1}^{\mathrm{trial}} = K\boldsymbol{\varepsilon}_{V\,n+1}^{\mathrm{e\,trial}}, \ \boldsymbol{s}_{n+1}^{\mathrm{trial}} = 2G\boldsymbol{\varepsilon}_{\mathrm{d}\,n+1}^{\mathrm{e\,trial}} \tag{3.55}$$

式中，$\boldsymbol{p}_{n+1}^{\mathrm{trial}}$、$\boldsymbol{s}_{n+1}^{\mathrm{trial}}$ 分别为静水压力和预测应力偏张量。

判断是否进入塑性状态，若满足

$$\Phi_{n+1}^{\mathrm{trial}} = \sqrt{J_2(\boldsymbol{s}_{n+1}^{\mathrm{trial}})} + \eta p_{n+1}^{\mathrm{trial}} - \xi c(\bar{\boldsymbol{\varepsilon}}_{n+1}^{\mathrm{p\,trial}}) \leqslant 0 \tag{3.56}$$

则有

$$\boldsymbol{s}_{n+1} = \boldsymbol{s}_{n+1}^{\mathrm{trial}}, \ \boldsymbol{p}_{n+1} = \boldsymbol{p}_{n+1}^{\mathrm{trial}} \tag{3.57}$$

式中，$\boldsymbol{s}_{n+1}$ 为应力偏张量；$\boldsymbol{p}_{n+1}$ 为静水压力；$\eta$、$\xi$ 为与摩擦角 $\phi$ 有关的常数；$c(\bar{\boldsymbol{\varepsilon}}_{n+1}^{\mathrm{p\,trial}})$ 为预测硬化函数。

常数 $\eta$、$\xi$ 与摩擦角 $\phi$ 的关系为

$$\eta = \frac{6\sin\phi}{\sqrt{3}(3-\sin\phi)}, \ \xi = \frac{6\cos\phi}{\sqrt{3}(3-\sin\phi)} \tag{3.58}$$

等向硬化函数采用分段线性硬化函数去逼近非线性硬化函数，也就是采用足够多的点对 $\{\bar{\varepsilon}^{\mathrm{p}}, c(\bar{\varepsilon}^{\mathrm{p}})\}$ 线性插值，分段线性硬化函数形式为

$$c(\bar{\boldsymbol{\varepsilon}}_{n+1}^{\mathrm{p\,trial}}) = c_0 + H\bar{\boldsymbol{\varepsilon}}_{n+1}^{\mathrm{p\,trial}} \tag{3.59}$$

式中，$c_0$ 为黏聚力；$H$ 为硬化模量。

进入下一个荷载步的计算，否则进入塑性预测步。

假设返回到光滑应力区，设置初始值 $\Delta\gamma=0$，相应的屈服函数为

$$\Phi_{n+1}=\sqrt{J_2(s_{n+1}^{\text{trial}})}+\eta p_{n+1}^{\text{trial}}-\xi c(\bar{\varepsilon}_{n+1}^{\text{p trial}}) \tag{3.60}$$

利用牛顿-拉弗森法求解 $\Delta\gamma$，判断是否收敛，更新的屈服函数为

$$\Phi_{n+1}=\sqrt{J_2(s_{n+1}^{\text{trial}})}-G\Delta\gamma+\eta(p_{n+1}^{\text{trial}}-K\bar{\eta}\Delta\gamma)-\xi c(\bar{\varepsilon}_{n+1}^{\text{p}}) \tag{3.61}$$

式中，$\bar{\eta}$ 为与剪胀角 $\varphi$ 有关的常数；$c(\bar{\varepsilon}_{n+1}^{\text{p}})$ 为硬化函数。

如果式（3.61）满足 $\left|\Phi_{n+1}\right|\leqslant\text{tol}$（tol 为设定容许值），应力偏张量 $s_{n+1}$ 可以通过预测应力偏张量 $s_{n+1}^{\text{trial}}$ 的缩减得到。否则，继续牛顿-拉弗森迭代，更新的应力偏张量和静水压力为

$$s_{n+1}=\left[1-\frac{G\Delta\gamma}{\sqrt{J_2\left(s_{n+1}^{\text{trial}}\right)}}\right]s_{n+1}^{\text{trial}},\ p_{n+1}=p_{n+1}^{\text{trial}}-K\bar{\eta}\Delta\gamma \tag{3.62}$$

上面的求解计算是在假设返回到光滑应力区的前提条件下得到的，而实际还要通过求得的 $s_{n+1}$ 进行判断，确定是返回光滑应力区还是尖点应力区（图 3.11），若

$$\sqrt{J_2(s_{n+1})}=\sqrt{J_2(s_{n+1}^{\text{trial}})}-G\Delta\gamma\geqslant 0 \tag{3.63}$$

则预测应力返回到光滑应力区是有效的。否则，预测应力返回到尖点区。

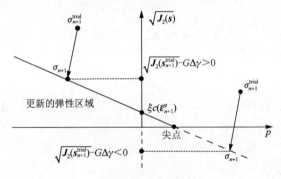

图 3.11　预测应力返回位置的判断

预测应力返回到尖点区（图 3.12）。设初始值 $\Delta\varepsilon_V^{\text{p}}=0$，相应的残值，

$$r=c(\bar{\varepsilon}_n^{\text{p}})\frac{\xi}{\bar{\eta}}-p_{n+1}^{\text{trial}} \tag{3.64}$$

利用牛顿-拉弗森法求解 $\Delta\varepsilon_V^{\text{p}}$，判断是否收敛，

$$r=c(\bar{\varepsilon}_n^{\text{p}})\frac{\xi}{\bar{\eta}}-p_{n+1}^{\text{trial}}+K\Delta\varepsilon_V^{\text{p}} \tag{3.65}$$

若 $|r|\leqslant\text{tol}$，则更新的应力为

$$\sigma_{n+1}=(p_{n+1}^{\text{trial}}-K\Delta\varepsilon_V^{\text{p}})I \tag{3.66}$$

否则，继续进行牛顿-拉弗森迭代。

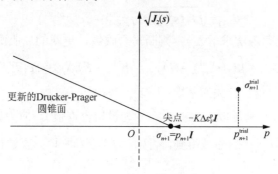

图 3.12　预测应力返回到尖点区

详细实施过程如下。

（1）弹性预测。

$$\boldsymbol{\varepsilon}_{n+1}^{\text{e trial}} = \boldsymbol{\varepsilon}_{n}^{\text{e}} + \Delta\boldsymbol{\varepsilon}, \bar{\boldsymbol{\varepsilon}}_{n+1}^{\text{p trial}} = \bar{\boldsymbol{\varepsilon}}_{n}^{\text{p}} \tag{3.67}$$

$$\boldsymbol{s}_{n+1}^{\text{trial}} = 2G\boldsymbol{\varepsilon}_{\text{d}\,n+1}^{\text{e trial}}, \boldsymbol{p}_{n+1}^{\text{trial}} = K\boldsymbol{\varepsilon}_{V\,n+1}^{\text{e trial}} \tag{3.68}$$

（2）判断是否进入塑性状态。

若

$$\sqrt{J_2(\boldsymbol{s}_{n+1}^{\text{trial}})} + \eta\,p_{n+1}^{\text{trial}} - \xi c(\bar{\boldsymbol{\varepsilon}}_{n+1}^{\text{p trial}}) \leqslant 0 \tag{3.69}$$

则有

$$\boldsymbol{\sigma}_{n+1} = \boldsymbol{\sigma}_{n+1}^{\text{trial}} \tag{3.70}$$

此时，弹性预测状态计算的应力状态即为最终计算结果。否则进行塑性修正。

（3）塑性修正。

首先，假设弹性预测应力返回到光滑圆锥面，计算如下。

①设置初始值为

$$\Delta\gamma = 0 \tag{3.71}$$

相应的屈服函数为

$$\varPhi = \sqrt{J_2(\boldsymbol{s}_{n+1}^{\text{trial}})} + \eta\,p_{n+1}^{\text{trial}} - \xi c(\bar{\boldsymbol{\varepsilon}}_{n+1}^{\text{p}}) \leqslant 0 \tag{3.72}$$

②采用牛顿-拉弗森法迭代求解 $\Delta\gamma$，具体如下：

$$H = \frac{\mathrm{d}c}{\mathrm{d}\bar{\varepsilon}^{\text{p}}}\bigg|_{\bar{\varepsilon}_{n+1}^{\text{p}}}, \ d = \frac{\mathrm{d}\varPhi}{\mathrm{d}\Delta\gamma} = -G - K\bar{\eta}\eta - \xi^2 H, \ \Delta\gamma = \Delta\gamma - \frac{\varPhi}{d} \tag{3.73}$$

③判断是否收敛：

$$\bar{\boldsymbol{\varepsilon}}_{n+1}^{\text{p}} = \bar{\boldsymbol{\varepsilon}}_{n}^{\text{p}} + \xi\Delta\gamma \tag{3.74}$$

$$\Phi = \sqrt{J_2(s_{n+1}^{\text{trial}})} - G\Delta\gamma + \eta(p^{\text{trial}} - K\bar{\eta}\Delta\gamma) - \xi c(\bar{\varepsilon}_{n+1}^{\text{p}}) \qquad (3.75)$$

若 $|\Phi| \leqslant \text{tol}$，则进行状态变量的更新，得

$$s_{n+1} = [1 - \frac{G\Delta\gamma}{\sqrt{J_2(s_{n+1}^{\text{trial}})}}]s_{n+1}^{\text{trial}}, \quad p_{n+1} = p_{n+1}^{\text{trial}} - K\bar{\eta}\Delta\gamma \qquad (3.76)$$

否则，继续迭代求解。

其次，对是否预测应力返回光滑圆锥面进行判断，如下。

若

$$\sqrt{J_2(s_{n+1}^{\text{trial}})} - G\Delta\gamma \geqslant 0 \qquad (3.77)$$

则返回光滑圆锥面是有效的。

最后，若 $\sqrt{J_2(s_{n+1}^{\text{trial}})} - G\Delta\gamma \leqslant 0$，返回到圆锥面的尖点处，如下。

①设置初始值为

$$\Delta\varepsilon_V^{\text{p}} = 0 \qquad (3.78)$$

相应的屈服函数为

$$r = c(\bar{\varepsilon}_n^{\text{p}})\frac{\xi}{\eta} - p_{n+1}^{\text{trial}} \qquad (3.79)$$

②采用牛顿-拉弗森法迭代求解 $\Delta\varepsilon_V^{\text{p}}$，具体如下：

$$H = \frac{\mathrm{d}c}{\mathrm{d}\bar{\varepsilon}^{\text{p}}}\bigg|_{\bar{\varepsilon}_{n+1}^{\text{p}}}, \quad d = \frac{\xi}{\eta}\frac{\xi}{\bar{\eta}}H + K, \quad \Delta\varepsilon_V^{\text{p}} = \Delta\varepsilon_V^{\text{p}} - \frac{r}{d} \qquad (3.80)$$

③判断是否收敛：

$$\bar{\varepsilon}_{n+1}^{\text{p}} = \bar{\varepsilon}_n^{\text{p}} + \frac{\xi}{\eta}\Delta\varepsilon_V^{\text{p}}, \quad p_{n+1} = p_{n+1}^{\text{trial}} - K\Delta\varepsilon_V^{\text{p}} \qquad (3.81)$$

$$r = \frac{\xi}{\eta}c(\bar{\varepsilon}_{n+1}^{\text{p}}) - p_{n+1} \qquad (3.82)$$

若

$$|r| \leqslant \text{tol} \qquad (3.83)$$

则有

$$\sigma_{n+1} = p_{n+1}I \qquad (3.84)$$

否则，继续迭代求解。

## 3.7.2　程序开发流程

本程序采用面向对象的编程方法，使用 C++语言编制而成，在 Visual C++ 6.0 环境下调试通过。

岩土材料的弹塑性计算中，材料的非线性应力-应变关系要用比较复杂的函数

关系表达，使得刚度矩阵的元素与所求问题的本身相关联。在非线性有限元求解中常采用增量迭代法，通过分段线性解去逼近非线性解。把总荷载 $f$ 分为许多荷载增量 $\Delta f$，逐级施加进行求解，非线性有限元增量方程为

$$K(\Delta d_i)\Delta d_i = \Delta f_i \tag{3.85}$$

$$f = f_0 + \sum_{i=1}^{n} \Delta f_i , \quad d = d_0 + \sum_{i=1}^{n} \Delta d_i \tag{3.86}$$

采用牛顿-拉弗森这种变刚度的迭代法求解式（3.85），具体步骤如下。

步骤 1：设置初始位移 $d_0$、应变 $\varepsilon_0$ 和应力 $\sigma_0$。

步骤 2：在第 $n+1$（$n+1$=1, 2, 3, …, NStep）个荷载步时，求解外荷载 $f_{\text{ext}}^{n+1}$：

$$f_{\text{ext}}^{n+1} = \int_{\Omega} N^{\text{T}} b^{n+1} \mathrm{d}\Omega + \int_{\Gamma} N^{\text{T}} t^{n+1} \mathrm{d}\Gamma \tag{3.87}$$

步骤 3：在第 $n+1$ 个荷载步的第 $i$（$i$=1, 2, 3, …, MIter）个迭代步下，有 $f_{\text{int},1}^{n+1} = f_{\text{ext}}^{n}$，求内力 $f_{\text{int},i}^{n+1}$：

$$f_{\text{int},i}^{n+1} = \int_{\Omega} B^{\text{T}} \sigma_i^{n+1} \mathrm{d}\Omega \tag{3.88}$$

步骤 4：利用式子 $\left\| f_{\text{ext}}^{n+1} - f_{\text{int},i}^{n+1} \right\| < \text{tol}$ 进行收敛检验。若收敛，则返回到步骤 2，进行下一个荷载步的计算；否则，转到步骤 5。

步骤 5：求解切线刚度矩阵 $K_{T,i}^{n+1}$。在初始弹性状态、塑性状态分别利用弹性和弹塑性矩阵 $D_i^{\text{e},n+1}$、$D_i^{\text{ep},n+1}$ 求解切线刚度矩阵：

$$K_{T,i}^{n+1} = \int_{\Omega} B^{\text{T}} D_i^{\text{ep},n+1} B \mathrm{d}\Omega \tag{3.89}$$

步骤 6：求解式（3.89），可得到位移增量 $\Delta d_i$：

$$K_{T,i}^{n+1} \Delta d_i = \Delta f_i = f_{\text{ext}}^{n+1} - f_{\text{int},i}^{n+1} \tag{3.90}$$

步骤 7：每个迭代步的 $d_1^{n+1} = d^n$，$\Delta d^{n+1,\text{acc}} = 0$，求 $d_{i+1}^{n+1} = d_i^{n+1} + \Delta d_i$、$\Delta d_{i+1}^{n+1,\text{acc}} = \Delta d_i^{n+1,\text{acc}} + \Delta d_i$、应变增量 $\Delta \varepsilon_i$。

步骤 8：采用上述 Drucker-Prager 模型的完全隐式返回映射算法求解应力张量 $\sigma_{i+1}^{n+1}$，在求解塑性因子 $\Delta \gamma_{i+1}$ 时，再次使用牛顿-拉弗森法，可获得近似平方的收敛速度，如下：

（1）在 $t_n$ 时刻，计算出应变增量 $\Delta \varepsilon_i$ 和内变量 $\overline{\varepsilon}^{n,\text{p}}$，进入弹性预测状态得到预测静水压力 $p_{i+1}^{n+1,\text{trial}}$ 和偏应力张量 $s_{i+1}^{n+1,\text{trial}}$。

（2）若屈服函数 $\Phi_{i+1}^{n+1,\text{trial}} \leqslant 0$，则得到 $t_{n+1}$ 时刻的应力 $\sigma_{i+1}^{n+1}$。退出，进入下一个荷载步的计算。否则，进入塑性预测步。

（3）假设返回到光滑应力区，设置初始值 $\Delta \gamma_0$ =0。

（4）利用牛顿-拉弗森法求解 $\Delta\gamma_{i+1}$，判断是否收敛，若 $\left|\varPhi_{i+1}^{n+1}\right|\leqslant\mathrm{tol}$，则得到更新的应力 $\sigma_{i+1}^{n+1}$；否则，继续进行牛顿-拉弗森迭代。

（5）判断预测应力的返回区，上述是假设返回到光滑应力区，若 $\sqrt{J_2(s_{i+1}^{n+1})}\geqslant0$，预测应力返回到光滑应力区是有效的。否则返回到尖点区。

（6）若返回到尖点区，设初始值 $\Delta\varepsilon_V^{\mathrm{p}}=0$，利用牛顿-拉弗森法求解 $\Delta\varepsilon_V^{\mathrm{p}}$，判断是否收敛。若 $|r|\leqslant\mathrm{tol}$，得到更新的应力 $\sigma_{i+1}^{n+1}$；否则，继续进行牛顿-拉弗森迭代。

步骤 9：计算第 $i+1$ 个迭代步的应力 $\sigma_{i+1}^{n+1}$ 后，转入步骤 3，继续迭代。

### 3.7.3　地基问题的求解

一个长 $L$=30m、宽 $B$=1m 的刚性条形基础作用于地基土上，将其简化为平面应变问题，建立地基有限元模型，模型宽（$x$ 方向）和高（$y$ 方向）分别为 20m、10m，划分为 1557 个单元和 1637 个节点，模型底面全约束，两侧面单向约束，如图 3.13 所示。地基土采用非关联等向硬化 Drucker-Prager 模型进行计算，容重 $\gamma$ =0kN/m³，弹性模量 $E$ =100MPa，泊松比 $\mu$ =0.35，黏聚力 $c$ =12kPa，内摩擦角 $\phi$=25°，剪胀角 $\varphi$ =22°。硬化参数设置，给出 5 组点对 $\{\overline{\varepsilon}^{\mathrm{p}}, c(\overline{\varepsilon}^{\mathrm{p}})\}$，分别为（0，$1.2\times10^4$），（$1\times10^{-4}$，$1.2\times10^4$），（$2\times10^{-4}$，$1.2\times10^4$），（$3\times10^{-4}$，$1.2\times10^4$），（1，$1.2\times10^4$），来确定分段线性硬化函数。基础上作用有 $P$ =124kN/m² 的均布荷载，将其分为 31 个荷载步逐级加载，荷载增量 $\Delta P$ =4kN/m²。

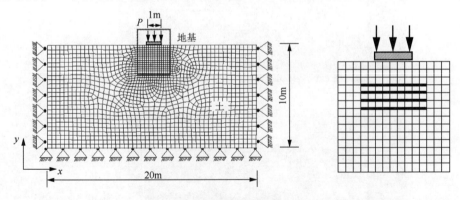

图 3.13　地基及局部扩大模型

利用 Tecplot 软件对计算的位移、应力进行直观的图形显示。在第 31 个荷载步的作用下，$x$、$y$ 方向位移和应力云图如图 3.14 和图 3.15 所示。

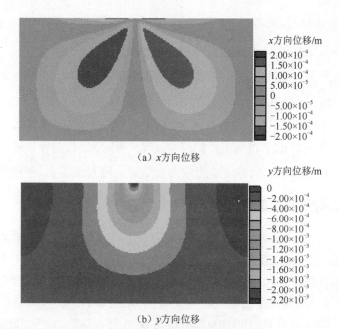

（a）x方向位移

（b）y方向位移

图 3.14　x、y 方向位移

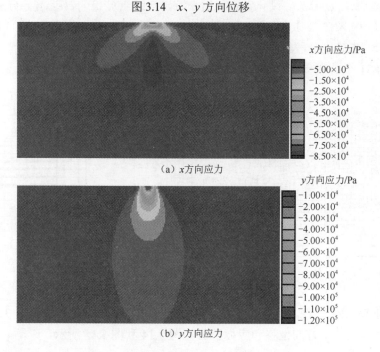

（a）x方向应力

（b）y方向应力

图 3.15　x、y 方向应力

将本程序 RMAST 计算的位移与相同条件下 ANSYS 软件的 Drucker-Prager 模型计算的位移进行对比，分别给出基础下方 0.6～1.2m 位置的部分节点（图 3.13 右侧局部扩大模型黑线部分）。令节点 91～100 和 105～114 为第一组节点，节点 119～128 和 133～142 为第二组节点，两组节点的 $x$、$y$ 方向位移的对比情况，如图 3.16 和图 3.17 所示。

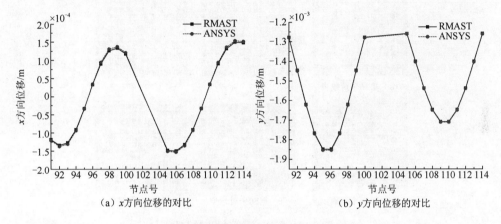

图 3.16　第一组节点 $x$、$y$ 方向位移的对比

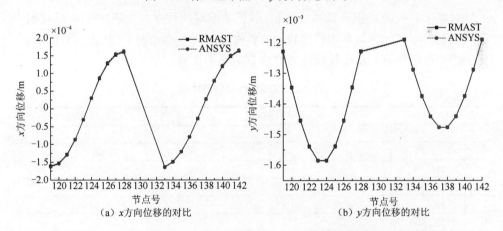

图 3.17　第二组节点 $x$、$y$ 方向位移的对比

由图 3.16 和图 3.17 可以看出，二者计算结果吻合很好，曲线基本重合。对所有节点的位移分析知，$x$、$y$ 方向位移最大相对误差分别为 4.13% 和 0.902%，大部分节点 $x$ 方向位移的相对误差集中在 1%～3%，$y$ 方向位移的相对误差集中在 0.1%～0.5%。

地基塑性区随着荷载增加的演化过程，如图 3.18 所示（截取图 3.14 右侧扩大模型部分，其中深色代表塑性区，浅色代表弹性区）。由此可知，在第 26 个荷载步时，地基局部产生了塑性区，而没有形成贯通的滑动面，此时处于由稳定向不稳定转化的过渡阶段。在第 28、29 个荷载步之间时，地基中出现了连续的滑动面，同时塑性区随着荷载步的增加逐步扩大。在第 31 个荷载步时，基础下面地基土全部达到塑性，基础将会随之下陷，最终导致破坏。

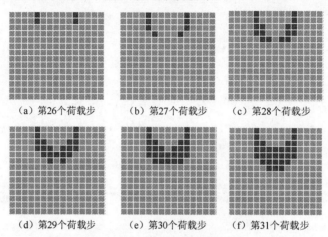

(a) 第26个荷载步　　　　(b) 第27个荷载步　　　　(c) 第28个荷载步

(d) 第29个荷载步　　　　(e) 第30个荷载步　　　　(f) 第31个荷载步

图 3.18　塑性区随荷载步的演化

对基于完全隐式积分算法–返回映射算法编制的程序与文献[175]的显式积分算法编制的程序计算效率进行比较，二者收敛迭代步数如表 3.1 所示。可以看出，完全隐式返回映射算法在计算速度方面有明显的优势。

**表 3.1　收敛迭代步数的比较**

| 荷载步 | 完全隐式积分算法 | 显式积分算法 |
|---|---|---|
| 26 | 3 | 5 |
| 27 | 3 | 6 |
| 28 | 4 | 6 |
| 29 | 5 | 9 |
| 30 | 5 | 10 |
| 31 | 6 | 13 |

L. Prantdl 采用关联流动法则，推导出普朗特–赖斯纳地基极限承载力计算公式[24]：

$$p_u = qN_q + cN_c \tag{3.91}$$

式中，$N_q = \mathrm{e}^{\pi \tan\phi} \tan^2(45 + \phi/2)$；$c$ 为黏聚力；$N_c = (N_q - 1)\cot\phi$；$q$ 为与土重有关的系数。

故在数值计算中，取内摩擦角与剪胀角相同，令 $\phi = \varphi = 25°$，采用与 Drucker-Prager 准则参数式（3.58）有一定对应关系的式（3.92）即莫尔-库仑等面积圆准则进行地基极限承载力计算。

$$\eta = \frac{6\sqrt{3}\sin\phi}{\sqrt{2\sqrt{3}\pi(9\text{-}\sin\phi^2)}}, \xi = \frac{6\sqrt{3}\cos\phi}{\sqrt{2\sqrt{3}\pi(9\text{-}\sin\phi^2)}} \tag{3.92}$$

当加载到第 63 个荷载步后发散，此时达到地基承载力 $p_u$ =252kN/m²。依据上式计算得到解析解 $p_u$ =248.7kN/m²，二者相对误差为 1.33%。

### 3.7.4　边坡问题的求解

建立平面应变边坡有限元模型，尺寸如图 3.19 所示，将其划分为 788 个单元和 856 个节点。采用 Drucker-Prager 理想弹塑性模型计算，弹性模量 $E$ =100MPa，泊松比 $\mu$ =0.42，黏聚力 $c$ =20kPa，内摩擦角 $\phi$ =35°，剪胀角 $\varphi$ =35°，容重 $\gamma$ =19kN/m³，均布荷载 $P$=-468 kN/m²分成 6 步加载，荷载增量为 78kN/m²。

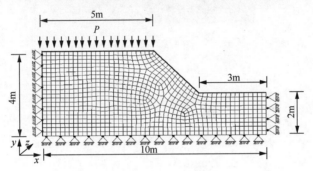

图 3.19　边坡有限元模型

利用 Tecplot 软件对 $x$、$y$ 方向的位移进行云图显示，如图 3.20 所示。塑性区显示如图 3.21 所示。在相同计算条件下，将本程序计算的位移与 ANSYS 软件计算的位移进行比较。取出塑性区部分节点的 $x$ 方向位移和 $y$ 方向位移对比，对比曲线如图 3.22 所示。

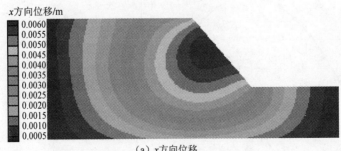

（a）$x$方向位移

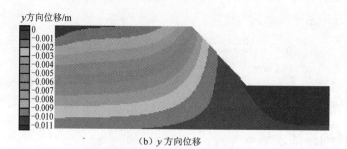

（b）y方向位移

图 3.20  x、y方向位移云图

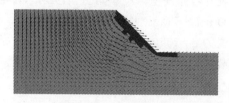

图 3.21  塑性区

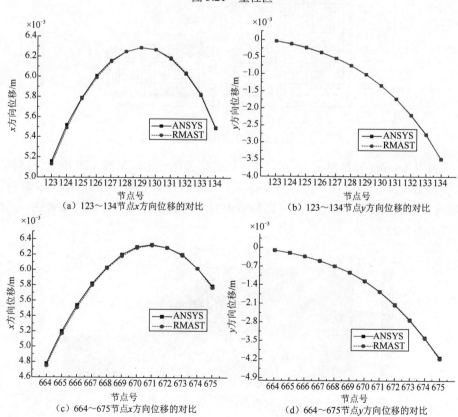

（a）123～134节点x方向位移的对比

（b）123～134节点y方向位移的对比

（c）664～675节点x方向位移的对比

（d）664～675节点y方向位移的对比

图 3.22  塑性区部分节点位移对比

对所有节点的位移进行对比可知，$x$ 方向位移的最大相对误差为 0.625%，其余节点位移相对误差都小于 0.5%；$y$ 方向位移的最大相对误差为 6.97%，几乎所有节点误差都在小于 0.1%的范围内，整体吻合较好。

## 3.8　基于 DE 算法的智能反分析程序开发

21 世纪以来，中国进入城市地铁建设的黄金期，截至 2017 年上半年，有 50 多个城市正在建设地铁。但地下自然条件恶劣、施工设备落后等因素，导致在修建中发生大量的工程事故，如掌子面失稳、冒顶塌方、涌水和突泥、火灾等。2010 年 3 月～2011 年 7 月，根据已有资料及现场收集不完全统计，大连在建地铁已发生 21 起灾害事故，造成了不同程度上的财产损失和人员伤亡。图 3.23 为在建大连地铁隧道各类灾害统计。其中交通大学站、春光街站地表塌陷，如图 3.24 所示。如何减少隧道开挖中的灾害发生率、减少灾害损失是城市地铁建设迫切需要解决的问题。

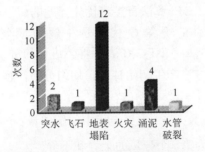

图 3.23　在建大连地铁隧道灾害统计

（a）交通大学站地表塌陷　　　　　　　　　　　（b）春光街站地表塌陷

图 3.24　交通大学站、春光街站地表塌陷

在隧道修建中，解析计算和数值模拟可以提前预测开挖过程中围岩的变形及受力状态，发现潜在的危害。但围岩的非线性、非均质、不连续性等特点，使得计算所需参数难以准确给出。以下从优化算法和所调用的有限元正算程序两个方面考虑，基于智能算法-差异进化算法和返回映射算法原理，建立了智能反分析方法，自主开发一套完整的智能反分析程序。通过数值算例验证了该方法的可行性和正确性，以及程序的高精度性，在大连地铁 1 号线试验线路海事大学段隧道工程中进行应用，体现了一定的价值。

### 3.8.1 差异进化算法原理

差异进化（differential evolution，DE）算法是 Storn 和 Price[176]提出的一种全局优化算法。它是继遗传算法、蚁群算法、粒子群算法之后的一个新型算法。在搜索成功率和计算效率上有很大的优势，对初始值无要求、受控变量较少、收敛速度快、自适应性好、适用于多变量复杂问题的寻优，不需编码和解码操作。

差异进化算法包括产生初始种群、变异操作、交叉操作和选择操作，具体原理如下。

（1）产生初始种群。DE 算法直接将优化问题的解组成 $D$ 维解向量，每个解向量是进化的基本个体。令第 $G$ 代种群中解向量个数为 NP，解向量为 $\boldsymbol{x}_{i,G}=(x_1,x_2,\cdots,x_n)$，$i$=1,2,$\cdots$,NP，$G$ 表示群体进化的每一代，$i$ 表示个体在群体中的位置，采用随机的方法产生初始种群，均匀分布在解空间中：

$$\boldsymbol{x}_{i,1}=\boldsymbol{x}_j^L+r_{\mathrm{and}}(\boldsymbol{x}_j^U-\boldsymbol{x}_j^L),\ i=1,2,\cdots,\mathrm{NP} \tag{3.93}$$

式中，$r_{\mathrm{and}}\in[0,1]$的随机数；$\boldsymbol{x}_{i,1}$ 为第一代中的解向量；$j$=1,2,$\cdots$,$D$；$D$ 为解向量的维数；$\boldsymbol{x}_j^U$、$\boldsymbol{x}_j^L$ 分别为第 $j$ 个分量的上界和下界。

（2）变异操作。变异操作使用了差异策略，利用种群中个体间的差异向量对个体进行扰动，实现个体的变异，可根据种群内个体的分布自动调节差异向量的大小，自适应性好。对第 $G$ 代每个目标向量 $\boldsymbol{x}_{i,G}$，每个向量个体包含 $D$ 个分量，变异向量 $\boldsymbol{v}_{i,G+1}$ 的求解为

$$\boldsymbol{v}_{i,G+1}=\boldsymbol{x}_{r1,G}+F\cdot(\boldsymbol{x}_{r2,G}-\boldsymbol{x}_{r3,G}) \tag{3.94}$$

式中，$r1,r2,r3\in[1,2,\cdots,\mathrm{NP}]$中互不相同的随机整数，且不等于 $i$；$F\in[0,1]$是变异因子，是算法中主要控制参数之一，用来调节向量差异的步长幅值。

（3）交叉操作。交叉操作是为了增加群体的多样性，将目标向量 $\boldsymbol{x}_{i,G}$ 与变异向量 $\boldsymbol{v}_{i,G+1}$ 按照如下规则杂交，生成新的试验向量 $\boldsymbol{u}_{i,G+1}$ 为

$$\boldsymbol{u}_{i,G+1}=(u_{1i,G+1},u_{2i,G+1},\cdots,u_{Di,G+1}) \tag{3.95}$$

式中，

$$u_{ji,G+1} = \begin{cases} v_{i,G+1}, & \text{randb}(j) \leqslant \text{CR} \text{或} j = \text{rnbr}(i) \\ x_{i,G}, & \text{randb}(j) > \text{CR} \text{和} j = \text{rnbr}(i) \end{cases} \tag{3.96}$$

其中，$\text{randb}(j) \in [0,1]$ 为与向量的第 $j$ 个分量对应的随机小数；$j = 1, 2, \cdots, D$；$\text{CR} \in [0,1]$ 为交叉因子，是算法中另一个主要控制参数之一；$\text{rnbr}(i)$ 为与第 $i$ 个向量对应的系数，在 $\{1, 2, \cdots, D\}$ 中的随机整数。

（4）选择操作。采用贪婪搜索方法进行选择操作，决定是否选择试验向量 $u_{i,G+1}$ 作为第 $G+1$ 代的目标向量。将试验向量 $u_{i,G+1}$ 与目标向量 $x_{i,G}$ 比较，若 $u_{i,G+1}$ 对应较小的目标函数值，则选择向量 $u_{i,G+1}$；反之，若 $x_{i,G}$ 对应较小的目标函数值，则保留向量 $x_{i,G}$，经过选择操作可以产生新的种群 $x_{i,G+1}$ 为

$$x_{i,G+1} = \begin{cases} u_{i,G+1}, & f(u_{i,G+1}) \leqslant f(x_{i,G}) \\ x_{i,G}, & f(u_{i,G+1}) > f(x_{i,G}) \end{cases} \tag{3.97}$$

### 3.8.2　智能位移反分析程序编制

智能位移反分析程序包括两部分：一是在已有弹性有限元程序的框架基础上，基于 Drucker-Prager 模型的返回映射算法编制的弹塑性本构方程求解程序，作为已知参数求解位移的非线性有限元程序；二是编写 DE 算法程序，将有限元程序嵌入到 DE 算法程序中，在 Visual C++ 6.0 环境下使用 C++语言编制而成。

（1）弹塑性有限元采用上面所编制的有限元程序，再采用特殊的本构模型，还能应用于损伤参数、渗透系数等其他参数的反演。

（2）DE 智能反分析方法及程序编制。差异进化算法采用实数编码，直接将目标函数 $f(x_i), i = 1, 2, \cdots, n$ 作为适应度函数。将各测点的实测位移 $Y_i^0$ 及由计算所得到的与测点对应的位移 $Y_i$ 之间的残差作为目标函数，参数反演问题变为有约束的优化问题：

$$\min f(x_1, x_2, \cdots, x_n) = \frac{1}{m} \sum_{i=1}^{n} (Y_i^0 - Y_i)^2 \tag{3.98}$$

约束条件：

$$x_i^l \leqslant x_i \leqslant x_i^u, \ i = 1, 2, \cdots, n \tag{3.99}$$

式中，$Y_i^0$ 为实测围岩变形值；$Y_i$ 为计算围岩变形值，以围岩参数为自变量的函数；$m$ 为观测值的个数；$n$ 为参数 $x_i$ 的个数；$x_i^l$ 和 $x_i^u$ 为 $x_i$ 的上、下限。

建立上述优化问题的目标函数与约束条件后，采用 DE 算法进行求解，具体实现步骤如下。

步骤 1：将实际工程问题简化为平面应变问题，建立有限元模型。反演围岩的变形参数和强度参数，即 $\boldsymbol{x}_i = (E, \mu, c, \cdots, \varphi)^{\mathrm{T}}$。

步骤 2：DE 算法对初始值没有要求，在给定的参数范围 $\min\{\boldsymbol{x}_i^l\} \leqslant \boldsymbol{x}_i \leqslant \max\{\boldsymbol{x}_i^u\}$ 内，随机产生初始种群，调用有限元计算程序求解 $\boldsymbol{Y}_i$。

步骤 3：选取位移监测点，将 $\boldsymbol{Y}_i^0$、$\boldsymbol{Y}_i$ 代入式（3.98），求解适应度函数值 $f(\boldsymbol{x}_i)$。利用参数个体间的差异向量对个体进行扰动，实现个体的变异，产生第 $G+1$ 代的变异向量 $\boldsymbol{v}_{i,G+1}$；在变异向量 $\boldsymbol{v}_{i,G+1}$ 和目标向量 $\boldsymbol{x}_{i,G}$ 之间，生成新的试验向量 $\boldsymbol{u}_{i,G+1}$；在试验向量 $\boldsymbol{u}_{i,G+1}$ 和目标向量 $\boldsymbol{x}_{i,G}$ 之间进行选择操作，作为第 $G+1$ 代的目标向量 $\boldsymbol{x}_{i,G+1}$。

步骤 4：将第 $G+1$ 代的目标向量（参数）输入，再次调用有限元计算程序求解 $\boldsymbol{Y}_i$。在优化搜索过程中，为了保证解的有效性，必须判断试验个体各分量是否满足问题的约束条件式（3.99），将超出约束边界的个体进行回归操作。

步骤 5：反复进行变异、交叉、选择、求目标函数等操作，直至进化满足给定的最大进化代数，使目标函数达到最小的参数 $x_i$ 就是所求的最优参数 $x_i^*$：

$$f(\boldsymbol{x}_i^*) = \min f(\boldsymbol{x}_i) \tag{3.100}$$

建立弹塑性问题的 DE 位移反分析方法，编制基于 DE 算法的智能位移反分析程序，计算流程如图 3.25 所示。

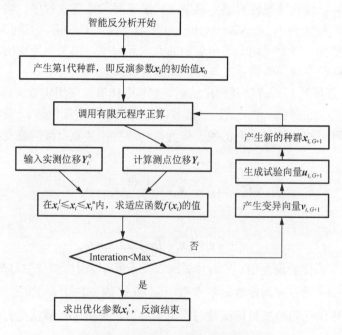

图 3.25　智能反分析方法计算流程

### 3.8.3　弹塑性力学参数反演

#### 1. 地基参数反演

一个长 $L$=35m、宽 $B$=2m 的刚性条形基础作用于地基土上。建立 1/2 的平面应变地基模型，模型划分为 237 个单元和 273 个节点，左、右两侧面 $x$ 方向约束，底面 $x$、$y$ 方向约束，如图 3.26 所示。采用 Drucker-Prager 理想弹塑性模型，弹性模量 $E$ =1.0GPa，泊松比 $\mu$ =0.35，黏聚力 $c$ =32kPa，内摩擦角 $\phi$ =40°，剪胀角 $\varphi$ =40°，密度 $\rho$ =2380kg/m³，均布荷载 $P$=250kN/m² 分为 25 个荷载步加载，荷载增量为 10kN/m²。

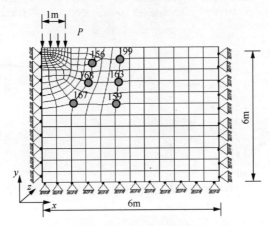

图 3.26　地基有限元模型

将所编 RMAST 程序计算的位移与 ANSYS 软件计算的位移进行对比，在不同荷载步下进行计算，取出部分节点的 $x$、$y$ 方向位移，对比曲线如图 3.27 所示。从图中可以看出，二者基本吻合。对全部节点位移分析可知，$x$ 方向位移的最大相对误差为 9.10%；$y$ 方向位移的最大相对误差为 8.62%，大多数节点位移相对误差都小于 1%。

选取 156、199、168、163、167、159 作为监测点，如图 3.26 所示，通过 Drucker-Prager 程序计算出的 $x$ 方向位移和 $y$ 方向位移，如表 3.2 所示。反演参数为弹性模量 $E$、泊松比 $\mu$、内摩擦角 $\phi$、黏聚力 $c$，假设上述给定值作为"实测参数"；位移测点数 $n$=6；搜索范围设为 100MPa$\leqslant E \leqslant$10GPa，0.1$\leqslant \mu \leqslant$0.5，0°$\leqslant \phi \leqslant$80°，100Pa$\leqslant c \leqslant$100kPa。

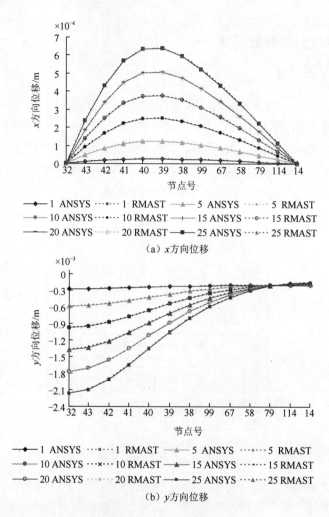

（a）$x$方向位移

（b）$y$方向位移

图 3.27　$x$、$y$ 方向位移对比曲线

**表 3.2　选定测点的位移值**

| 测点编号 | $x$ 方向位移/mm | $y$ 方向位移/mm |
| --- | --- | --- |
| 156 | 0.3506 | −2.2837 |
| 199 | −0.0155 | −1.1097 |
| 168 | 0.7014 | −2.3444 |
| 163 | 0.5366 | −1.1928 |
| 167 | 0.5383 | −2.2774 |
| 159 | 0.6597 | −1.1506 |

DE 算法参数设置：$D=4$，NP$=40$，CR$=0.8$，$F=0.8$，交叉策略选择 DE/rand/1/exp，设定以满足最大进化代数 maxIter$=90$ 作为终止条件。每 20 代种群的适应值如

图 3.28 所示。经 100 代的演化后得到全局最优解如表 3.3 所示。

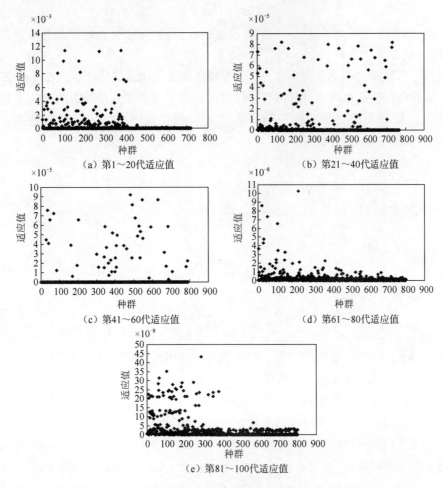

图 3.28　不同进化代数的适应值

表 3.3　反演参数与给定参数的比较

| 参数 | 给定参数 | 反演参数 | 相对误差/% |
|---|---|---|---|
| 弹性模量 $E$ | 1GPa | 1.000970GPa | 0.097 |
| 泊松比 $\mu$ | 0.35 | 0.349649 | 0.1004 |
| 内摩擦角 $\phi$ | 40° | 40.027158° | 0.0679 |
| 黏聚力 $c$ | 32kPa | 31.984693kPa | 0.0478 |

2. 圆形隧洞参数反演

Storn 和 Price 在此基础上提出了十余种不同的差异策略来实现变异操作和交

叉操作[176]，差异策略的通用模式表达式为

$$DE / x / y / z \tag{3.101}$$

式中，DE 为差异进化算法；$x$ 为选择被扰动向量的方法；$y$ 为被扰动的差异向量数目；$z$ 为交叉类型。

以下对算法的两个重要操作——变异操作和交叉操作进行介绍。在 DE 算法中，缩放种群中任意两个目标向量个体之间的差值并叠加到种群中的第 3 个向量个体上，形成新的变量，此过程称为变异。对于每一代进化目标向量 $x_{i,G}$，$i=1,2,\cdots,NP$，变异操作如下：

$$v_{i,G+1} = x_{r1,G} + F(x_{r2,G} - x_{r3,G}) \tag{3.102}$$

这是基本的变异模式，被称为 DE/rand/1 模式。其他形式如下。

DE/best/1 模式：

$$v_{i,G+1} = x_{\text{best},G} + F(x_{r2,G} - x_{r3,G}) \tag{3.103}$$

DE/best/2 模式：

$$v_{i,G+1} = x_{\text{best},G} + F(x_{r1,G} - x_{r2,G} + x_{r3,G} - x_{r4,G}) \tag{3.104}$$

DE/rand/2 模式：

$$v_{i,G+1} = x_{r1,G} + F(x_{r2,G} - x_{r3,G} + x_{r4,G} - x_{r5,G}) \tag{3.105}$$

式中，$r1$、$r2$、$r3$、$r4$、$r5$ 为$[1,2,\cdots,NP]$中互不相等的任意整数，且不等于 $i$；$F$ 为变异因子，是差异进化的主要控制参数之一，用来调节向量差异的步长幅值，通常在 0.5～1 取值；$x_{\text{best},G}$ 为当前代最优个体；$x_{r1,G}$、$x_{r2,G}$、$x_{r3,G}$、$x_{r4,G}$、$x_{r5,G}$ 为随机选择的个体，其中 $r1 \neq r2 \neq r3 \neq r4 \neq r5 \neq i$。

交叉操作是为了增加群体的多样性，有两种模式——指数交叉模式（exp）和二项式交叉模式（bin）。将目标向量 $x_{ji,G}$ 与变异向量 $v_{ji,G+1}$ 按照如下规则杂交，生成新的试验向量 $u_{i,G+1}$，见式（3.95）和式（3.96）。当 $\text{rand}b(j) \leqslant CR$ 时，两种交叉模式试验个体相应分量继承变异个体相应分量。指数交叉模式当第一次 $\text{rand}b(j) > CR$ 后，剩下所有分量都继承父代个体的相应分量，二项式交叉模式当 $\text{rand}b(j) > CR$ 时，试验个体相应分量继承父代个体的相应分量。

首先，为了验证程序的正确性及其可用性，建立圆形平面应变隧道模型，沿坐标轴 $x$、$y$ 方向长度均为 10m，半径 $r$=1m，划分 613 个单元，671 个节点，如图 3.29（a）所示。本例计算采用 Drucker-Prager 理想弹塑性模型，假设均质岩性，孔隙、裂隙不发育。材料参数：弹性模量 $E$=2GPa，泊松比 $\mu$=0.3，黏聚力 $c$=0.82MPa，摩擦角 $\phi$=30°，剪胀角 $\varphi$=30°，密度 $\rho$=2650kg/m³。隧道上面均布荷载 $q$=-2500kN/m²，假定等效孔隙水压系数 $\alpha$=1.0。选取 101、105、107、114、113 作为监测点，如图 3.29（b）所示。

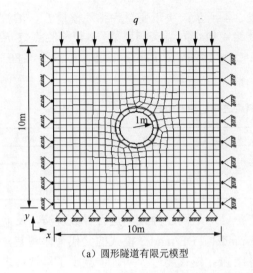

（a）圆形隧道有限元模型

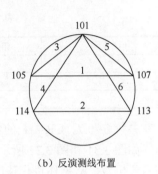

（b）反演测线布置

图 3.29　圆形隧道有限元模型及反演测线布置

　　将均布荷载分为 5 步加载，每一步荷载增量为 500kN/m²。在相同的计算条件下，将所编程序计算的 $x$、$y$ 方向位移与 ANSYS 软件计算的位移值进行对比，选取隧道周围的部分节点（图 3.29 洞周的圈线内部节点）绘制位移对比曲线。图 3.30 中 step1、step2、step3、step4 和 step5 分别代表所编程序在 5 个荷载步的计算位移，而 step 一、step 二、step 三、step 四和 step 五分别代表 ANSYS 软件所计算的位移。

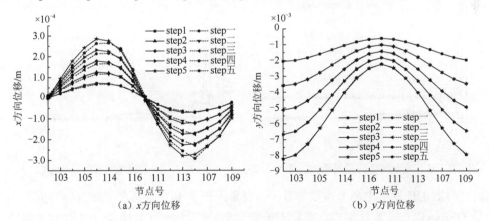

（a）$x$ 方向位移　　　　　　　　　　　（b）$y$ 方向位移

图 3.30　$x$、$y$ 方向位移对比曲线

　　根据所有节点位移分析可知，对于所编程序与 ANSYS 软件计算的位移值，$x$ 方向位移的最大相对误差为 8.90%，$y$ 方向位移的最大相对误差为 2.03%。由图 3.30 也可以看出二者吻合得较好，体现出了所编程序的正确性和可行性。

　　通过所编有限元程序计算出测点的 $x$ 方向位移值、$y$ 方向位移值，以测点位移值计算测点之间的相对位移值如表 3.4 所示；决策变量为弹性模量 $E$、泊松比 $\mu$、内摩擦角 $\phi$、黏聚力 $c$，假设上述给定值作为"实测参数"；位移测点数 $n$=5；决策变量的搜索范围设为 $100\mathrm{MPa}{\leqslant}E{\leqslant}10\mathrm{GPa}$，$0.1{\leqslant}\mu{\leqslant}0.5$，$0°{\leqslant}\phi{\leqslant}80°$，$100\mathrm{Pa}{\leqslant}c{\leqslant}100\mathrm{kPa}$。

**表 3.4　测点之间的相对位移**

| 测线编号 | 相对位移/mm | 测线编号 | 相对位移/mm |
| --- | --- | --- | --- |
| 1 | 1.044 | 4 | 3.822 |
| 2 | 1.117 | 5 | 1.793 |
| 3 | 1.814 | 6 | 3.816 |

在参数 $F$=0.7、CR=0.8 的条件下，针对不同差异策略进行参数反演，反演迭代曲线如图 3.31 和图 3.32 所示。DE/rand/1、DE/rand/2 模式的父代个体和差异向量都为随机数，从整体进化速度来看比 best 模式要慢一些，但减少了早熟和进化停滞的概率。本例中 best 模式出现早熟现象，没有得到所要反演参数的准确值。当出现早熟现象时，可以通过减小变异因子 $F$ 或增大群体规模 NP 的值来控制早熟现象。也可以看出两个扰动向量模式整体比一个扰动模式的更加稳定。

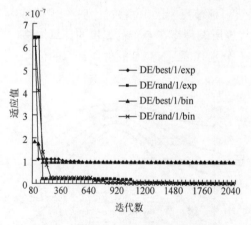

图 3.31　一个扰动向量的迭代曲线　　　　图 3.32　两个扰动向量的迭代曲线

针对 DE 算法中两个重要参数——变异因子 $F$ 和交叉因子 CR 进行研究，选择 DE/rand/1/bin 差异策略，变异因子 $F$=0.9、交叉因子 CR=0.5~0.8 和交叉因子 CR=0.9、变异因子 $F$=0.5~0.8 时的迭代曲线如图 3.33 和图 3.34 所示。从图中可以看出，在选择固定差异策略的前提下，交叉因子 CR 和变异因子 $F$ 对反演结果的精度和收敛速度有着明显的影响。

DE 算法参数设置：$D$=4，NP=40，CR=0.6，$F$=0.9，差异策略选择 DE/rand/1/exp，设定以满足最大进化代数 maxIter=100 作为终止条件。部分代种群的适应值如

图 3.35 所示。经 100 代的演化后得到全局最优解如表 3.5 所示。

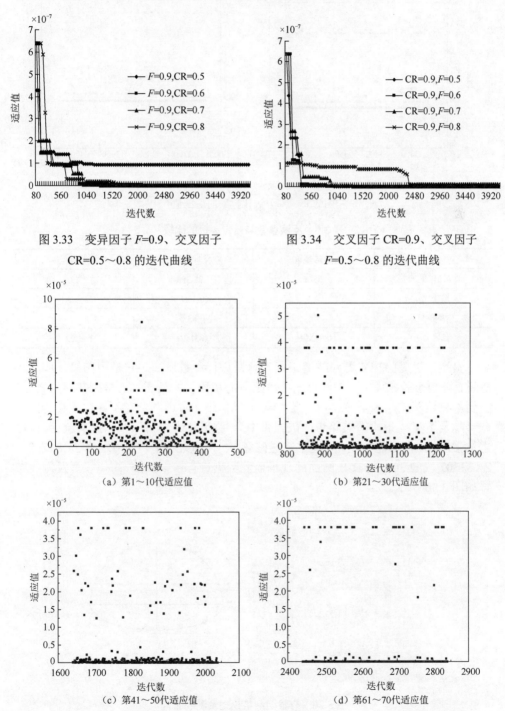

图 3.33　变异因子 $F$=0.9、交叉因子
CR=0.5～0.8 的迭代曲线

图 3.34　交叉因子 CR=0.9、交叉因子
$F$=0.5～0.8 的迭代曲线

（a）第 1～10 代适应值

（b）第 21～30 代适应值

（c）第 41～50 代适应值

（d）第 61～70 代适应值

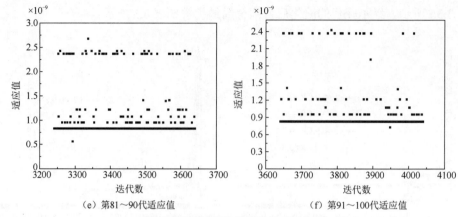

（e）第81～90代适应值　　　　　　　　（f）第91～100代适应值

图 3.35　部分进化代数的适应值

表 3.5　反演参数与给定参数的比较

| 参数 | 给定参数 | 反演参数 | 相对误差/% |
|---|---|---|---|
| 弹性模量 $E$ | 2GPa | 1.98GPa | 1.0 |
| 泊松比 $\mu$ | 0.3 | 0.306 | 2.0 |
| 内摩擦角 $\phi$ | 30° | 30.3° | 1.0 |
| 黏聚力 $c$ | 0.82MPa | 0.83MPa | 1.22 |

其次，以厦门翔安海底隧道工程为背景进行参数反演。它是中国第一座海底隧道，隧道全长 5945m，右线全长 5951m。海域段基本处于弱、微风化花岗岩岩层，主要不良地质缺陷为全（W4）、强（W3）风化带。隧道洞身在不同位置穿越，部分穿越及下穿 4 条构造破碎带，破碎带中全-强风化带异常深厚，此类全-强风化岩体强度低、自稳能力差，易发生渗透破坏[177,178]。以文献[177]中左线 ZK8+257～ZK8+307 段的 30m 处 B-B 断面的现场监测数据进行参数反演，简化模型及测线布置如图 3.36 所示。

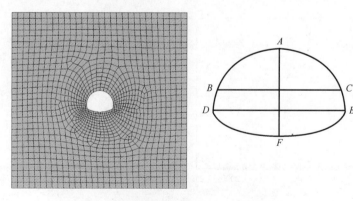

图 3.36　有限元网格模型及测线布置

隧道变形趋于稳定时，现场监测数据底臌变形 50.46mm，拱顶沉降 17.4mm，水平收敛值为 11.06mm。依据监测数据得知：$AF$=67.86mm，$BC$=11.06mm，$DE$=10.77mm；决策变量的搜索范围设为 1GPa≤$E$≤100GPa，0.1≤$\mu$≤0.5，0°≤$\phi$≤80°，10kPa≤$c$≤10MPa。综合选择 DE 算法各参数，在 $D$=4、$NP$=40、$CR$=0.6、$F$=0.9、差异策略选择 DE/rand/1/exp 时，经 100 代的演化后得到全局最优解。

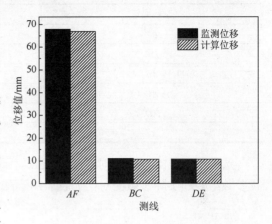

图 3.37　监测位移与计算位移的对比

最优解为弹性模量 $E$=20GPa，泊松比 $\mu$=0.316，内摩擦角 $\phi$=47.3°，黏聚力 $c$=4.6MPa。将监测位移与以上参数计算的位移进行对比，二者最大相差为 3.16%，如图 3.37 所示。

### 3.8.4　损伤参数反演

采用 3.3 节中所建立的损伤本构模型及编制的相应求解程序，进行了模型损伤参数的反演，对损伤本构模型涉及参数多，不易确定的问题，提供了有效方法。

建立宽 40m、高 38m、隧道洞跨为 5.6m、底边距离洞顶的高度为 5.6m、上部受 2MPa 均布荷载、带有衬砌厚度为 20cm 的平面应变隧道模型。岩体弹性模量 $E$=3MPa，泊松比 $\mu$=0.27，内摩擦角 $\phi$=33°，凝聚力 $c$=4MPa，岩石明显损伤时的黏聚力 $c_r$=50Pa，损伤参数 $\zeta$=0.5、$\kappa$=8.0×10$^5$。衬砌为弹性材料，弹性模量 $E$=7MPa，泊松比 $\mu$=0.3。建立的有限元模型及测线布置如图 3.38 所示。

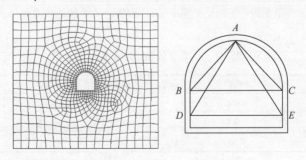

图 3.38　隧道有限元模型及测线布置

现在反演隧道所在地层损伤参数。在隧道周边设置 5 个测点，如图 3.38 所示。进行测线 $BC$、$DE$、$AB$、$AC$、$AD$、$AE$ 相对位移的计算，如表 3.6 所示。

**表 3.6　测点的相对位移**

| 测线编号 | 相对位移/mm |
|---|---|
| $BC$ | 0.014883 |
| $DE$ | 0.015150 |
| $AB$ | 0.047580 |
| $AC$ | 0.046598 |
| $AD$ | 0.066269 |
| $AE$ | 0.065349 |

　　选用不同 CR 与 $F$ 值时，DE 算法迭代收敛曲线如图 3.39 所示。搜索到的最优参数组合和实际参数的对比如表 3.7 所示。

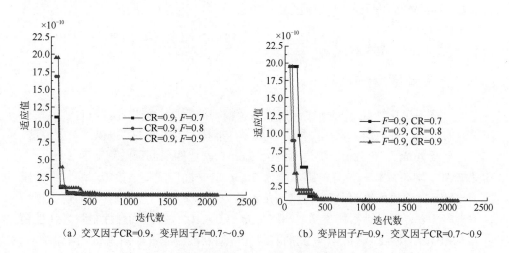

（a）交叉因子CR=0.9，变异因子$F$=0.7～0.9　　（b）变异因子$F$=0.9，交叉因子CR=0.7～0.9

图 3.39　不同交叉因子 CR、变异因子 $F$ 的迭代曲线

**表 3.7　反演参数和给出参数的对比**

| 损伤参数 | 给出参数 | 反演参数 | 相对误差/% |
|---|---|---|---|
| $\kappa$ | 800000 | 799619.0140 | 0.048 |
| $\zeta$ | 0.5 | 0.50019 | 0.079 |
| $c_r$ | 50 | 50.03954 | 0.038 |

　　针对损伤参数 $\kappa$、$\zeta$、$c_r$ 对测点之间的相对位移的影响进行分析，如图 3.40～图 3.42 所示。

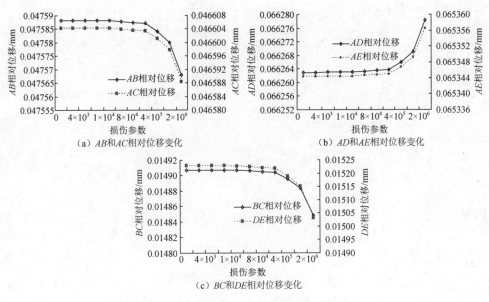

（a）AB和AC相对位移变化　　　　　　（b）AD和AE相对位移变化

（c）BC和DE相对位移变化

图 3.40　损伤参数 $\kappa$ 的变化对相对位移的影响

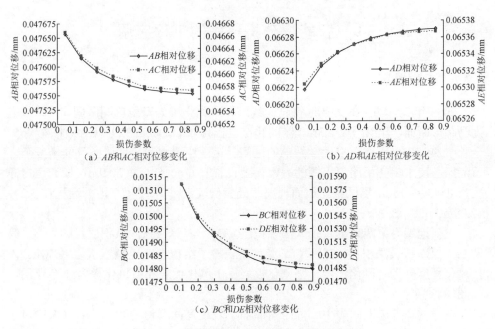

（a）AB和AC相对位移变化　　　　　　（b）AD和AE相对位移变化

（c）BC和DE相对位移变化

图 3.41　损伤参数 $\zeta$ 的变化对相对位移的影响

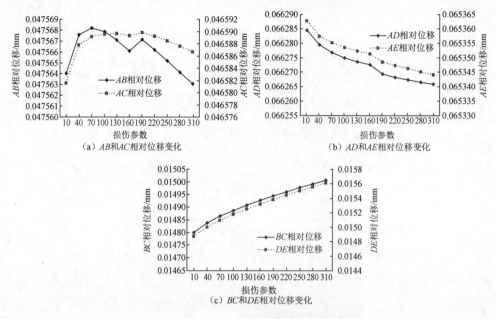

（a）AB和AC相对位移变化　　　　（b）AD和AE相对位移变化

（c）BC和DE相对位移变化

图 3.42　损伤参数 $c_r$ 的变化对相对位移的影响

# 3.9　智能反分析程序的工程应用

## 3.9.1　工程概况

2009 年 7 月动工的大连地铁试验线路海事大学段为双线单洞区间，区间隧道为马蹄形断面，开挖跨度 6.3m，区间起讫里程为 CK18+395.329～CK19+644.965，全长 1249.636m。在海事大学站前的区间隧道下穿凌水河，地质条件非常复杂。黄浦路与凌水街交叉路口南侧的凌水街上设置竖井，竖井深 20.9m，横通道内净空尺寸 4.8×8.13m。场区整体地面现况路处起伏较大，东高西低，地面高程在 3.2～32.09m。

主要地层为第四系全新统人工堆积层（$Q_4^{ml}$）、第四系冲洪积层（$Q_4^{al+pl}$）、第四系上更新统坡洪积层（$Q_3^{dl+pl}$）、震旦系长岭子组板岩、碎裂状板岩（Zwhc），按风化程度分为全风化板岩、强风化板岩、中风化板岩和微风化板岩 4 个亚层，如图 3.43 所示。

在横通道处选取间隔 10m 的 2 个断面，左线区间隧道 CK19+170、CK19+180 处选取 2 个断面，共 4 个断面为研究对象。横通道 2 个断面围岩主要以破碎状中分化板岩为主；区间隧道开挖上、下一倍洞径范围内主要位于破碎状中风化板岩、强风化板岩中，局部有卵石，围岩级别分别为Ⅳ级、Ⅴ级和Ⅵ级。建立有限元模型，其中横通道断面尺寸及反演测线布置，如图 3.44 所示。

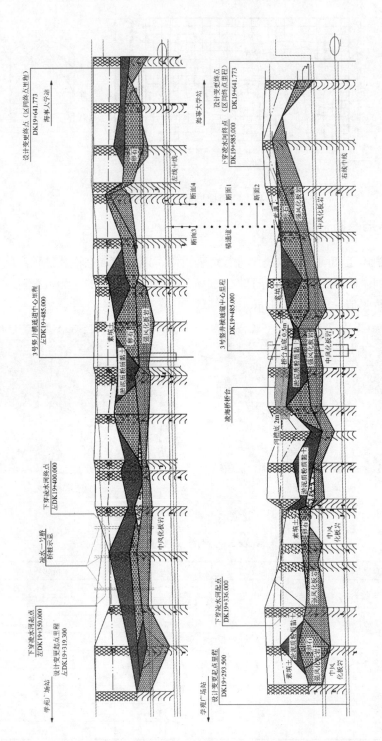

图 3.43　大连地铁试验线路海事大学段

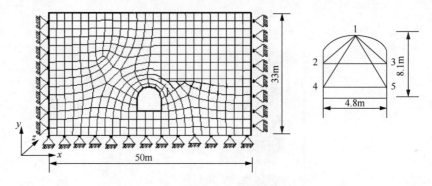

图 3.44　隧道模型及反演测线布置

## 3.9.2　力学参数反演

　　在隧道施工期间，对本线路进行地表沉降、洞内收敛位移及拱顶沉降位移监测，现场洞内监测如图 3.45 所示。选取所研究的 4 个断面的监测数据进行分析处理后测线位移值，如表 3.8 所示。

（a）现场测点布置　　　　　　　　　　　　　（b）隧道洞内监测

图 3.45　隧道洞内测点布置和现场监测

### 表 3.8　测线位移值

| 隧道部位 | 断面号 | 测线 | 位移值/mm |
|---|---|---|---|
| 横通道 | 1 | 12 | 9.67 |
| | | 13 | 10.36 |
| | | 14 | 12.30 |
| | | 15 | 12.70 |
| | | 23 | 14.30 |
| | | 45 | 11.48 |
| | 2 | 12 | 7.65 |
| | | 13 | 7.81 |
| | | 14 | 10.26 |

续表

| 隧道部位 | 断面号 | 测线 | 位移值/mm |
|---|---|---|---|
| 横通道 | 2 | 15 | 10.41 |
| | | 23 | 9.43 |
| | | 45 | 9.13 |
| 区间 | 3 | 12 | 1.72 |
| | | 13 | 1.73 |
| | | 14 | 2.51 |
| | | 15 | 2.48 |
| | | 23 | 1.51 |
| | | 45 | 1.55 |
| | 4 | 12 | 6.14 |
| | | 13 | 6.28 |
| | | 14 | 7.50 |
| | | 15 | 7.74 |
| | | 23 | 10.01 |
| | | 45 | 9.03 |

根据表 3.8 进行弹性模量 $E$、泊松比 $\mu$、黏聚力 $c$ 和内摩擦角 $\phi$ 的反演，反演参数的搜索范围设 $1.0\text{MPa} \leqslant E \leqslant 100\text{GPa}$，$0.1 \leqslant \mu \leqslant 0.5$，$1.0\text{kPa} \leqslant c \leqslant 10\text{MPa}$，$10° \leqslant \phi \leqslant 80°$。

横通道第 1 断面反演过程中，给出 DE 算法控制参数 $F$ 和 CR、差异策略不同时的迭代收敛曲线。当 $F$=0.8、CR=0.8、不同差异策略时的迭代收敛曲线如图 3.46 所示；当选择交叉策略 DE/rand/1/exp，$F$=0.9，CR=0.7、0.8 和 CR=0.9，$F$=0.7、0.8 时的迭代收敛曲线如图 3.47 所示。从图中可以看出不同的差异策略及不同的控制参数 $F$ 和 CR 对收敛速度有较大的影响，其中 DE/best/1/exp 收敛速度最快，迭代搜索较为平稳，而 DE/best/2/bin 收敛速度较慢。4 种参数组合均能够收敛，当 CR=0.9、$F$=0.7 和 $F$=0.9、CR=0.8 时的收敛速度接近，而 CR=0.9、$F$=0.8 时的收敛最慢。选取合适的差异策略和控制参数值，能够保证较高的寻优成功率及较快的收敛速度。

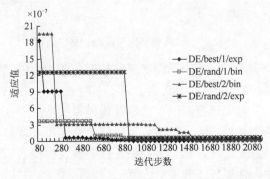

图 3.46　不同差异策略的迭代收敛曲线

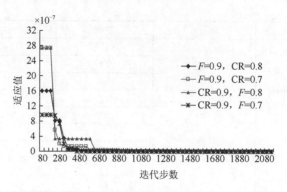

图 3.47  不同控制参数 F 和 CR 的迭代收敛曲线

DE 算法参数设置：D=4，NP=40，控制参数 F=0.8，CR=0.8，交叉策略选择 DE/rand/1/exp 时，4 个断面参数反演结果如表 3.9 所示。将反演参数计算的位移值与表 3.6 的监测位移值进行对比，如图 3.48 所示。

表 3.9  反演参数

| 断面号 | 弹性模量 E /GPa | 泊松比 μ | 内摩擦角 φ /(°) | 黏聚力 c /MPa |
| --- | --- | --- | --- | --- |
| 1 | 0.801 | 0.29 | 29.1 | 0.036 |
| 2 | 0.732 | 0.37 | 25.3 | 0.130 |
| 3 | 3.612 | 0.33 | 31.8 | 0.219 |
| 4 | 1.434 | 0.34 | 22.1 | 0.089 |

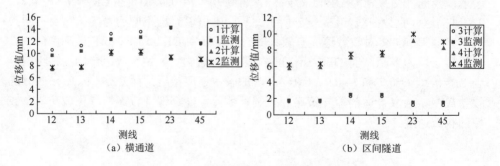

图 3.48  计算位移值与监测位移值对比

从图 3.48 中可以看出，4 个断面计算位移值与监测位移值整体趋势一致，二者较为接近，最大相对误差为 8.893%，最小相对误差为 0.629%。根据上述反演参数进行数值模拟，将现场监测位移值与数值模拟的结果相互结合、相互印证，预测了围岩最终状态是稳定的。反馈到现场隧道施工中，增加了上台阶开挖的进尺长度，从而加快施工进度，调整了初期支护参数及格栅的间距，在确保安全的前提下节省了成本，体现出了其应用价值。

## 3.10　本 章 小 结

（1）本章搭建了岩石弹塑性损伤 MHC 耦合程序框架，采用了模块化的思想，分别针对各部分程序进行开发，然后按照一定的规则进行相互调用，以这种方式构成了一个有机整体。

（2）在弹塑性力学理论和有限元理论基础上，采用非关联等向硬化 von Mises 本构模型、Drucker-Prager 本构模型的完全隐式返回映射算法及相对应的一致切线模量，开发了相应求解程序，通过地基、边坡算例对程序的正确性进行验证。本程序在本构积分算法的选择上具有一定的优势，返回映射算法可避免预测应力漂移屈服面的现象，对于准静态变形条件下的本构方程可以获得准确的解，在迭代中使用牛顿-拉弗森法可获得近似平方的收敛速度，具有较高的精确性和稳定性。

（3）本章针对岩土工程中难以准确给出计算参数的问题，从优化算法和所调用的有限元程序两个方面考虑，基于差异进化算法和返回映射算法原理，建立了智能反分析方法，自主开发一套完整的智能反分析程序。差异进化算法具有对初始值无要求、搜索成功率高、收敛速度快、不需要编码和解码操作的优点。综合差异进化算法和返回映射算法的优势，将其应用于弹塑性问题的反分析中，可以大大提高计算效率。通过数值算例验证了该方法的可行性和高精度，在大连地铁1 号线试验线路海事大学段隧道工程中进行了成功应用。

# 第4章 岩石弹塑性损伤本构模型建立
# 及其数值求解程序

## 4.1 引　　言

　　岩石材料包含孔隙、微裂隙等缺陷，其力学性质不仅与自身矿物成分有关，还受周围环境的影响。外界环境作用使得微裂隙扩展、贯通，导致材料性能恶化，为了考虑材料劣化行为，可以根据不可逆热力学原理引入损伤理论来定量分析。

　　隧道开挖引起地应力重分布通常会造成围岩的损伤，其损伤程度取决于多方面因素，如开挖方法、岩体本身力学特性、初始微裂隙和孔隙、孔隙水压力、地应力场等。围岩损伤扰动后，岩体力学、水力特性等将发生显著的变化[179]。在隧道、采矿等岩体工程的开挖中，若围岩处于峰前变形阶段，岩体一般处于稳定状态，但当围岩处于峰后变形阶段，则随着变形的发展，岩体可能会失稳破坏，岩石材料的峰后力学特性对岩体工程的安全性起着主导作用。在峰后变形阶段，后继屈服面随塑性变形而变化，具有应变软化等特征，其力学行为比较复杂。显然，传统理想弹塑性模型无法描述围岩损伤软化的问题，一般的牛顿-拉弗森算法对峰后软化的非线性有限元迭代求解常常无法收敛。探讨相关的本构模型和迭代算法是进一步建立岩石多场耦合算法的基础。

　　国内外学者从不同的角度对岩石材料的峰后力学行为做了研究，加深了对岩石材料峰后应力-应变关系的认识[180-192]。由于具有应变软化特征，其力学行为比较复杂，已有研究大多基于有限差分数值方法和位移加载模式得到峰后应力-应变曲线的下降段，应变软化模型的弹塑性有限元数值计算方面存在两个难点：①整体增量有限元方程的迭代求解；②本构积分算法。由于应变软化的影响，结构变形发展到一定程度后会突然失去变形稳定性，表现为应力-应变关系曲线在峰后的负斜率，负切线刚度导致结构整体刚度矩阵非正定，Naghdi 和 Trapp[193]、赵启林等[194]指出了在进行数值处理时可能会引起解的不唯一性和不稳定性，许多对弹塑性硬化材料的求解方法就不再适用，带来了弹塑性增量有限元方程迭代求解上的困难。江见鲸和陆新征[195]较全面地介绍了一些算法应用于下降段问题的求解，如虚拟弹簧法、强制迭代法、位移控制法、弧长法等，这些方法各有优缺点。郑宏等[196]、王水林等[188]提出了脆塑性岩体的分析理论与方法，并用该理论将应变软化过程分解为一系列的应力脆性跌落与塑性流动过程，将求解应变软化问题转变为求解脆塑性问题。Wempner[197]和 Riks[198,199]提出了弧长法，由于其求解原理的特殊性，对于结构变形的全过程分析有很强的适用性，Crisfield[200]、朱菊芬和初晓婷[201]、Ramm[202]分别做了大量的改进和完善。竺润祥和派列希[203]、刘国明等[204]、李元齐和沈祖炎[205]也进行了一些相关研究。但其存在理论复杂、程序编制困难等特点，不容易推广应用[194]。而如何将建立的本构模型转化为数值计算模型就涉及本构积分算法，早期的基于简单的向前欧拉积分公式在时间步结束时更新的状态变量漂移屈服面，导致计算结果不精确。

　　本章在建立 Drucker-Prager 强度准则的岩石弹塑性应变软化本构模型基础上，采用一种完全隐式返回映射算法，给出程序化求解步骤；针对弧长法在判断切线刚度矩阵正定性导致效率低的缺点，采用牛顿-拉弗森（Newton-Raphson，NR）法和弧长（arc-length，AL）法联合迭代（NR-AL 法）求解增量有限元方程。开发了相关程序。对 Drucker-Prager 理想弹塑性模型、应变软化模型和应变硬化模型计算的结果进行分析，同时将应变软化模型计算结果与试验数据进行对比。

## 4.2　岩石应变软化本构模型建立及 NR-AL 法求解研究

### 4.2.1　岩石材料应力-应变全过程关系

　　岩石材料的破坏是一个渐进的发展过程，试验得到的应力-应变全过程曲线如图 4.1 虚线所示。将应力-应变关系进行简化，便于数学上的处理而又不失岩石主要变形和破坏特性[203,204]，理想化的应力-应变曲线如图 4.1 实线所示。

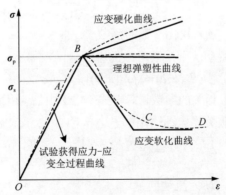

图 4.1　试验和理想化的应力-应变全过程曲线

　　其中，应变软化模型可以更好地揭示峰后应变软化特性和破坏机制。岩石受压到初始屈服强度点 $A$ 时，$AB$ 段内部微裂隙产生和发展，产生塑性变形；在峰值强度点 $B$ 之后，随着变形的增加强度不断降低，直至残余强度点 $C$，$BC$ 段出现应变软化现象，内部微裂纹迅速扩展、贯通，形成宏观裂隙；$CD$ 段随变形的继续发展，最终达到破碎残余强度。

岩石材料在峰值区存在应变软化和硬化行为，考虑其后继屈服在后续变形过程中处于各向同性线性强化或弱化时，则需要一个强化或弱化斜率参数。一般可通过试验、数值模拟等方法来获取强度参数与应变软化参数之间的关系。在已有研究中选择最大主应变、等效塑性应变等作为软化参数[180]，本章采用等效塑性应变作为软化参数。

### 4.2.2　建立应变软化本构模型

在岩石材料中广泛采用莫尔-库仑本构模型、Drucker-Prager 本构模型等描述其塑性特性反应。在应变软化研究方面，已有研究大多数以莫尔-库仑强度准则为基础建立应变软化模型[188-192]，而基于 Drucker-Prager 强度准则的应变软化模型相对较少[186]。Drucker-Prager 模型在数值求解方面相对容易，其避免了莫尔-库仑模型奇异处无法求导数的困难。

以 Drucker-Prager 本构模型为基础展开研究，塑性屈服函数如下：

$$\Phi(\boldsymbol{\sigma}, c) = \sqrt{J_2[\boldsymbol{s}(\boldsymbol{\sigma})]} + \eta p(\boldsymbol{\sigma}) - \xi c \tag{4.1}$$

式中，$p = 1/3\,\mathrm{tr}[\boldsymbol{\sigma}]$ 为静水压力；$J_2 = 1/2\,\boldsymbol{s}:\boldsymbol{s}$ 为偏应力第二不变量；$\boldsymbol{s} = \boldsymbol{\sigma} - p(\boldsymbol{\sigma})\boldsymbol{I}$ 为偏应力张量，$\boldsymbol{I} = \delta_{ij}e_i \otimes e_j$，$i,j = 1,2,3$；$\eta$、$\xi$ 为材料强度参数相关的变量；$c$ 为黏聚力。

$\eta$、$\xi$ 是与内摩擦角 $\phi$ 相关的变量，如下：

$$\eta = \frac{6\sin\phi(\kappa)}{\sqrt{3}[3 - \sin\phi(\kappa)]},\ \xi = \frac{6\cos\phi(\kappa)}{\sqrt{3}[3 - \sin\phi(\kappa)]} \tag{4.2}$$

式中，$\kappa$ 为软化参数；$\phi$ 为软化参数的函数。

一般采取非关联流动法则，其对应的塑性势函数如下：

$$\Psi(\boldsymbol{\sigma}, c) = \sqrt{J_2[\boldsymbol{s}(\boldsymbol{\sigma})]} + \eta' p(\boldsymbol{\sigma}) \tag{4.3}$$

式中，$\eta'$ 为与剪胀角 $\varphi$ 相关的参数，即将式（4.2）中的 $\phi$ 用剪胀角 $\varphi$ 代替得到 $\eta'$。

求解塑性应变的非关联流动法则如下：

$$\dot{\boldsymbol{\varepsilon}}^{\mathrm{p}} = \dot{\lambda}\boldsymbol{N} = \dot{\lambda}\frac{\partial\Psi}{\partial\boldsymbol{\sigma}} = \frac{1}{2\sqrt{J_2(\boldsymbol{s})}}\boldsymbol{s} + \frac{\eta'}{3}\boldsymbol{I} \tag{4.4}$$

式中，$\dot{\lambda}$ 为塑性因子；$\boldsymbol{N}$ 为流动向量。

最后求解的塑性因子 $\dot{\lambda}$ 需要满足塑性加卸载准则，即库恩-塔克条件的限制，如下：

$$\dot{\lambda} \geqslant 0,\ \Phi(\boldsymbol{\sigma}, c) \leqslant 0,\ \dot{\lambda}\Phi(\boldsymbol{\sigma}, c) = 0 \tag{4.5}$$

软化模型中软化参数的选取较为重要，可以是等效塑性应变或剪切塑性应变[194]等。

本章选取强度参数 $c$、$\phi$ 是等效塑性应变 $\bar{\varepsilon}^{\mathrm{p}}$ 的非线性函数[186]，强度参数 $c$、

$\phi$ 与软化参数的关系如图 4.2 所示，等效塑性应变软化参数如下：

$$\overline{\varepsilon}^{p} = \frac{\sqrt{2}}{3}\sqrt{\left(\varepsilon_{p1} - \varepsilon_{p2}\right)^{2} + \left(\varepsilon_{p2} - \varepsilon_{p3}\right)^{2} + \left(\varepsilon_{p3} - \varepsilon_{p1}\right)^{2}} \tag{4.6}$$

式中，$\varepsilon_{p1}$、$\varepsilon_{p2}$ 和 $\varepsilon_{p3}$ 为 3 个主塑性应变。

实现过程采用分段线性软化函数去逼近非线性软化函数，即采用足够多的点对 $\{\overline{\varepsilon}^{p}, c(\overline{\varepsilon}^{p})\}$ 和 $\{\overline{\varepsilon}^{p}, \phi(\overline{\varepsilon}^{p})\}$ 线性插值，其中强度参数 $c(\overline{\varepsilon}^{p})$ 与 $\overline{\varepsilon}^{p}$ 的关系如图 4.3 所示，分段线性各向同性软化函数形式如下：

$$c(\overline{\varepsilon}^{p}) = c_0 + H_c \overline{\varepsilon}^{p} \tag{4.7}$$

$$\phi(\overline{\varepsilon}^{p}) = \phi_0 + H_\phi \overline{\varepsilon}^{p} \tag{4.8}$$

式中，$c_0$、$\phi_0$ 分别为初始黏聚力和内摩擦角；$H_c$、$H_\phi$ 为软化模量。

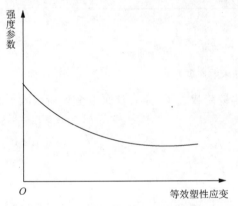

图 4.2　强度参数 $c$、$\phi$ 与软化参数的关系

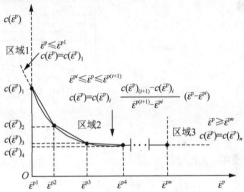

图 4.3　分段线性软化函数曲线

## 4.2.3　增量有限元方程的 NR-AL 法迭代求解

应变软化问题属于材料非线性问题，在固定荷载水平增量迭代法求解时，NR 法不能用于应变软化分析，因为负的切线刚度在作用荷载方向导致了不真实的位移和应变[181]。对于结构受力的上升段计算，NR 法是一种很好的方法，但是当结构出现局部软化、平衡路径分歧和极值点时，常常得不到收敛的结果，无法获得结构反应的下降段。

AL 法可以很好地处理下降段，但是由于需要在每个荷载步的第一个迭代步判断切线刚度矩阵的正定性，同时相比 NR 法需要求解两套非线性方程，求解效率较低。下面简单介绍 AL 法原理[201]，接着给出 NR-AL 法数值求解步骤。AL 法求解原理如图 4.4 所示。

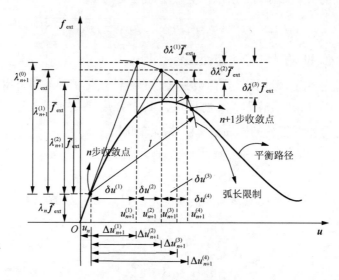

图 4.4　AL 法求解原理

考虑时间间隔$[t_n, t_{n+1}]$，相比 NR 法常量荷载因子，AL 法采取变量荷载因子如下：

$$\lambda_{n+1} = \lambda_n + \Delta\lambda \tag{4.9}$$

式中，$\lambda$ 为总荷载因子；$\Delta\lambda$ 为增量荷载因子。

此时对应的残余力方程如下：

$$r(\boldsymbol{u}_{n+1}, \Delta\lambda) = (\lambda_n + \Delta\lambda)\,\overline{\boldsymbol{f}}_{\text{ext}} - \boldsymbol{f}_{\text{int}}(\boldsymbol{u}_{n+1}) = 0 \tag{4.10}$$

式中，$\overline{\boldsymbol{f}}_{\text{ext}}$ 为参考荷载；$\boldsymbol{f}_{\text{int}}(\boldsymbol{u}_{n+1})$ 为内力向量；$\boldsymbol{u}_{n+1}$ 为位移向量。

AL 法对上述残余力方程增加一个额外的方程去限制增量位移的大小，不同 AL 法源于限制方程的不同形式。本章采用柱面 AL 法编制程序，限制方程如下：

$$\Delta\boldsymbol{u}^{\text{T}} \Delta\boldsymbol{u} = l^2 \tag{4.11}$$

式中，$\Delta\boldsymbol{u}$ 为增量位移；$l$ 为弧长。

已知所需的弧长 $l$，将式（4.10）和式（4.11）相结合，求解平衡方程得到位移 $\boldsymbol{u}_{n+1}$ 和 $\Delta\lambda$。求解 $\delta\lambda^{(k)}$ 和 $\delta\boldsymbol{u}^{(k)}$，在第 $k$ 个迭代步时有

$$\begin{bmatrix} \boldsymbol{K}_T(\boldsymbol{u}^{(k-1)}) & -\overline{\boldsymbol{f}}_{\text{ext}} \\ 2\Delta\boldsymbol{u}^{(k-1)\text{T}} & 0 \end{bmatrix} \begin{bmatrix} \delta\boldsymbol{u}^{(k)} \\ \delta\lambda^{(k)} \end{bmatrix} = -\begin{bmatrix} \boldsymbol{r}(\boldsymbol{u}^{(k-1)}, \Delta\lambda^{(k-1)}) \\ \Delta\boldsymbol{u}^{(k-1)\text{T}} \Delta\boldsymbol{u}^{(k-1)} - l^2 \end{bmatrix} \tag{4.12}$$

式中，$\delta\boldsymbol{u}^{(k)}$ 为增量迭代位移；$\delta\lambda^{(k)}$ 为增量迭代荷载因子。

尝试采用 NR 法和 AL 法联合迭代求解，即在结构未达到极限荷载前采用 NR 法迭代求解，而当结构接近极限荷载时转换为 AL 法控制迭代，从而使结构越过

峰值点进入软化区直至破坏。

NR-AL 法数值计算程序实现步骤如下：

步骤 1：进行 NR 法试算，求解所设定荷载步的位移。

（1）在第 $n+1$ 个荷载步的初始化迭代 $i=0$ 时，对位移和增量荷载因子设置初始值：

$$\boldsymbol{u}_{n+1}^{(0)} = \boldsymbol{u}_n, \boldsymbol{r}^{(0)} = \lambda_{n+1}\overline{\boldsymbol{f}}_{\text{ext}} - \boldsymbol{f}_{\text{int}}(\boldsymbol{u}_n) \tag{4.13}$$

（2）在 $i$ 个迭代步组装整体刚度矩阵，然后求解增量迭代位移 $\delta\boldsymbol{u}^{(i)}$，如下：

$$\boldsymbol{K}_T\delta\boldsymbol{u}^{(i)} = \boldsymbol{r}^{(i-1)} \tag{4.14}$$

（3）求解增量位移 $\Delta\boldsymbol{u}_{n+1}^{(i)}$ 和总位移 $\boldsymbol{u}_{n+1}^{(i)}$：

$$\Delta\boldsymbol{u}_{n+1}^{(i)} = \Delta\boldsymbol{u}_{n+1}^{(i-1)} + \delta\boldsymbol{u}^{(i)}, \boldsymbol{u}_{n+1}^{(i)} = \boldsymbol{u}_{n+1}^{(i-1)} + \delta\boldsymbol{u}^{(i)} \tag{4.15}$$

（4）更新残余力向量，判断是否收敛：

$$\boldsymbol{r}^{(i)} = \boldsymbol{f}_{\text{int}}(\boldsymbol{u}_{n+1}^{(i)}) - \lambda_{n+1}^{(i)}\overline{\boldsymbol{f}}_{\text{ext}} \tag{4.16}$$

如果满足

$$\|\boldsymbol{r}\|/\|\boldsymbol{f}_{\text{ext}}\| \leqslant \varsigma_{\text{tol}} \tag{4.17}$$

则收敛，其中，$\varsigma_{\text{tol}}$ 为允许误差。否则继续求解。

步骤 2：对上述 NR 法求解过程，初步判定式（4.14）中切线刚度矩阵的正定性。首先用豪斯霍尔德矩阵把实对称刚度矩阵变换为对称三对角矩阵。然后采用隐式 QL 算法，QL 算法是 QR 算法在实对称三对角矩阵情况下的变形，确定实对称矩阵的特征值。在有限元模型自由度较大时，经过上述变换，求解特征值进行刚度矩阵的判定需要付出很大的代价。

步骤 3：根据步骤 2 判断的结果，在即将出现负刚度前启动 AL 法求解。

（1）初始化参数：

$$\boldsymbol{u}_{n+1}^{(0)} = \boldsymbol{u}_n, \lambda_{n+1}^{(0)} = \lambda_n, \boldsymbol{r}^{(0)} = \lambda_n\overline{\boldsymbol{f}}_{\text{ext}} - \boldsymbol{f}_{\text{int}}(\boldsymbol{u}_n) \tag{4.18}$$

（2）按式（4.19）求解切线位移 $\delta\overline{\boldsymbol{u}}$ 和迭代位移 $\delta\boldsymbol{u}^*$：

$$\delta\boldsymbol{u}^* = \boldsymbol{K}_T^{-1}\boldsymbol{r}^{(i-1)}, \delta\overline{\boldsymbol{u}} = \boldsymbol{K}_T^{-1}\overline{\boldsymbol{f}}_{\text{ext}} \tag{4.19}$$

（3）迭代求解增量迭代荷载因子 $\delta\lambda^{(i)}$。

如果 $i=1$，预测解计算得

$$\delta\lambda^{(1)} = \text{sgn}(\Delta\boldsymbol{u}_n^{\text{T}}\delta\overline{\boldsymbol{u}})\frac{l}{\sqrt{\delta\overline{\boldsymbol{u}}^{\text{T}}\delta\overline{\boldsymbol{u}}}} \tag{4.20}$$

如果 $i \neq 1$，$\delta\lambda^{(i)}$ 是一元二次方程的根，如下：

$$a\left(\delta\lambda^{(i)}\right)^2 + b\delta\lambda^{(i)} + c = 0 \tag{4.21}$$

式中，$a = \delta\overline{u}^{\mathrm{T}}\delta\overline{u}$；$b = 2(\Delta u^{(i-1)} + \delta u^*)^{\mathrm{T}}\delta\overline{u}$；$c = (\Delta u^{(i-1)} + \delta u^*)^{\mathrm{T}}(\Delta u^{(i-1)} + \delta u^*) - l^2$。

迭代荷载因子 $\delta\lambda^{(i)}$ 根据最大的 $\Delta u^{(i)\mathrm{T}}\Delta u^{(i-1)}$ 值来选择，即 $\Delta u^{(i)}$ 和 $\Delta u^{(i-1)}$ 的最小角。

$$\delta\lambda^{(i)} = \arg[\max(\Delta u^{(i-1)} + \delta u^* + \delta\overline{\lambda}\delta\overline{u})^{\mathrm{T}}\Delta u^{(i-1)}] \tag{4.22}$$

（4）更新增量位移和增量荷载因子，如下：

$$\Delta\lambda^{(i)} = \Delta\lambda^{(i-1)} + \delta\lambda^{(i)}$$
$$\delta u^{(i)} = \delta u^* + \delta\lambda^{(i)}\delta\overline{u} \tag{4.23}$$
$$\Delta u_{n+1}^{(i)} = \Delta u_{n+1}^{(i-1)} + \delta u^{(i)}$$

（5）求解得到总位移、总荷载因子，如下：

$$u_{n+1}^{(i)} = u_{n+1}^{(i-1)} + \delta u^{(i)}, \lambda_{n+1}^{(i)} = \lambda_{n+1}^{(i-1)} + \delta\lambda^{(i)} \tag{4.24}$$

（6）更新残余力：

$$r^{(i)} = \lambda_{n+1}^{(i)}\overline{f}_{\mathrm{ext}} - f_{\mathrm{int}}(u_{n+1}^{(i)}) \tag{4.25}$$

判断是否收敛，如果满足

$$\|r\| / \|f_{\mathrm{ext}}\| \leqslant \varsigma_{\mathrm{tol}} \tag{4.26}$$

则收敛。

### 4.2.4　程序编制

前面已详细给出了理想弹塑性本构求解程序的开发流程，本节采用 C++ 语言和面向对象的方法，在 Visual C++ 6.0 环境下编制了 Drucker-Prager 理想弹塑性本构模型求解程序，并对其正确性进行了验证工作。

考虑应变软化时，需要在本构积分算法中更新强度参数 $c$、$\phi$，二者随着软化参数的改变而发生变化，即随等效塑性应变的改变而发生变化。在前面编制程序的基础上进行强度参数 $c$、$\phi$ 的更新。在数值计算过程中，当单元屈服之后，在每个迭代步根据等效塑性应变的大小来计算新的单元强度参数，参数的调整利用强度参数与等效塑性应变之间的分段线性各向同性软化函数进行计算，然后对单元的强度参数进行更新，进入下一个迭代步的计算，如此循环则能反映岩石材料的应变软化力学特性[187]。

本章主要详细给出 AL 法的程序实现过程，如图 4.5 所示。按照 4.2.3 小节的原理，仍然采用相同的编程语言和环境，完成 NR-AL 法求解程序的编制。

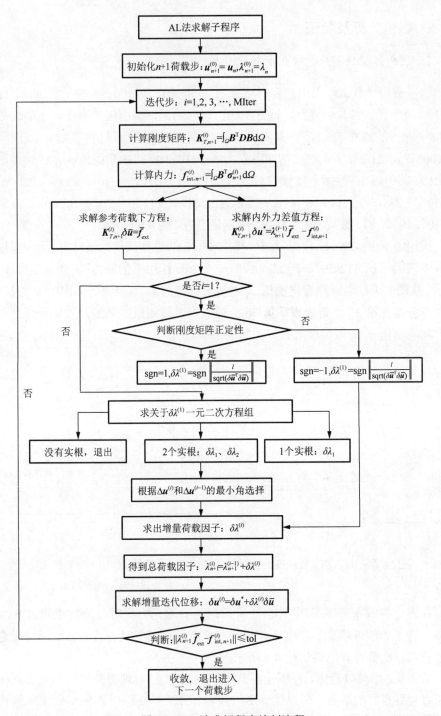

图 4.5　AL 法求解程序编制流程

### 4.2.5　数值计算及验证

1. 理想弹塑性、应变硬化和软化分析

岩石数值加载试验采用的岩样尺寸为长 50mm、高 100mm 的平面试件，划分为 200 个单元、231 个节点。试件下底面位移约束，侧面施加围压，上面作用有 217.8kN/m$^2$ 的均布荷载，将其分为 45 个荷载步加载。材料参数：弹性模量 $E$=100MPa，泊松比 $\mu$=0.3，初始黏聚力 $c$=3×10$^4$Pa，初始摩擦角 $\phi$=21°，剪胀角 $\varphi$=21°。其中，强度参数 $c$ 值设定为(0, 3×10$^4$)、(1×10$^{-4}$, 2.6×10$^4$)、(2×10$^{-4}$, 2.3×10$^4$)、(3×10$^{-4}$, 2.2×10$^4$)、(1, 2×10$^4$)；$\phi$ 值设定为(0, 21°)、(1×10$^{-4}$, 20°)、(2×10$^{-4}$, 19.5°)、(3×10$^{-4}$, 19°)、(1, 18°)。强度参数 $c$ 的变化趋势如图 4.6 所示。

采用 Drucker-Prager 理想弹塑性模型和 NR 法进行试件数值计算，无围压以及三种不同围压 $\sigma_3$=12kPa、$\sigma_3$=22kPa 和 $\sigma_3$=32kPa 作用下的应力-应变曲线如图 4.7 所示。从图中可以清晰地看出围压 $\sigma_3$ 对岩石强度的影响。无围压和围压 $\sigma_3$=12kPa 作用下分别在第 33 个荷载步和第 36 个荷载步时达到极限强度，数值计算此时发散。随着围压 $\sigma_3$ 的增加极限强度也相应增加。

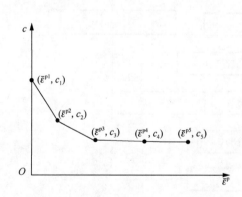
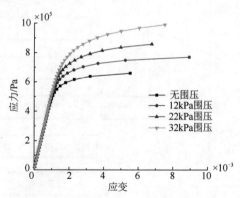

图 4.6　强度参数 $c$ 与累积塑性应变的关系　　图 4.7　不同围压作用下理想弹塑性模型
计算的应力-应变曲线

在固定荷载水平下采用 NR 法求解增量有限元方程时，分别采用 Drucker-Prager 理想弹塑性模型、应变软化模型和应变硬化模型对岩石单轴压缩情况进行数值模拟，数值计算结果如图 4.8 所示。

从图 4.8 中可以看出，在固定荷载水平下，NR 法对理想弹塑性和应变硬化模型可以得到很好的解答。在弹性变形阶段，理想弹塑性模型和应变硬化模型计算得到的应力-应变曲线完全重合，当岩石进入非线性变形阶段，二者计算的应力-

应变曲线存在差距，应变硬化模型在岩石达到峰值强度之后，随着应变的增大，应力逐渐增加。理想弹塑性模型在达到峰值强度之后随应变的增加应力保持不变。而应变软化模型在固定荷载水平下，采用 NR 法无法得到完整的应力-应变曲线。

下面采用 NR-AL 法和 NR 法分别求解应变软化模型。按照 4.2.3 小节所述步骤，首先采用 NR 法试算，在第 12 个荷载步的第 8 个迭代步出现负切线刚度。然后重新计算，在第 12 个荷载步之前采用 NR 法进行增量迭代求解，通过程序设置自动控制在进入第 12 个荷载步的第 1 个迭代步时启动 NR-AL 法求解。求解的应力-应变曲线如图 4.9 所示。

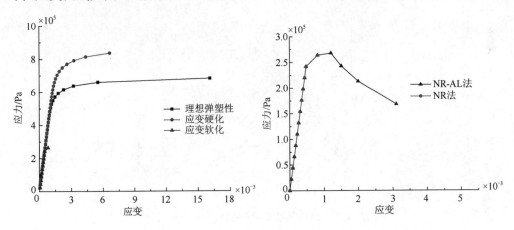

图 4.8　NR 法求解不同模型的应力-应变曲线　　　图 4.9　NR-AL 法求解应力-应变曲线

由图 4.9 可以看出，应变软化模型计算的峰后应力有个下降软化过程，可以很好地反映岩石应变软化现象，与室内试验的结果趋势比较一致。

图 4.8 和图 4.9 分析不同模型计算的单轴抗压强度 $\sigma_p$ 的变化。理想弹塑性模型计算得到岩石的 $\sigma_p$=0.62MPa，应变硬化模型计算的 $\sigma_p$=0.87MPa，应变软化模型计算的 $\sigma_p$=0.27MPa，对比三者的应力-应变曲线，理想弹塑性模型在模拟岩石单轴压缩加载过程中，达到峰值强度之后应变迅速增加，而应力保持不变。应变硬化随着应变的增加，单轴抗压强度随之增加，而应变软化则相反。

2. 软化模型计算结果与试验数据对比

为了验证所建模型及 AL-NR 法求解全应力-应变曲线是合理的，与周应华等[206]所做试验进行对比。选取文献[206]中的原状砂岩试验参数如下：密度 $\rho$=2370kg/m³，弹性模量 $E$=3632.288MPa，泊松比 $\mu$=0.32，初始黏聚力 $c$=3.78MPa，初始内摩擦角 $\phi$=55.72°。强度参数 $c$ 值设定为(0, 3.78×10⁶)、

$(1\times10^{-4}, 3.1\times10^{6})$、$(3\times10^{-4}, 2.6\times10^{6})$、$(6\times10^{-4}, 2.3\times10^{6})$、$(1, 1\times10^{6})$；$\phi$ 值设定为 $(0, 55.72°)$、$(1\times10^{-4}, 53.13°)$、$(3\times10^{-4}, 52.2°)$、$(6\times10^{-4}, 50.0°)$、$(1, 47°)$。

根据试验数据得到的应力-应变曲线与数值计算所得到的应力-应变曲线，如图 4.10 所示。从图中可以看出，在围压 $\sigma_3$ =3MPa 和 $\sigma_3$ =2MPa 时，本章模型数值计算与试验数据相对吻合。在围压 $\sigma_3$ =1MPa 和无围压时，相差比较大。按照文献[192]已有试验数据无法获得不同围压 $\sigma_3$ 作用下强度参数随软化参数变化的规律，从而导致数值计算结果与试验数据有一定的差距，后期将采用完备的试验数据进行精细验证。但是以上分析可以表明，本章所建模型和 NR-AL 法可以进行全应力-应变曲线的求解及对岩石峰后特性进行研究。

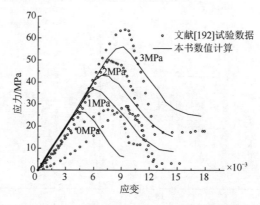

图 4.10　软化模型计算结果与试验数据对比

在上述求解过程中进一步得知 NR-AL 法具有如下优点：避免了单独使用 AL 法时，第 1 个荷载步的初始迭代步 $\delta\lambda^{(1)}$ 有时给出不合理的问题。因为初始的增量位移 $\Delta u^{(0)} = 0$ 不包含当前迭代步的路径信息，式（4.22）不能确定合适的根 $\delta\lambda^{(1)}$，造成有两种可能的迭代荷载因子 $\delta\lambda^{(1)}$，如下：

$$\delta\lambda^{(1)} = \pm\frac{l}{\sqrt{\delta\overline{u}^{\mathrm{T}}\delta\overline{u}}} \tag{4.27}$$

式（4.27）中正、负的选择是否正确，将影响 AL 法的计算结果，错误的选择可能会导致预测解答"后跳"，文献[193]对此问题进行了详细的研究。

AL 法在求解刚度矩阵特征值时，大大降低了增量有限元方程的迭代求解效率。NR-AL 法提高了求解效率，在峰值前由 NR 法求解，不需要对每个荷载步都进行切线刚度矩阵正定性的判断。但是在计算过程中发现，仍无法克服 AL 法自身求解一元二次方程时无解的缺点，在该情况下需要对弧长进行调整重新计算。

## 4.3　基于修正有效应力原理的岩石弹塑性损伤本构模型建立

为了研究损伤引起的刚度退化和塑性导致的流动两种破坏机制的耦合作用，从弹塑性力学和损伤理论的角度出发，引入修正有效应力原理来考虑孔隙水压力的作用，建立基于 Drucker-Prager 屈服准则的弹塑性损伤本构模型；针对该本构模型推导孔隙水压力作用下弹塑性损伤本构模型的数值积分算法——隐式返回映射算法，分别对预测应力返回到屈服面的光滑圆锥面或尖点奇异处两种可能的情况给出详细的描述，隐式返回映射算法具有稳定性和准确性的特点；大多数弹塑性损伤模型中涉及参数多且不易确定的问题，采用反分析方法获得损伤参数，解决损伤参数不易确定的难题；采用面向对象的编程方法使用 C++语言编制弹塑性损伤本构求解程序，并对所建立的弹塑性损伤模型和所编程序进行数值和试验计算两个方面的验证；最后将其应用在吉林抚松隧道工程中，模拟塑性区和损伤区的发展变化。研究结果表明，所建立的弹塑性损伤本构模型能够较好地描述岩石的力学性能、塑性和损伤变化趋势，所编程序能够进行实际工程问题的模拟，对现场施工给予一定的指导。

### 4.3.1　岩石弹塑性损伤本构模型建立

岩石材料在工程条件下（常温、中低围压）的损伤效应和塑性应变的微观机制都是微破裂。损伤的宏观表现是材料弹性性质的劣化和强度的弱化，塑性变形是微观裂纹生长和演化对应的不可逆的宏观表现，二者的演化是相互耦合的。

#### 1. Drucker-Prager 弹塑性损伤本构模型

在岩石等材料中广泛采用 Drucker-Prager 模型描述塑性特性反应，考虑损伤效应的塑性屈服函数为

$$f^{\mathrm{p}}(\boldsymbol{\sigma}, \overline{\varepsilon}^{\mathrm{p}}, D) = \sqrt{J_2[s(\boldsymbol{\sigma})]} + \eta p(\boldsymbol{\sigma}) - (1-D)\xi c(\overline{\varepsilon}^{\mathrm{p}}) \tag{4.28}$$

式中，$p = 1/3\,\mathrm{tr}[\boldsymbol{\sigma}]$；$J_2 = 1/2\,s:s$；$s = \boldsymbol{\sigma} - p(\boldsymbol{\sigma})\boldsymbol{I}$，$\boldsymbol{I} = \delta_{ij}e_i \otimes e_j$ 为二阶张量，$i, j$=1,2, 3, $\delta_{ij}$ 为克罗内克符号；$c(\overline{\varepsilon}^{\mathrm{p}})$ 为考虑损伤作用的黏聚力；$D$ 为损伤变量；$\eta$、$\xi$ 为材料参数：

$$\eta = \frac{6\sin\phi}{\sqrt{3}(3-\sin\phi)}, \xi = \frac{6\cos\phi}{\sqrt{3}(3-\sin\phi)} \tag{4.29}$$

其中，$\phi$ 为摩擦角。

一般采取非关联流动法则，其对应的塑性势函数为

$$g^p(\boldsymbol{\sigma}, \overline{\varepsilon}^p, D) = \sqrt{J_2[s(\boldsymbol{\sigma})]} + \eta' p(\boldsymbol{\sigma}) - (1-D)\xi' c(\overline{\varepsilon}^p) \qquad (4.30)$$

将式（4.29）中的摩擦角 $\phi$ 用剪胀角 $\varphi$ 代替得到 $\eta'$ 和 $\xi'$。

求解塑性应变的非关联流动法则为

$$\dot{\boldsymbol{\varepsilon}}^p = \dot{\gamma}\boldsymbol{N} = \dot{\gamma}\frac{\partial g^p}{\partial \boldsymbol{\sigma}} = \frac{1}{2\sqrt{J_2(s)}}\boldsymbol{s} + \frac{\eta'}{3}\boldsymbol{I} \qquad (4.31)$$

式中，$\dot{\gamma}$ 为塑性因子；$\boldsymbol{N}$ 为流动向量。

损伤对内摩擦角的影响很小，只考虑损伤对黏聚力 $c$ 的作用。随着损伤的累积，塑性应变逐渐增大，黏聚力逐渐减小，采用幂函数的形式来描述如下[178]：

$$c(\overline{\varepsilon}^p) = c(\overline{\varepsilon}^p)' - [c(\overline{\varepsilon}^p)' - c_r]D^\zeta \qquad (4.32)$$

式中，$c(\overline{\varepsilon}^p)'$ 为黏聚力；$c_r$ 为岩石明显损伤时的黏聚力；$\zeta$ 为材料参数，取值 $0 \leqslant \zeta \leqslant 1$。

本章采用分段线性硬化函数去逼近非线性硬化函数，如下：

$$c(\overline{\varepsilon}^p)' = c_0 + H\overline{\varepsilon}^p \qquad (4.33)$$

式中，$c_0$ 为初始黏聚力；$H$ 为硬化模量。

需要满足塑性加卸载准则，即库恩-塔克条件的限制，如下：

$$\dot{\gamma} \geqslant 0, f^p(\boldsymbol{\sigma}, \overline{\varepsilon}^p, D) \leqslant 0, \dot{\gamma}f^p(\boldsymbol{\sigma}, \overline{\varepsilon}^p, D) = 0 \qquad (4.34)$$

损伤应力-应变本构关系为

$$\boldsymbol{\sigma} = \boldsymbol{C}_d^e : \boldsymbol{\varepsilon}^e \qquad (4.35)$$

式中，$\boldsymbol{\varepsilon}^e$ 为弹性应变张量；$\boldsymbol{C}_d^e$ 为损伤弹性矩阵，$\boldsymbol{C}_d^e = 2G(D)\boldsymbol{I}_s + K(D)\boldsymbol{I}_s \otimes \boldsymbol{I}_s$，$\boldsymbol{I}_s$ 为四阶对称张量，$(\boldsymbol{I}_s)_{ijkl} = 1/2(\delta_{ik}\delta_{jl} + \delta_{il}\delta_{jk})$，$G(D)$、$K(D)$ 分别为损伤剪切模量和体积模量。

$G(D)$、$K(D)$ 可以用 $G_0$、$K_0$ 表示如下：

$$G(D) = (1-D)G_0 = \frac{E(D)}{2(1+\nu)}$$
$$K(D) = (1-D)K_0 = \frac{E(D)}{3(1-2\nu)} \qquad (4.36)$$

式中，$G_0$ 为剪切模量；$K_0$ 为体积模量。

由式（4.36）可以看出，损伤最终体现在弹性模量的变化，如图 4.11 所示。其中，$\varepsilon$ 为应变；$\varepsilon^p$ 为塑性应变；$\varepsilon^d$ 为损伤应变；$\varepsilon^{e0}$ 为弹性应变；$\varepsilon^{ed}$ 为损伤弹性应变；$\varepsilon^{pd}$ 为损伤塑性应变，是塑性流动和损伤作用下产生的不可恢复变形。

2. 损伤变量演化

本章考虑应用等效塑性应变 $\overline{\varepsilon}^p$ 表征岩石损伤变量的演化过程[191]，损伤变量 $D$ 是等效塑性应变的指数函数。

等效塑性应变 $\bar{\varepsilon}^{p}$ 的计算如下：

$$\bar{\varepsilon}^{p} = \frac{\sqrt{2}}{3}\sqrt{(\varepsilon_{p1} - \varepsilon_{p2})^2 + (\varepsilon_{p2} - \varepsilon_{p3})^2 + (\varepsilon_{p3} - \varepsilon_{p1})^2} \qquad (4.37)$$

式中，$\varepsilon_{p1}$、$\varepsilon_{p2}$ 和 $\varepsilon_{p3}$ 为 3 个主塑性应变。

对应损伤变量 $D$ 的演化方程为

$$D = 1 - e^{-\kappa(\bar{\varepsilon}^{p} - \bar{\varepsilon}_{0}^{p})} \qquad (4.38)$$

式中，等效塑性应变阈值 $\bar{\varepsilon}_{0}^{p} = 0$，即等效塑性应变产生时有损伤演化；$\kappa$ 为试验所得正常数。演化曲线如图 4.12 所示。

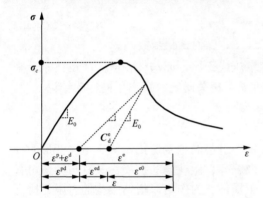

图 4.11　损伤过程中弹性模量的变化　　　图 4.12　损伤变量随等效塑性应变的变化

### 3. 修正有效应力公式

在求解给出固定地下水面的问题时，指定不受可能发生的力学变形影响的孔隙水压力分布就足够了。在考虑孔隙水压力作用的应力计算中，可设定常量孔隙水压力，求得所有节点的有效应力。在整个计算过程中不发生液体流动，孔隙水压力保持不变，其仅通过有效应力对岩石产生影响。孔隙水压力分布与没有发生应变的初始状态相符，分布保持不变并且不受力学变形的影响。本章正是基于这个观点，考虑常量孔隙水压力对隧道围岩的变形等影响，结合修正有效应力公式和最近点投射算法编制弹塑性有限元求解程序。

Terzaghi 的有效应力原理[24]能够较好地符合土体在孔隙水压作用下变形性态，但并不适用于岩石材料，因此有学者提出了适用于岩石材料的修正有效应力公式：

$$\sigma_{ij}^{e} = \sigma_{ij} - \delta_{ij}\alpha p_{w}, \quad 0 \leqslant \alpha \leqslant 1 \qquad (4.39)$$

式中，$\sigma_{ij}^{e}$ 为有效应力张量；$\sigma_{ij}$ 为总应力张量；$\delta_{ij}$ 为克罗内克符号；$\alpha$ 为等效孔隙压系数，其取值由岩石孔隙、裂隙发育程度决定；$p_{w}$ 为孔隙水压力；$\alpha p_{w}$ 为等效孔隙压力。

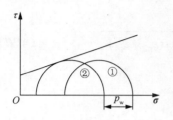

图 4.13　孔隙水压力作用下
莫尔应力圆的移动

通过莫尔应力圆表示孔隙水压力对材料强度的影响，当式（4.39）中的 $p_w$ =0 时，即无孔隙水压力作用，其应力条件如图 4.13 的①所示；当 $p_w \neq 0$ 时，即引入孔隙水压力后，应力张量的所有法向分量通过孔隙水压力有效地减少，如图 4.13 的②所示。通过孔隙水压力使得莫尔圆向左移动了一个 $p_w$ 值，并有可能达到材料的破坏位置。

在此基础上，采用段康廉等[207]在三轴试验基础上提出的等效孔隙压系数计算公式为

$$\alpha = Ae^{-B\Theta + Cp_w} \tag{4.40}$$

式中，$\Theta = \sigma_{11} + \sigma_{22} + \sigma_{33}$ 为体积应力；$A$、$B$、$C$ 为试验常数。

上述岩体的等效孔隙压系数与孔隙水压成正比，而与体积应力成反比。后来又有学者[208-210]从实验及数值模拟的角度做了相关研究，得出了同样的结论。

## 4.3.2　损伤本构模型数值求解过程

对大量复杂的非线性问题，既存在损伤引起的刚度退化，又有塑性变形的存在，表现在细观物理机理上，则是既有微裂缝、微缺陷的扩展，又有与具体材料变形细观机理相联系的滑移与流动。由于损伤场的作用，损伤结构的有限元比无损伤结构的有限元分析更加复杂。本章考虑孔隙水压力的作用，引入修正有效应力公式，建立了孔隙水压力作用的弹塑性损伤本构模型，在 Visual C++ 6.0 环境下采用 C++语言进行程序编制。

在整个迭代求解过程中，只有内力和切线刚度矩阵的计算与具体材料本构模型的选取有关，涉及应力和弹塑性矩阵。下面推导了所建的考虑孔隙水压力作用的 Drucker-Prager 弹塑性损伤耦合本构模型的具体本构积分算法和一致切线模量。数值积分算法对本构方程求解至关重要，建立正确的本构模型，同时需要高效和稳定的积分算法给予数值程序实现，才能够很好地体现出模型的价值所在。

在增量有限元法求解时，需要将时间 $t$ 离散为一系列的增量步，本构积分算法就是给定 $t_n$ 时刻的状态变量 $\Delta\varepsilon_n$、$\sigma_n$、$\overline{\varepsilon}_n^p$ 和 $D_n$，求出 $t_{n+1}$ 时刻更新的状态变量 $\sigma_{n+1}$、$\overline{\varepsilon}_{n+1}^p$ 和 $D_{n+1}$。早期的显式积分算法，在时间步结束时解答从屈服面漂移，导致计算结果不精确。前面已经介绍了返回映射算法求解主要包括弹性预测步和塑性修正步。其由总体应变 $\varepsilon$ 驱动弹性预测状态，而由增量塑性因子 $\Delta\gamma$ 驱动塑性修正状态。

但在考虑孔隙水压力和损伤的情况下，需要在塑性修正的同时进行损伤修正和有效应力修正。以一维情况为例，若预测当前增量步处于弹性状态，则最后解答与预测解是一致的，图 4.14 为塑性状态的弹性卸载过程。若预测当前增量步处于塑性状态，则需要进行塑性及损伤修正，如图 4.15 所示。

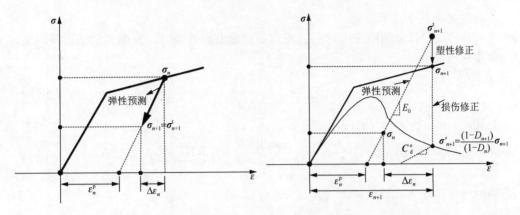

图 4.14 塑性状态的弹性卸载 　　图 4.15 塑性状态时弹性预测、
塑性及损伤修正

　　本章在考虑孔隙水压力作用及引入损伤之后，在原有基本步骤上增加了损伤修正和孔隙水压有效应力修正，推导了相应数值积分算法。

　　已知 $t_n$ 时刻应变增量 $\Delta\boldsymbol{\varepsilon}_n$、应力 $\boldsymbol{\sigma}_n$、损伤变量 $D_n$、等效塑性应变 $\bar{\varepsilon}_n^{\mathrm{p}}$，可以得到 $t_{n+1}$ 时刻的弹性预测应变为

$$\boldsymbol{\varepsilon}_{n+1}^{\mathrm{e\,trial}} = \boldsymbol{\varepsilon}_n^{\mathrm{e}} + \Delta\boldsymbol{\varepsilon} \tag{4.41}$$

　　由此可以计算预测偏应力 $\boldsymbol{s}_{n+1}^{\mathrm{trial}}$ 和预测静水压力 $\boldsymbol{p}_{n+1}^{\mathrm{trial}}$ 分别为

$$\boldsymbol{s}_{n+1}^{\mathrm{trial}} = 2G(D_n)\boldsymbol{\varepsilon}_{\mathrm{d}\,n+1}^{\mathrm{e\,trial}}, \quad \boldsymbol{p}_{n+1}^{\mathrm{trial}} = K(D_n)\boldsymbol{\varepsilon}_{V\,n+1}^{\mathrm{e\,trial}} \tag{4.42}$$

式中，$G(D_n)$ 为损伤剪切模量；$K(D_n)$ 为损伤体积模量；$\boldsymbol{\varepsilon}_{\mathrm{d}\,n+1}^{\mathrm{e\,trial}}$ 为预测偏应变；$\boldsymbol{\varepsilon}_{V\,n+1}^{\mathrm{e\,trial}}$ 为预测体积应变。

　　将式（4.42）代入屈服函数式（4.28），得到预测屈服函数为

$$f^{\mathrm{p\,trial}} = \sqrt{J_2(\boldsymbol{s}_{n+1}^{\mathrm{trial}})} + \eta\,p_{n+1}^{\mathrm{trial}} - \xi(1-D_n)c(\bar{\boldsymbol{\varepsilon}}_{n+1}^{\mathrm{p\,trial}}) \tag{4.43}$$

利用式（4.43）进行判断是否进入屈服状态，若 $f^{\mathrm{p\,trial}}<0$，则处于弹性状态，塑性应变和内变量保持固定。此时得到更新的偏应力、静水压力和应变状态分别为

$$\boldsymbol{s}_{n+1} = \boldsymbol{s}_{n+1}^{\mathrm{trial}} = 2G(D_n)\boldsymbol{\varepsilon}_{\mathrm{d}\,n+1}^{\mathrm{e\,trial}}$$
$$\boldsymbol{p}_{n+1} = \boldsymbol{p}_{n+1}^{\mathrm{trial}} = K(D_n)\boldsymbol{\varepsilon}_{V\,n+1}^{\mathrm{e\,trial}} \tag{4.44}$$

$$\boldsymbol{\varepsilon}_{n+1}^{\mathrm{e}} = \frac{\boldsymbol{s}_{n+1}}{2G(D_n)} + \frac{\boldsymbol{p}_{n+1}}{3K(D_n)}\boldsymbol{I}$$

　　若 $f^{\mathrm{p\,trial}} \geqslant 0$，则处于塑性状态，此时应力状态为

$$\boldsymbol{\sigma}_{n+1} = \boldsymbol{\sigma}_{n+1}^{\mathrm{trial}} - \Delta\gamma\boldsymbol{C}_{\mathrm{d}}^{\mathrm{e}} : \boldsymbol{N}_{n+1} \tag{4.45}$$

式中，$-\Delta\gamma\boldsymbol{C}_{\mathrm{d}}^{\mathrm{e}} : \boldsymbol{N}_{n+1}$ 为返回向量。

主要有以下四个步骤。

步骤 1：假设预测应力返回到屈服面的光滑圆锥面时，根据流动法则得到增量塑性应变为

$$\Delta \boldsymbol{\varepsilon}^{\mathrm{p}} = \Delta \gamma \boldsymbol{N}_{n+1} = \Delta \gamma \left[ \frac{1}{2\sqrt{J_2(\boldsymbol{s})}} \boldsymbol{s}_{n+1} + \frac{\eta'}{3} \boldsymbol{I} \right] \tag{4.46}$$

将式（4.46）代入式（4.45），得

$$\boldsymbol{\sigma}_{n+1} = \boldsymbol{\sigma}_{n+1}^{\mathrm{trial}} - \Delta \gamma \left[ \frac{G(D_n)}{\sqrt{J_2(\boldsymbol{s})}} \boldsymbol{s}_{n+1} + \frac{K(D_n)\eta'}{3} \boldsymbol{I} \right] \tag{4.47}$$

将弹性预测状态计算的应力代入式（4.47），得

$$\boldsymbol{\sigma}_{n+1} = \boldsymbol{\sigma}_{n+1}^{\mathrm{trial}} - \Delta \gamma \left[ \frac{G(D_n)}{\sqrt{J_2(\boldsymbol{s}^{\mathrm{trial}})}} \boldsymbol{s}_{n+1}^{\mathrm{trial}} + \frac{K(D_n)\eta'}{3} \boldsymbol{I} \right] \tag{4.48}$$

将式（4.48）分解为

$$\boldsymbol{s}_{n+1} = \left[ 1 - \frac{G(D_n)\Delta \gamma}{\sqrt{J_2(\boldsymbol{s}^{\mathrm{trial}})}} \right] \boldsymbol{s}_{n+1}^{\mathrm{trial}} \tag{4.49}$$

$$\boldsymbol{p}_{n+1} = \boldsymbol{p}_{n+1}^{\mathrm{trial}} - K(D_n)\eta'\Delta \gamma$$

更新的等效塑性应变为

$$\bar{\boldsymbol{\varepsilon}}_{n+1}^{\mathrm{p}} = \bar{\boldsymbol{\varepsilon}}_n^{\mathrm{p}} + \Delta \bar{\varepsilon}^{\mathrm{p}} = \bar{\boldsymbol{\varepsilon}}_n^{\mathrm{p}} + \xi'\Delta \gamma(1 - D_n) \tag{4.50}$$

最后将式（4.49）和式（4.50）代入式（4.43），得

$$f^{\mathrm{p}} = \sqrt{J_2(\boldsymbol{s}_{n+1}^{\mathrm{trial}})} - G(D_n)\Delta \gamma + \eta[\boldsymbol{p}_{n+1}^{\mathrm{trial}} - K(D_n)\eta'\Delta \gamma] - \xi(1 - D_n)c(\bar{\boldsymbol{\varepsilon}}_{n+1}^{\mathrm{p}}) \tag{4.51}$$

通过 NR 法迭代求解一致性条件方程 $f^{\mathrm{p}} = 0$，可以得到 $t_{n+1}$ 时刻的增量塑性因子 $\Delta\gamma$、塑性应变 $\boldsymbol{\varepsilon}^{\mathrm{p}}$ 和等效塑性应变 $\bar{\boldsymbol{\varepsilon}}_{n+1}^{\mathrm{p}}$，迭代求解过程如下。

（1）设置初始增量塑性因子 $\Delta\gamma^{(0)} = 0$ 和 $\bar{\boldsymbol{\varepsilon}}_{n+1}^{\mathrm{p}(0)} = \bar{\boldsymbol{\varepsilon}}_n^{\mathrm{p}}$；

（2）采用 NR 法迭代求解，如下：

$$\begin{cases} H = \dfrac{\mathrm{d}c}{\mathrm{d}\bar{\varepsilon}^{\mathrm{p}}} \bigg|_{\bar{\varepsilon}_{n+1}^{\mathrm{p}}} \\[2mm] d = \dfrac{\mathrm{d}f^{\mathrm{p\,trial}}}{\mathrm{d}\Delta\gamma} = -[G(D_n) + K(D_n)\eta'\eta + X] \\[2mm] \Delta\gamma = \Delta\gamma - \dfrac{f^{\mathrm{p\,trial}}}{d} \end{cases} \tag{4.52}$$

式中，$X = (1 - D_n)\xi^2 H$。

通过式（4.52）求解 $\Delta\gamma$ 后，得到等效塑性应变为

$$\bar{\boldsymbol{\varepsilon}}_{n+1}^{\mathrm{p}} = \bar{\boldsymbol{\varepsilon}}_n^{\mathrm{p}} + \xi'\Delta\gamma(1 - D_n) \tag{4.53}$$

将 $\Delta\gamma$ 和等效塑性应变代入屈服函数式（4.51），判断是否收敛，若

$$\left| f^{\mathrm{p}}(\boldsymbol{\sigma}_{n+1}, \bar{\varepsilon}_{n+1}^{\mathrm{p}}, D_n) \right| \leqslant \mathrm{tol} \tag{4.54}$$

则更新的偏应力、静水压力和应变状态分别为

$$\begin{cases} \boldsymbol{s}_{n+1} = \left(1 - \dfrac{G(D_n)\Delta\gamma}{\sqrt{J_2(\boldsymbol{s}^{\mathrm{trial}})}}\right) \boldsymbol{s}_{n+1}^{\mathrm{trial}} \\[4mm] \boldsymbol{p}_{n+1} = \boldsymbol{p}_{n+1}^{\mathrm{trial}} - K(D_n)\eta'\Delta\gamma \\[4mm] \boldsymbol{\varepsilon}_{n+1}^{\mathrm{e}} = \dfrac{\boldsymbol{s}_{n+1}}{2G(D_n)} + \dfrac{\boldsymbol{p}_{n+1}}{3K(D_n)}\boldsymbol{I} \end{cases} \tag{4.55}$$

若不满足式（4.54），则继续迭代求解式（4.52）。

步骤 2：通过式（4.56）进行判断，确定是否返回到屈服面的光滑圆锥面。
若

$$\sqrt{J_2(\boldsymbol{s}_{n+1}^{\mathrm{trial}})} - G(D_n)\Delta\gamma \geqslant 0 \tag{4.56}$$

则确实返回到光滑圆锥面，否则返回到圆锥尖点奇异处，按步骤 3 进行。

步骤 3：返回到圆锥尖点奇异处时，其屈服函数变为

$$r(\Delta\varepsilon_V^{\mathrm{p}}) = c(\bar{\varepsilon}_{n+1}^{\mathrm{p}})\beta - \boldsymbol{p}_{n+1}^{\mathrm{trial}} + K(D_n)\Delta\varepsilon_V^{\mathrm{p}} \tag{4.57}$$

式中，$\beta = \xi/\eta'$ 为常数。

（1）设置初始值 $\Delta\varepsilon_V^{\mathrm{p}} = 0$ 和 $\bar{\varepsilon}_{n+1}^{\mathrm{p}(0)} = \bar{\varepsilon}_n^{\mathrm{p}}$；

（2）采用 NR 法迭代求解，如下：

$$\begin{cases} H = \left.\dfrac{\mathrm{d}c}{\mathrm{d}\bar{\varepsilon}^{\mathrm{p}}}\right|_{\bar{\varepsilon}_{n+1}^{\mathrm{p}}} \\[4mm] d = \dfrac{\mathrm{d}r}{\mathrm{d}\Delta\varepsilon_V^{\mathrm{p}}} = K(D_n) + \alpha\beta H \\[4mm] \Delta\varepsilon_V^{\mathrm{p}} = \Delta\varepsilon_V^{\mathrm{p}} - \dfrac{r}{d} \end{cases} \tag{4.58}$$

根据式（4.58）得到 $\Delta\varepsilon_V^{\mathrm{p}}$ 后，可以得到等效塑性应变为

$$\bar{\varepsilon}_{n+1}^{\mathrm{p}} = \bar{\varepsilon}_n^{\mathrm{p}} + \alpha\Delta\varepsilon_V^{\mathrm{p}}(1 - D_n) \tag{4.59}$$

式中，$\alpha = \xi'/\eta'$ 为常数。

根据屈服函数判断是否收敛，若 $r(\Delta\varepsilon_V^{\mathrm{p}}) \leqslant \mathrm{tol}$，则更新应力状态为

$$\boldsymbol{\sigma}_{n+1} = \boldsymbol{p}_{n+1}\boldsymbol{I} = \left[ \boldsymbol{p}_{n+1}^{\mathrm{trial}} - K(D_n)\Delta\varepsilon_V^{\mathrm{p}} \right]\boldsymbol{I} \tag{4.60}$$

否则，继续迭代求解式（4.58）。

在上述计算完成后进行损伤修正，计算得到应力 $\boldsymbol{\sigma}_{n+1}$ 后对损伤变量 $D_{n+1}$ 更新，如下：

$$\bar{\varepsilon}_{n+1}^{\mathrm{p}} = \frac{\sqrt{2}}{3}\sqrt{\sum_{i=1}^{2}(\varepsilon_{n+1}^{\mathrm{p}i} - \varepsilon_{n+1}^{\mathrm{p}(i+1)})^2} \tag{4.61}$$

$$D_{n+1} = 1 - \mathrm{e}^{\left[-\kappa\left(\bar{\varepsilon}_{n+1}^{\mathrm{p}} - \bar{\varepsilon}_0^{\mathrm{p}}\right)\right]} \tag{4.62}$$

在 $t_{n+1}$ 时刻对应的应变张量 $\sigma_{n+1}$ 为

$$\sigma'_{n+1} = \frac{1 - D_{n+1}}{1 - D_n} \sigma_{n+1} \tag{4.63}$$

考虑孔隙水压力修正，在 $t_{n+1}$ 时刻损伤等效孔隙压系数 $\alpha_{n+1}$，其为体应力和孔隙水压的函数：

$$\alpha_{n+1} = A\mathrm{e}^{-B\Theta_{n+1} + Cp_{\mathrm{w}}} \tag{4.64}$$

式中，$\Theta_{n+1}$ 为应力 $\sigma'_{n+1}$ 的函数：

$$\Theta_{n+1} = \sum_{i=1}^{i=3} \sigma'_{ii,n+1} \tag{4.65}$$

最后，对上述计算的应力 $\sigma'_{n+1}$ 通过修正有效应力公式求解，在 $t_{n+1}$ 时刻的有效应力张量更新为

$$\sigma_{n+1}^{\mathrm{e}} = \sigma'_{n+1} - \delta_{ij}\alpha_{n+1}p_{\mathrm{w}} \tag{4.66}$$

至此，得到最后状态各变量的更新值。

孔隙水压力作用下塑性变形与损伤耦合法如图 4.16 所示。

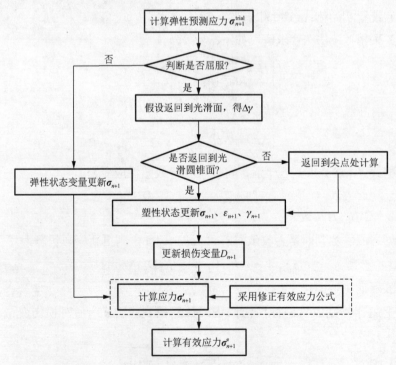

图 4.16 孔隙水压力作用下塑性变形与损伤耦合法

步骤4：计算一致切线模量。

（1）返回到屈服面的光滑圆锥面时，一致切线模量为

$$C_d^{ep} = \frac{d\boldsymbol{\sigma}_{n+1}}{d\boldsymbol{\varepsilon}_{n+1}^{e\,trial}} = \frac{ds_{n+1}}{d\boldsymbol{\varepsilon}_{n+1}^{e\,trial}} + \boldsymbol{I} \otimes \frac{d\boldsymbol{p}_{n+1}}{d\boldsymbol{\varepsilon}_{n+1}^{e\,trial}} \tag{4.67}$$

对式（4.55）的第一个式子求导数，得

$$ds_{n+1} = 2G(D_n)\left[\left(1 - \frac{\Delta\gamma}{\sqrt{2}\left\|\boldsymbol{\varepsilon}_{d\,n+1}^{e\,trial}\right\|}\right)d\boldsymbol{\varepsilon}_{d\,n+1}^{e\,trial} + W\right] \tag{4.68}$$

式中，

$$W = \frac{\Delta\gamma}{\sqrt{2}\left\|\boldsymbol{\varepsilon}_{d\,n+1}^{e\,trial}\right\|}\boldsymbol{T} \otimes \boldsymbol{T} d\boldsymbol{\varepsilon}_{d\,n+1}^{e\,trial} - \frac{1}{\sqrt{2}}d\Delta\gamma\boldsymbol{T}$$

其中，$\boldsymbol{T}$ 为与 $\boldsymbol{\varepsilon}_{d\,n+1}^{e\,trial}$ 平行的二阶单位张量：

$$\boldsymbol{T} = \frac{\boldsymbol{\varepsilon}_{d\,n+1}^{e\,trial}}{\left\|\boldsymbol{\varepsilon}_{d\,n+1}^{e\,trial}\right\|} \tag{4.69}$$

同理，对式（4.55）的第二个式子求导数，得

$$d\boldsymbol{p}_{n+1} = K(D_n)(d\boldsymbol{\varepsilon}_{V\,n+1}^{e\,trial} - \eta'd\Delta\gamma) \tag{4.70}$$

对 $f^p = 0$ 两边对 $\Delta\gamma$ 求导数，得

$$d\Delta\gamma = \frac{\sqrt{2}G(D_n)\boldsymbol{T} : d\boldsymbol{\varepsilon}_{d\,n+1}^{e\,trial} + K(D_n)\eta d\boldsymbol{\varepsilon}_{V\,n+1}^{e\,trial}}{[G(D_n) + K(D_n)\eta\eta'] + (1-D_n)\xi^2 H} \tag{4.71}$$

将式（4.68）、式（4.70）和式（4.71）代入式（4.67），得

$$C_d^{ep} = 2G(D_n)a\boldsymbol{I}_d + 2G(D_n)b\boldsymbol{T} \otimes \boldsymbol{T} - \sqrt{2}G(D_n)K(D_n)c + K(D_n)d\boldsymbol{I} \otimes \boldsymbol{I} \tag{4.72}$$

式中，$\boldsymbol{I}_d$ 为体积张量；$a$、$b$、$c$、$d$ 为系数：

$$a = 1 - \frac{\Delta\gamma}{\sqrt{2}\left\|\boldsymbol{\varepsilon}_{d\,n+1}^{e\,trial}\right\|}$$

$$b = \frac{\Delta\gamma}{\sqrt{2}\left\|\boldsymbol{\varepsilon}_{d\,n+1}^{e\,trial}\right\|} - \frac{G(D_n)}{G(D_n) + K(D_n)\eta\eta' + (1-D_n)\zeta^2 H}$$

$$c = \eta\boldsymbol{T} \otimes \boldsymbol{I} + \eta'\boldsymbol{I} \otimes \boldsymbol{T}$$

$$d = 1 - K(D_n)\eta\eta'\frac{1}{G + K\eta\eta' + \xi^2 H}$$

（2）返回到尖点处，一致切线模量为

$$C_d^{ep} = \frac{d\boldsymbol{\sigma}_{n+1}}{d\boldsymbol{\varepsilon}_{n+1}^{e\,trial}} = \boldsymbol{I} \otimes \frac{d\boldsymbol{p}_{n+1}}{d\boldsymbol{\varepsilon}_{n+1}^{e\,trial}} \tag{4.73}$$

对式（4.60）求导数，得

$$\mathrm{d}\boldsymbol{p}_{n+1} = K(D_n)(\boldsymbol{I} : \mathrm{d}\boldsymbol{\varepsilon}_{n+1}^{\mathrm{e\,trial}} - \mathrm{d}\Delta\boldsymbol{\varepsilon}_V^{\mathrm{p}}) \qquad (4.74)$$

对 $r(\Delta\boldsymbol{\varepsilon}_V^{\mathrm{p}}) = 0$ 两边对 $\Delta\boldsymbol{\varepsilon}_V^{\mathrm{p}}$ 求导数，得

$$\mathrm{d}\Delta\boldsymbol{\varepsilon}_V^{\mathrm{p}} = \left[ \frac{K(D_n)}{K(D_n) + \alpha\beta H} \right] \boldsymbol{I} : \mathrm{d}\boldsymbol{\varepsilon}_{n+1}^{\mathrm{e\,trial}} \qquad (4.75)$$

将式（4.74）和式（4.75）代入式（4.73），得

$$\boldsymbol{C}_{\mathrm{d}}^{\mathrm{ep}} = K(D_n)\left[ 1 - \frac{K(D_n)}{K(D_n) + \alpha\beta(1 - D_n)H} \right] \boldsymbol{I} \otimes \boldsymbol{I} \qquad (4.76)$$

根据返回到屈服面的光滑圆锥面或是尖点奇异处，按照式（4.72）和式（4.76）计算一致切线模量。

### 4.3.3　试验验证

为了验证所建弹塑性损伤模型的合理性，与试验进行对比。将现场所取岩样制成标准圆柱试件，直径为 50mm，高度为 100mm，如图 4.17（a）所示。试验采用法国顶尖拓普安公司生产的岩石三轴流变试验系统进行，压缩后试件的破坏形式如图 4.17（b）所示。试验所得数据如下：弹性模量 $E$=24.54GPa，泊松比 $\mu$=0.24，容重 $\gamma$=29.32kN/m³，黏聚力 $c$=24.12MPa，内摩擦角 $\phi$=32.57°。在数值计算中模型参数选取上述参数，同时剪胀角 $\varphi$=32.57°，明显损伤时黏聚力 $c_r$=97.95kPa，损伤参数 $\zeta$=0.404、$\kappa$=100。试验所得单轴、三轴压缩应力-应变曲线与数值计算的应力-应变曲线如图 4.18 所示。

由图 4.18 可知，在非线性压密阶段二者有一定的偏差，原因在于本章所建损伤模型中没有考虑岩石材料非线性压密特性。图 4.17（a）和图 4.17（b）试验所得岩石峰值点极限强度分别为 27.093MPa、30.04MPa，与损伤模型计算的极限强度 28.333MPa、29.23MPa 较为接近，残余变形阶段损伤模型计算的应力大小与明显损伤时的黏聚力参数 $c_r$ 选取有关。但不难看出损伤模型计算的应力-应变曲线与试验得到的应力-应变曲线整体趋势一致，说明本章建立的弹塑性损伤模型一定程度上能够反映岩石的力学和变形特性。

（a）岩石试件　　　　　　　　　　　　（b）压缩后试件的破坏形式

图 4.17　岩石试件压缩试验

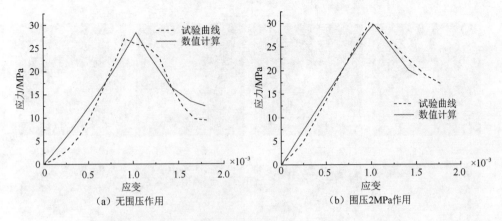

（a）无围压作用　　　　　　（b）围压2MPa作用

图 4.18　试验曲线与弹塑性损伤模型计算曲线对比

### 4.3.4　数值验证

建立隧洞平面应变有限元模型，模型宽 $x$ 方向和高 $y$ 方向均为 10m，洞的半径为 $r$=1m，划分为 613 个单元和 671 个节点，模型底边界双向约束，两侧边界法向约束，如图 4.19 所示。采用考虑孔隙水压力的 Drucker-Prager 弹塑性损伤本构模型，计算参数：容重 $\gamma$=0kN/m$^3$，弹性模量 $E$=1.0GPa，泊松比 $\mu$=0.4，黏聚力 $c$=1.2MPa，内摩擦角 $\phi$=35°，剪胀角 $\varphi$=35°，明显损伤时黏聚力 $c_r$=5.1kPa，损伤参数 $\zeta$=0.7、$\kappa$=50。隧洞上面作用有 $q$=1976kN/m$^2$ 的均布荷载，将其分为 19 个荷载步逐级加载，荷载增量 $\Delta q$=104kN/m$^2$。

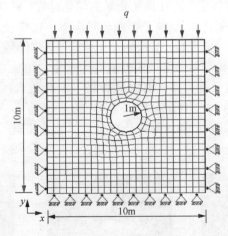

图 4.19　隧洞有限元模型

（1）不考虑水压力作用时，采用 Drucker-Prager 弹塑性损伤模型进行计算，随着荷载步的增加，塑性区的变化过程如图 4.20 所示。

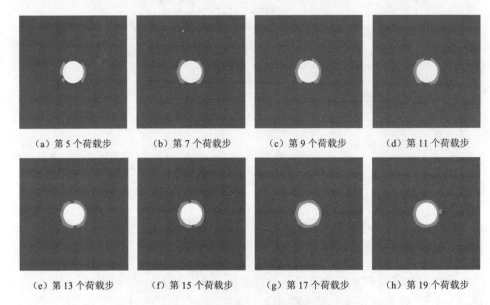

（a）第 5 个荷载步　　　（b）第 7 个荷载步　　　（c）第 9 个荷载步　　　（d）第 11 个荷载步

（e）第 13 个荷载步　　　（f）第 15 个荷载步　　　（g）第 17 个荷载步　　　（h）第 19 个荷载步

图 4.20　不同荷载步时塑性区的变化过程

从图 4.20 中可以看出，在第 5 个荷载步时隧道洞周两侧出现塑性区，随着荷载步的增加塑性区逐渐扩大，在第 17 个荷载步时隧道洞周均出现塑性区，到达第 19 个荷载步时，塑性区进一步扩大。实际很多岩土工程破坏前均伴有不同的塑性滑移，可以根据塑性区的情况，判断围岩的稳定性。

图 4.21 给出随着荷载步增加损伤变量的演化过程。从图中可以看出损伤区主要集中在洞的左右两侧，在第 19 个荷载步时洞周边损伤较为严重。

由于初始等效塑性应变较小，损伤变量值较小，但随着等效塑性应变的增加，损伤变量也增加，损伤变量随等效塑性应变的变化如图 4.22 所示。

（2）在考虑孔隙水压力作用时，参数如下：孔隙水压力 $p=0.03\text{MPa}$，系数 $A=0.5455$，系数 $B=-0.84\times10^{-3}$，系数 $C=0.48\times10^{-3}$。由于本章孔隙水压力是采用修正有效应力公式来体现的，通过数值计算得到了等效孔隙压系数 $\alpha$ 与体积应力 $\Theta$ 的关系，如图 4.23 所示。

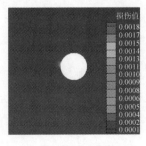

（a）第5个荷载步　　　　　　（b）第7个荷载步　　　　　　（c）第9个荷载步

（d）第11个荷载步

（e）第13个荷载步

（f）第15个荷载步

（g）第17个荷载步

（h）第19个荷载步

图 4.21　损伤区演化过程

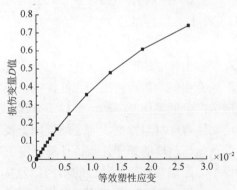
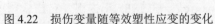

图 4.22　损伤变量随等效塑性应变的变化

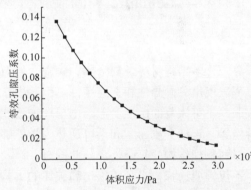

图 4.23　等效孔隙压系数与体积应力之间的关系

等效孔隙压系数 $\alpha$ 与体积应力 $\Theta$ 呈反比，而与孔隙水压力 $p$ 成正比，此结论与文献[207]中得到的试验结论是一致的。

本节计算了不同孔隙水压力下的损伤变量演化情况。图 4.24 给出无孔隙水压力和不同孔隙水压力 $p$=0.3MPa、$p$=0.4MPa、$p$=0.5MPa 时的损伤变量云图。

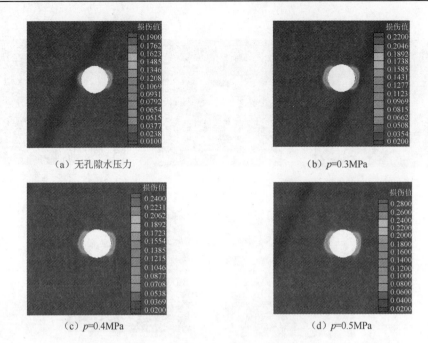

（a）无孔隙水压力　　　　　　　　　　（b）$p=0.3$MPa

（c）$p=0.4$MPa　　　　　　　　　　（d）$p=0.5$MPa

图 4.24　不同孔隙水压力作用下损伤变量云图

## 4.4　Lemaitre 等向硬化弹塑性损伤耦合本构模型积分算法及程序实现

许多工程材料，如金属、陶瓷、岩石和混凝土等非均质材料的变形与破坏过程表现出各向异性和非连续性。但其力学性能是相似的，均表现为弹性性能、屈服、不可恢复的塑性变形、由单调加载或疲劳产生的损伤及静载或动载下裂纹扩展等。连续介质力学和不可逆热力学能够成功地解释材料性能，而无须详细论及材料物理结构的复杂性。与此同时，涉及复杂损伤材料的弹塑性数值计算问题，不仅需要选择恰当预测损伤和破坏的本构模型，还需要有效和稳健的本构积分算法[211]。Lemaitre 弹塑性损伤耦合模型由 Lemaitre[212]在 1985 年提出，它在金属内部损伤和破坏预测方面被广泛应用[213-216]。原始 Lemaitre 模型中包括等向硬化、损伤演化（导致各向同性软化和弹性模量的降低）、随动硬化。2011 年，Bouchard 等[217]提出不同的扩展 Lemaitre 弹塑性损伤耦合模型，用于解决复杂的多轴加载问题，采用改进塑性势函数的手段来模拟强韧性材料。在原始模型中如不考虑随动强化的情况下求解可以大大简化，其适用于不考虑反向加载的问题，然而实际问题大多数不存在反向加载的情况，如薄板成形、锻造过程等。对于这样问题的求解，Lemaitre 等向硬化弹塑性损伤耦合模型可以进行高效率的求解。Lemaitre 本构方程的积分算法–返回映射算法最初由 Benallal 等[218]提出，后来有许多学者进一步扩展研究[219]。在最简单的平面应力状态下，返回映射法需要求解 8 个耦合的非线性方程系统；由 Singh 和 Pandey 将其简化为 3 个耦合的非线性方程[220]；而后由 Vaz 和 Owen[211]提出两个方程的返回映射算法，方程中只有塑性因子和损伤变量两个未知数；de Souza Neto 在两个耦合方程的基础上，进一步简化为迭代求解一个非线性方程的形式[221]，提高了计算效率。

下面首先阐述在热力学和连续介质力学框架下建立弹塑性损伤本构模型的基本步骤。其次基于 Lemaitre 等向硬化弹塑性损伤耦合本构模型、相应的本构积分算法–完全隐式返回映射算法和一致切线模量，采用 C++语言在 Visual C++ 6.0 环境下编制有限元本构求解程序，在塑性损伤修正步中求解返回映射方程时，选取一种简单的形式，只需迭代求解一个标量非线性方程，计算效率较高。最后通过缺口圆棒数值算例初步验证了程序的正确性，并编制接口程序对计算结果进行可视化。研究结果证明了积分算法的有效性及程序的正确性，Lemaitre 等向硬化弹塑性损伤耦合本构模型能够较好地模拟韧性材料的破坏发展过程，可以求解类似的有限元边值问题，为考虑损伤特性的韧性材料结构研究和设计奠定基础。

## 4.4.1　基于热力学原理的弹塑性损伤耦合本构模型

弹塑性损伤耦合模型考虑了损伤演化和塑性流动两种基本的材料非线性细观因素的影响，从不可逆热力学出发，基于损伤能释放率确定损伤准则和损伤变量的演化法则，并在有效应力空间内确定塑性变形，可以建立完整意义上的弹塑性损伤本构模型[222]。

假定自由能势函数 $\psi$ 是一组状态变量 $\{\boldsymbol{\varepsilon}^{\mathrm{e}}, \kappa, D\}$ 的函数，即

$$\psi = \psi(\boldsymbol{\varepsilon}^{\mathrm{e}}, \kappa, D) \tag{4.77}$$

式中，$\boldsymbol{\varepsilon}^{\mathrm{e}}$ 为弹性应变张量；$\kappa$ 和 $D$ 分别为等向硬化、损伤内变量。

通常假设损伤材料的弹性自由能势函数和塑性自由能势函数不耦合，则亥姆霍兹自由能势函数如下：

$$\psi = \psi^{\mathrm{e}}(\boldsymbol{\varepsilon}^{\mathrm{e}}, D) + \psi^{\mathrm{p}}(\kappa, D) \tag{4.78}$$

式中，$\psi^{\mathrm{e}}$、$\psi^{\mathrm{p}}$ 分别为弹性自由能势函数、塑性自由能势函数。

无损伤材料的弹性亥姆霍兹自由能势函数或损伤材料的初始弹性亥姆霍兹自由能势函数 $\psi_0^{\mathrm{e}}$ 表示如下：

$$\psi_0^{\mathrm{e}}(\boldsymbol{\varepsilon}^{\mathrm{e}}) = \int_0^{\varepsilon^{\mathrm{e}}} \bar{\boldsymbol{\sigma}} : \mathrm{d}\boldsymbol{\varepsilon}^{\mathrm{e}} = \frac{1}{2} \boldsymbol{\varepsilon}^{\mathrm{e}} : \boldsymbol{C}_0^{\mathrm{e}} : \boldsymbol{\varepsilon}^{\mathrm{e}} \tag{4.79}$$

材料损伤演化本质上是不可逆的能量耗散过程。假设材料的弹性亥姆霍兹自由能退化程度可以用标量 $D$ 来表示，则损伤材料的弹性亥姆霍兹自由能势函数为

$$\psi^{e}(\boldsymbol{\varepsilon}^{e},D)=(1-D)\psi_{0}^{e}(\boldsymbol{\varepsilon}^{e})=\frac{1}{2}(1-D)\boldsymbol{\varepsilon}^{e}:C_{0}^{e}:\boldsymbol{\varepsilon}^{e} \tag{4.80}$$

损伤材料的柯西应力张量 $\boldsymbol{\sigma}$ 表达式如下：

$$\boldsymbol{\sigma}=C(D):\boldsymbol{\varepsilon}^{e} \tag{4.81}$$

式中，$C(D)$ 为材料的损伤弹性模量。

由上述柯西应力张量 $\boldsymbol{\sigma}$ 的表达，材料损伤后的弹性亥姆霍兹自由能势函数的另一种表达形式为

$$\psi^{e}(\boldsymbol{\varepsilon}^{e},D)=\int_{0}^{\varepsilon^{e}}\boldsymbol{\sigma}:d\boldsymbol{\varepsilon}^{e}=\frac{1}{2}\boldsymbol{\varepsilon}^{e}:C(D):\boldsymbol{\varepsilon}^{e} \tag{4.82}$$

根据有效应力的定义，以上弹性损伤法则可以写成如下形式：

$$\boldsymbol{\sigma}_{\text{eff}}=\frac{1}{1-D}\boldsymbol{\sigma}=C_{0}^{e}:\boldsymbol{\varepsilon}^{e} \tag{4.83}$$

式中，$\boldsymbol{\sigma}_{\text{eff}}$ 为有效应力张量。

同理可以得到材料损伤后的塑性亥姆霍兹自由能势函数为

$$\psi^{p}(\kappa,D)=(1-D)\int_{0}^{\varepsilon^{p}}\overline{\boldsymbol{\sigma}}:d\boldsymbol{\varepsilon}^{p}=(1-D)\psi^{p}(\kappa) \tag{4.84}$$

定义材料总亥姆霍兹自由能势函数为

$$\psi(\boldsymbol{\varepsilon}^{e},\kappa,D)=(1-D)[\psi^{e}(\boldsymbol{\varepsilon}^{e})+\psi^{p}(\kappa)] \tag{4.85}$$

根据热力学第二定律，材料的损伤过程和塑性流动过程都是不可逆热力学过程，其能量耗散均应该为非负，因此必须满足热力学不可逆条件即 Clausius-Duhem 不等式的要求。在等温绝热条件下，Clausius-Duhem 不等式退化为如下简单形式：

$$\dot{\gamma}=\boldsymbol{\sigma}:\dot{\boldsymbol{\varepsilon}}-\dot{\psi}\geqslant 0 \tag{4.86}$$

将自由能函数对时间求导数并代入式（4.86）可以得到

$$\left(\boldsymbol{\sigma}-\frac{\partial\psi^{e}}{\partial\boldsymbol{\varepsilon}^{e}}\right):\dot{\boldsymbol{\varepsilon}}^{e}-\frac{\partial\psi}{\partial d}\dot{d}+\left(\boldsymbol{\sigma}:\dot{\boldsymbol{\varepsilon}}^{p}-\frac{\partial\psi^{p}}{\partial q^{p}}\dot{q}^{p}\right)\geqslant 0 \tag{4.87}$$

由于 $\dot{\boldsymbol{\varepsilon}}^{e}$ 的任意性，可以得到应力-应变本构关系表示为

$$\boldsymbol{\sigma}=\frac{\partial\psi^{e}}{\partial\boldsymbol{\varepsilon}^{e}}=(1-D)C_{0}:\boldsymbol{\varepsilon}^{e} \tag{4.88}$$

式（4.88）含有损伤内变量，所以不能构成完整意义上的应力-应变关系。塑性内变量的求解，可以按照经典的弹塑性力学进行，但损伤内变量需要给出演化法则，不同的演化法则将导致本质完全不同的本构模型[222]。

损伤变量 $D$ 也是内变量。作为一种不可逆的能量耗散过程，损伤演化必须满足不可逆热力学原理给出的限制条件，即损伤耗散不等式为

$$\dot{\gamma}^{d}=-\frac{\partial\psi}{\partial D}\dot{D}=Y\cdot\dot{D}\geqslant 0 \tag{4.89}$$

由于损伤的不可逆性，因此 $\dot{D} \geqslant 0$，于是转化为

$$Y \geqslant 0 \tag{4.90}$$

塑性变形是一种不可逆的能量耗散过程，它必须满足不可逆热动力学原理的限制条件，即塑性耗散不等式为

$$\dot{\gamma}^{\mathrm{p}} = \boldsymbol{\sigma} : \dot{\boldsymbol{\varepsilon}}^{\mathrm{p}} - \frac{\partial \psi^{\mathrm{p}}}{\partial \dot{\kappa}} \dot{\kappa} \geqslant 0 \tag{4.91}$$

对于塑性和损伤的热力学广义力，$K$ 和 $Y$（损伤能量释放率）分别如下：

$$K = -\frac{\partial \psi^{\mathrm{p}}}{\partial \kappa}$$

$$Y = -\frac{\partial \psi}{\partial D} = -\left( \frac{\partial \psi^{\mathrm{e}}}{\partial D} + \frac{\partial \psi^{\mathrm{p}}}{\partial D} \right) \tag{4.92}$$

假定塑性加载函数 $F^{\mathrm{p}}$ 和损伤函数 $F^{\mathrm{d}}$ 分别如下：

$$\dot{F}^{\mathrm{p}} = \frac{\partial F^{\mathrm{p}}}{\partial \boldsymbol{\sigma}} : \dot{\boldsymbol{\sigma}} + \frac{\partial F^{\mathrm{p}}}{\partial K} : \dot{K} + \frac{\partial F^{\mathrm{p}}}{\partial D} : \dot{D} = 0$$

$$\dot{F}^{\mathrm{d}} = \frac{\partial F^{\mathrm{d}}}{\partial Y} : \dot{Y} + \frac{\partial F^{\mathrm{d}}}{\partial D} : \dot{D} = 0 \tag{4.93}$$

使得弹塑性行为和损伤行为强制满足这两个耦合方程，决定了塑性和损伤耗散的大小。

假定塑性和损伤势函数 $\Psi^{\mathrm{p}}$、$\Psi^{\mathrm{d}}$ 是热力学广义力和损伤变量的函数，分别如下：

$$\Psi^{\mathrm{d}} = \Psi^{\mathrm{d}}(Y, D)$$

$$\Psi^{\mathrm{p}} = \Psi^{\mathrm{p}}(\boldsymbol{\sigma}, K, D) \tag{4.94}$$

相应内变量的演化法则如下：

$$\dot{\boldsymbol{\varepsilon}}^{\mathrm{p}} = \dot{\lambda}^{\mathrm{p}} \frac{\partial \Psi^{\mathrm{p}}}{\partial \boldsymbol{\sigma}}, \dot{\kappa} = \dot{\lambda}^{\mathrm{p}} \frac{\partial \Psi^{\mathrm{p}}}{\partial K}, \dot{D} = \dot{\lambda}^{\mathrm{d}} \frac{\partial \Psi^{\mathrm{d}}}{\partial Y} \tag{4.95}$$

式中，$\dot{\lambda}^{\mathrm{p}} \geqslant 0$、$\dot{\lambda}^{\mathrm{d}} \geqslant 0$ 分别为塑性和损伤因子。

需要满足加卸载准则，即库恩-塔克条件的限制，即

$$\dot{\lambda}^{\mathrm{d}} F^{\mathrm{d}} = 0, F^{\mathrm{d}} \leqslant 0, \dot{\lambda}^{\mathrm{d}} \geqslant 0$$

$$\dot{\lambda}^{\mathrm{p}} F^{\mathrm{p}} = 0, F^{\mathrm{p}} \leqslant 0, \dot{\lambda}^{\mathrm{p}} \geqslant 0 \tag{4.96}$$

理论上建立较为完备的弹塑性损伤模型的具体过程：根据实际的物理损伤机制选定合理的损伤变量，定义材料的弹性自由能和塑性自由能，并得到材料的总亥姆霍兹自由能；基于连续介质不可逆热力学基本原理，根据弹性亥姆霍兹自由能得到含有内变量材料应力-应变本构关系；根据总亥姆霍兹自由能得到损伤能释放率的表达式；基于损伤能释放率建立损伤准则，根据正交流动法则确定损伤变量的演化法则；在有效应力空间内确定塑性变形及其演化规律。

## 4.4.2　等向硬化弹塑性损伤耦合模型

基于有效应力和应变等效假设理论，Lemaitre 弹塑性损伤耦合本构模型包括内变量演化、非线性等向硬化、损伤演化，多用以描述金属等韧性材料的损伤力学特性[212]。

根据内变量理论，恒温状态下各向同性损伤材料的状态可以通过损伤变量 $D$、弹性应变张量 $\boldsymbol{\varepsilon}^{e}$ 及塑性应变张量 $\boldsymbol{\varepsilon}^{p}$ 来描述。

总应变张量的弹、塑性应变张量分解形式为

$$\dot{\boldsymbol{\varepsilon}} = \dot{\boldsymbol{\varepsilon}}^{e} + \dot{\boldsymbol{\varepsilon}}^{p} \tag{4.97}$$

损伤材料的应力–应变关系为

$$\boldsymbol{\sigma} = (1-D)\boldsymbol{C}^{e} : \boldsymbol{\varepsilon}^{e} \tag{4.98}$$

屈服函数 $\varPhi$ 为

$$\varPhi(\boldsymbol{\sigma}, \kappa, D) = \frac{q}{1-D} - \sigma_y(\kappa) = \frac{\sqrt{3J_2(\boldsymbol{s})}}{1-D} - \sigma_y(\kappa) \tag{4.99}$$

式中，$q$ 为 von Mises 等效应力；$\kappa$ 为等向硬化内变量；$\sigma_y$ 为等向硬化函数。

内变量的演化可以通过正交流动法则得到，假定存在塑性–损伤耗散势函数，其是相关变量的凸函数。塑性–损伤耗散势函数 $\varPsi$ 是塑性屈服函数 $\varPhi$ 和 Lemaitre 损伤势函数 $f$ 之和，形式如下：

$$\varPsi = \varPhi + f = \varPhi(\boldsymbol{\sigma}, \kappa, D) + \frac{r}{(1-D)(s+1)}\left(\frac{-Y}{r}\right)^{s+1} \tag{4.100}$$

式中，$r$、$s$ 为损伤材料常数，可由试验来确定。

塑性–损伤耗散势函数 $\varPsi$ 的选取决定损伤变量的演化规律，式（4.100）中 Lemaitre 损伤势函数 $f$ 是被广泛使用的一种，还有其他形式的损伤势函数[223-225]：

$$f = \frac{s_0 \cdot D}{2}\left(\frac{-Y}{s_0}\right)^2 \tag{4.101}$$

$$f = \frac{1}{2}\frac{s_0}{D^{\alpha/n}(\bar{\varepsilon}^{p})^{\alpha/n}}\left(\frac{-Y}{s_0}\right)^2 \tag{4.102}$$

$$f = \frac{1}{2}\frac{s_0 \cdot (D_c - D)^{(\alpha-1)/\alpha}}{(1-D) \cdot (\bar{\varepsilon}^{p})^{(2+n)/n}}\left(\frac{-Y}{s_0}\right)^2 \tag{4.103}$$

式中，$s_0$、$D_c$、$\alpha$ 为材料的损伤参数。

塑性流动法则为

$$\dot{\boldsymbol{\varepsilon}}^{p} = \dot{\gamma}\boldsymbol{N} = \dot{\gamma}\frac{\partial\varPhi}{\partial\boldsymbol{\sigma}} = \dot{\gamma}\sqrt{\frac{3}{2}}\frac{\boldsymbol{s}}{(1-D)\|\boldsymbol{s}\|} \tag{4.104}$$

式中，$\dot{\gamma}$ 为塑性因子；$N$ 为流动向量。

等向硬化内变量 $\kappa$、损伤变量 $D$ 的演化方程如下：

$$\dot{D} = \dot{\gamma}\frac{\partial f}{\partial Y} = \dot{\gamma}\frac{\overline{H}(\kappa - \kappa_{\mathrm{d}})}{1-D}\left(\frac{-Y}{r}\right)^s$$

$$\dot{\kappa} = \dot{\gamma}\frac{\partial \Phi}{\partial K} = \dot{\gamma} \tag{4.105}$$

式中，$\overline{H}(\kappa - \kappa_{\mathrm{d}})$ 为单位阶跃函数，损伤门槛值为 $\kappa_{\mathrm{d}}$，低于该值时不产生损伤，反之产生损伤；$Y$ 为能量释放率；$K$ 为硬化热力学力。

能量释放率为

$$Y = \frac{-q^2}{6G(1-D)^2} - \frac{p^2}{2K(1-D)^2} \tag{4.106}$$

式中，$G$ 为剪切模量；$K$ 为体积模量；$p$ 为静水压力，即 $p = (1-D)K\varepsilon_V$。

加载、卸载准则如下：

$$\Phi \leqslant 0,\ \dot{\gamma} \geqslant 0,\ \Phi\dot{\gamma} = 0 \tag{4.107}$$

### 4.4.3　等向硬化弹塑性损伤耦合模型积分算法

下面给出完全隐式返回映射算法求解 Lemaitre 弹塑性损伤耦合本构方程步骤。在时间间隔 $[t_n, t_{n+1}]$ 内，已知 $t_n$ 时刻状态变量 $\sigma_n$、$\varepsilon_n^{\mathrm{p}}$、$\kappa_n$ 和 $D_n$，同时给出 $[t_n, t_{n+1}]$ 内应变增量 $\Delta\varepsilon$，本构积分算法能够得到 $t_{n+1}$ 时刻的更新值 $\sigma_{n+1}$、$\varepsilon_{n+1}^{\mathrm{p}}$、$\kappa_{n+1}$ 和 $D_{n+1}$[226]。

弹性预测状态认为是纯弹性状态，没有塑性内变量的演化，在已知上述 $t_n$ 时刻的状态变量下，计算弹性预测应力张量为

$$\sigma_{n+1}^{\mathrm{trial}} = (1-D_n)C^{\mathrm{e}} : \varepsilon_{n+1}^{\mathrm{e\ trial}} = (1-D_n)C^{\mathrm{e}} : (\varepsilon_n^{\mathrm{e}} + \Delta\varepsilon) \tag{4.108}$$

式（4.108）中的应力张量 $\sigma_{n+1}^{\mathrm{trial}}$ 可分解为偏应力张量 $s_{n+1}^{\mathrm{trial}}$ 和静水压力 $p_{n+1}^{\mathrm{trial}}$，分别为

$$s_{n+1}^{\mathrm{trial}} = (1-D_n)\overline{s}_{n+1}^{\mathrm{trial}} = (1-D_n)2G\varepsilon_{\mathrm{d}\ n+1}^{\mathrm{e\ trial}}$$

$$p_{n+1}^{\mathrm{trial}} = (1-D_n)\overline{p}_{n+1}^{\mathrm{trial}} = (1-D_n)K\varepsilon_{V\ n+1}^{\mathrm{e\ trial}} \tag{4.109}$$

屈服函数的弹性预测值计算如下：

$$\Phi_{n+1}^{\mathrm{trial}} = \overline{q}_{n+1}^{\mathrm{trial}} - \sigma_y(\kappa_n) \tag{4.110}$$

式中，

$$\overline{q}_{n+1}^{\mathrm{trial}} \equiv \frac{q_{n+1}^{\mathrm{trial}}}{1-D_n} = \frac{\sqrt{3J_2(s_{n+1}^{\mathrm{trial}})}}{1-D_n} = \sqrt{\frac{3}{2}}\frac{\left\| s_{n+1}^{\mathrm{trial}} \right\|}{1-D_n} \tag{4.111}$$

其中，$\overline{q}_{n+1}^{\mathrm{trial}}$ 为预测 von Mises 等效应力。

对式（4.110）进行判断，如果 $\varPhi_{n+1}^{\text{trial}} < 0$ 在弹性范围内，此时式（4.108）计算的预测应力 $\boldsymbol{\sigma}_{n+1}^{\text{trial}}$ 为 $t_{n+1}$ 时刻更新的应力状态，即

$$\boldsymbol{\sigma}_{n+1} = \boldsymbol{\sigma}_{n+1}^{\text{trial}} \tag{4.112}$$

否则，进入塑性及损伤状态的计算。

塑性及损伤修正，求解方程组（4.113），它是关于弹性应变 $\boldsymbol{\varepsilon}_{n+1}^{\text{e}}$、等向硬化内变量 $\kappa_{n+1}$、损伤变量 $D_{n+1}$ 和增量塑性因子 $\Delta\gamma$ 的非线性方程组：

$$\begin{cases} \boldsymbol{\varepsilon}_{n+1}^{\text{e}} - \boldsymbol{\varepsilon}_{n+1}^{\text{e trial}} + \Delta\gamma \sqrt{\dfrac{3}{2}} \dfrac{\boldsymbol{s}_{n+1}}{(1-D_{n+1})\|\boldsymbol{s}_{n+1}\|} = 0 \\[3mm] \kappa_{n+1} - \kappa_n - \Delta\gamma = 0 \\[3mm] D_{n+1} - D_n - \dfrac{\Delta\gamma \overline{H}}{1-D_{n+1}} \left[ \dfrac{-Y(\Delta\gamma)}{r} \right]^s = 0 \\[3mm] \dfrac{q_{n+1}}{1-D_{n+1}} - \sigma_y(\kappa_{n+1}) = 0 \end{cases} \tag{4.113}$$

式（4.113）中的前三个式子是状态变量求解方程，式（4.113）中的第四个式子称为一致性条件，其确保塑性步结束后更新的应力状态位于更新的屈服面。

方程组（4.113）经过一系列的推导，可以转化为两个方程的形式，使计算得到简化，该形式最初由 Vaz 和 Owen 提出[211]，后来 Steinmann 等[214]采用这种形式求解简单 Lemaitre 模型。两个方程的具体形式如下：

$$\overline{\varPhi}(\Delta\gamma, D_{n+1}) = \overline{q}^{\text{trial}} - \dfrac{3G\Delta\gamma}{1-D_{n+1}} - \sigma_y(\kappa_n + \Delta\gamma) = 0$$

$$D_{n+1} - D_n - \dfrac{\Delta\gamma}{1-D_{n+1}} \left[ \dfrac{-Y(\Delta\gamma, D_{n+1})}{r} \right]^s = 0 \tag{4.114}$$

式中，

$$-Y(\Delta\gamma, D_{n+1}) = \dfrac{\left[ (1-D_{n+1})\overline{q}^{\text{trial}} - 3G\Delta\gamma \right]^2}{6G(1-D_{n+1})^2} + \dfrac{\overline{p}_{n+1}^2}{2K} \tag{4.115}$$

式（4.113）简化为关于两个标量 $D_{n+1}$ 和 $\Delta\gamma$ 的方程组。将非线性方程组（4.115）线性化后，通过 NR 法迭代求解，其存在强耦合和弱耦合两种形式。强耦合形式：同时求解上述两个非线性方程，得到塑性因子 $\Delta\gamma$ 和损伤变量 $D_{n+1}$。弱耦合形式：先求解式（4.114）中的第一个方程，此时假定 $D_{n+1} = D_n$，得到塑性因子 $\Delta\gamma$，然后求解式（4.114）中的第二个方程，得到损伤变量 $D_{n+1}$。强耦合形式能给出更加准确的计算结果，但如考虑计算效率，弱耦合形式更加理想。

de Souza Neto 对式（4.114）进一步缩减，给出一个方程的形式[221]。首先定

义材料的损伤因子 $\omega = 1 - D$，则 $n+1$ 时刻的损伤因子 $\omega_{n+1}$ 为

$$\omega_{n+1} = 1 - D_{n+1} = \omega(\Delta\gamma) \equiv \frac{3G\Delta\gamma}{\bar{q}_{n+1}^{\text{trial}} - \sigma_y(\kappa_n + \Delta\gamma)} \tag{4.116}$$

其次结合式（4.114）中的第二个式子和式（4.115）得到能量释放率 $Y$，形式如下：

$$Y(\Delta\gamma) \equiv -\left\{ \frac{[\sigma_y(\kappa_n + \Delta\gamma)]^2}{6G} - \frac{\bar{p}_{n+1}^2}{2K} \right\} \tag{4.117}$$

最后结合式（4.114）的第一个式子、式（4.116）和式（4.117）得到一个关于增量塑性因子 $\Delta\gamma$ 的非线性方程，如下：

$$F(\Delta\gamma) \equiv \omega(\Delta\gamma) - \omega_n + \frac{\Delta\gamma\overline{H}}{\omega(\Delta\gamma)} \left[ \frac{-Y(\Delta\gamma)}{r} \right]^s = 0 \tag{4.118}$$

利用 NR 迭代法求解 $\Delta\gamma$ 后，从而可以得到更新的状态变量，如下：

$$\begin{cases} \kappa_{n+1} = \kappa_n + \Delta\gamma \\ p_{n+1} = \omega(\Delta\gamma)\bar{p}_{n+1}^{\text{trial}}, \ s_{n+1} = \dfrac{q_{n+1}}{\bar{q}_{n+1}^{\text{trial}}} \bar{s}_{n+1}^{\text{trial}} \\ \sigma_{n+1} = s_{n+1} + p_{n+1}\boldsymbol{I} \end{cases} \tag{4.119}$$

退出。

求解过程中需要进行损伤的判断，具体如下。

（1）若 $\kappa < \kappa_d$（$\kappa_d$ 为损伤门槛值），初始计算没有损伤发生，损伤变量如下：

$$D_{n+1} = D_n = 0 \tag{4.120}$$

然后求解方程组（4.113），其中式（4.113）中的第三个方程退化，此时转化为求解 von Mises 弹塑性本构积分，更新等向硬化内变量为

$$\kappa_{n+1} = \kappa_n + \Delta\gamma \tag{4.121}$$

此时需要核对预测更新值是否有效，若 $\kappa < \kappa_d$，预测值是可以被接受的。否则，继续求解上述方程。

（2）若 $\kappa \geqslant \kappa_d$，则按照式（4.113）计算。

在弹性范围内，给出损伤材料的弹性模量为

$$\boldsymbol{C}^{\text{e}} = (1 - D_{n+1})\boldsymbol{C}_0 \tag{4.122}$$

式中，$\boldsymbol{C}_0$ 为初始的切线模量。

在塑性状态下，Benallal 等[218]给出原始的 Lemaitre 弹塑性损伤耦合本构模型的一致切线模量，de Souza Neto 给出 Lemaitre 等向硬化弹塑性损伤耦合本构模型的一致切线模量[219]，如下：

$$\boldsymbol{C}^{\text{ep}} = a\boldsymbol{I}_d + b\bar{\boldsymbol{s}}_{n+1}^2 + c\bar{\boldsymbol{s}}_{n+1} \cdot \boldsymbol{I} + d\boldsymbol{I} \cdot \bar{\boldsymbol{s}}_{n+1} + e\boldsymbol{I} \cdot \boldsymbol{I} \tag{4.123}$$

式中，$\bar{\boldsymbol{s}}_{n+1} = s_{n+1}/\|\boldsymbol{s}_{n+1}\|$；$a$、$b$、$c$、$d$、$e$ 的具体的实现过程参见文献[225]。

### 4.4.4　缺口圆棒求解

以一个简单的缺口圆棒为研究对象，初步对程序进行验证。取 1/4 缺口圆棒，将其划分为 705 个单元和 754 个节点。材料的弹塑性参数：弹性模量 $E$=5.1GPa，泊松比 $\mu$ =0.3。采取分段线性硬化曲线逼近非线性硬化，给出 5 组点对 $(\overline{\varepsilon}^{\mathrm{p}}, c(\overline{\varepsilon}^{\mathrm{p}}))$，分别为$(0, 62\times10^{6})$、$(1\times10^{-4}, 62.132\times10^{6})$、$(2\times10^{-4}, 62.264\times10^{6})$、$(3\times10^{-4}, 62.396\times10^{6})$、$(1, 170\times10^{6})$，材料的损伤参数 $s$=0.01、$r$=0.35MPa。上、下边界施加均匀拉力，将其划分为 33 个荷载步，每步为 1670kN/m$^{2}$，缺口圆棒拉伸试件尺寸及 1/4 有限元计算模型如图 4.25 所示。计算的损伤−轴向应变曲线如图 4.26 所示。

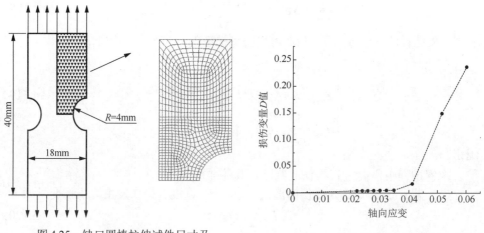

图 4.25　缺口圆棒拉伸试件尺寸及 1/4 有限元计算模型

图 4.26　损伤−轴向应变曲线

部分不同荷载步的塑性区变化如图 4.27 所示。由图可以看出，随着荷载步的增加，塑性区逐步扩大。部分不同荷载步的损伤区如图 4.28 所示。本章计算的塑性区、损伤区的趋势与 Simo 和 Taylor[86]、Steinmann 等[214]计算的趋势一致。

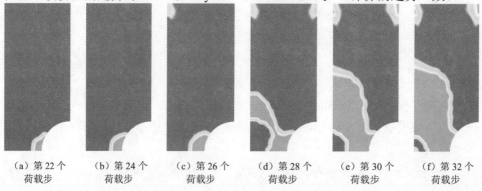

（a）第 22 个荷载步　　（b）第 24 个荷载步　　（c）第 26 个荷载步　　（d）第 28 个荷载步　　（e）第 30 个荷载步　　（f）第 32 个荷载步

图 4.27　部分不同荷载步的塑性区变化

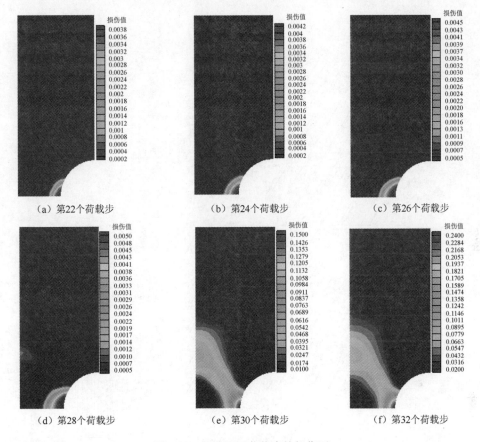

（a）第22个荷载步　　　（b）第24个荷载步　　　（c）第26个荷载步

（d）第28个荷载步　　　（e）第30个荷载步　　　（f）第32个荷载步

图 4.28　部分不同荷载步的损伤区

## 4.5　岩石损伤本构程序在抚松隧道工程中的应用

### 4.5.1　工程概况

吉林抚松隧道位于白山市靖宇县境内，里程桩号：左幅 ZK275+170～ZK276+795，洞长 1625m；右幅 RK275+180～RK276+780，洞长 1600m。隧道为分离式双洞隧道，两洞设计线间距近 13～35m，近直线展布。最大开挖宽度约 1200m，高度为 7.60m。隧道多数洞段埋藏较深，岩性为侏罗系上统角砾凝灰岩，含钙质粉砂质泥岩、灰质泥岩、凝灰质细砂岩等。地下水埋藏以松散堆积层中的孔隙潜水和基岩裂隙水为主，受大气降水补给向沟谷排泄。由上游流向北东，转向北西，流经抚松后，流向南西。隧道出口位于头道松花江的左岸。隧道右线 RK275+173.109m～RK275+825m 纵断面如图 4.29 所示。

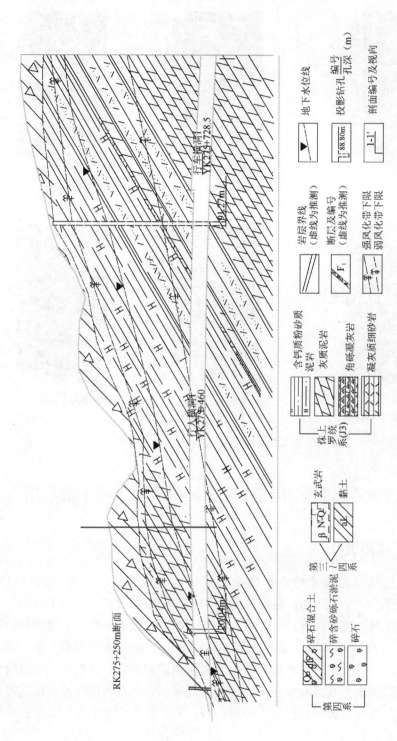

图 4.29 隧道右线 RK275+173.109m～RK275+825m 纵断面

## 4.5.2　有限元模型建立

选取隧道 RK275+250m 处作为研究对象（在图 4.29 纵断面图上标注），此区段主要以灰质泥岩、角砾凝灰岩和含钙质粉砂泥质岩为主，隧道位置位于灰质泥岩层。建立隧洞平面应变有限元模型，模型宽 $x$ 方向为 70m 和高 $y$ 方向为 50m，划分为 933 个单元和 1005 个节点，模型底边界双向约束，两侧边界法向约束，建立的有限元模型及反演测线布置如图 4.30 所示。材料参数：容重 $\gamma$ =23.5kN/m³，弹性模量 $E$=1.2GPa，泊松比 $\mu$ =0.32，黏聚力 $c$ =0.6MPa，内摩擦角 $\phi$ =33°，剪胀角 $\varphi$ =33°。通过附加荷载代替上覆岩体，将上面的岩体重力作用等效为 $q$ =8451.4kN/m² 的均布荷载（不考虑构造应力对隧道围岩破坏的影响），分为 29 个荷载步逐级加载，荷载增量 $\Delta q$ =291.4kN/m²，以便研究隧道在不同应力状态下围岩的渐进破坏形态。

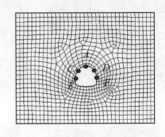

图 4.30　隧洞有限元模型及反演测线布置

## 4.5.3　损伤参数反演

采用基于差异进化算法位移反分析程序，根据实际监测的位移，按照图 4.30 的有限元模型进行损伤参数反演。差异进化反分析程序的主要思想：将弹塑性损伤有限元求解程序嵌入到差异进化算法程序之中，反复调用有限元程序进行计算，直至计算位移与现场监测位移一致，此时得到最优反演参数，相关内容已在前面进行了详细的研究。根据现场监测数据计算得到反演数据：$CD$=5.292mm、$EF$=6.282mm、$AC$=5.925mm、$AD$=4.477mm、$AE$=10.75mm 和 $AF$=9.668mm。反演的损伤参数：明显损伤黏聚力 $c_r$ =0.03MPa，损伤参数 $\kappa$ =45、$\zeta$ =0.5。同时给定孔隙水压力 $p$=0.1MPa、系数 $A$=0.235、系数 $B$=-0.159×10⁻⁴、系数 $C$=0.321×10⁻³。

## 4.5.4　数值模拟及分析

采用 Drucker-Prager 弹塑性损伤模型计算。随着荷载步的增加，在第 7 个荷载步出现塑性区，部分不同荷载步下塑性区的变化过程如图 4.31 所示。

（a）第 7 个荷载步　　　　　　（b）第 9 个荷载步　　　　　　（c）第 11 个荷载步

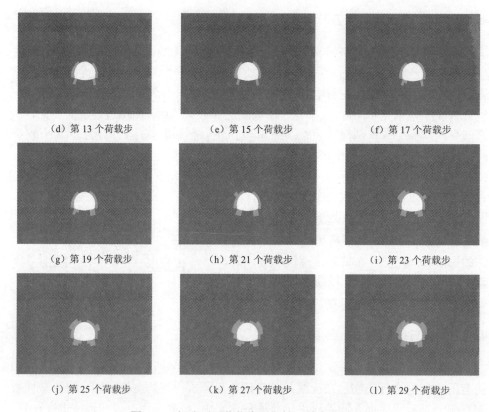

（d）第 13 个荷载步　　　　　（e）第 15 个荷载步　　　　　（f）第 17 个荷载步

（g）第 19 个荷载步　　　　　（h）第 21 个荷载步　　　　　（i）第 23 个荷载步

（j）第 25 个荷载步　　　　　（k）第 27 个荷载步　　　　　（l）第 29 个荷载步

图 4.31　部分不同荷载步下塑性区的变化过程

从图 4.31 中可以看出，随着荷载步的增加，塑性区逐步扩大，实际工程中可以根据塑性区的情况，判断出围岩的稳定性。由计算得知在施工过程中需要加强支护。

计算的 $x$、$y$ 方向的位移和应力结果通过可视化软件进行图形显示，如图 4.32 所示。由图 4.32 可以看出，计算的 $x$ 方向最大应力为-5.5MPa、$y$ 方向最大应力为-16MPa，出现在洞口的左右两侧。

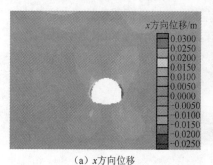

（a）$x$ 方向位移　　　　　　　　　　　（b）$y$ 方向位移

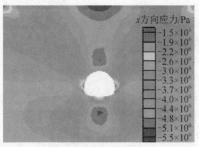

（c）$x$ 方向应力

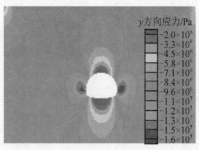

（d）$y$ 方向应力

图 4.32　$x$、$y$ 方向位移和应力云图

损伤作用将导致刚度退化，随着荷载步的增加损伤变量值大小相应变化，由于初始的等效塑性应变较小，损伤变量值较小，在第 7 个荷载步时出现损伤区，此时最大损伤值 $D=0.001$，第 9～29 个荷载步的部分损伤变量云图如图 4.33 所示。

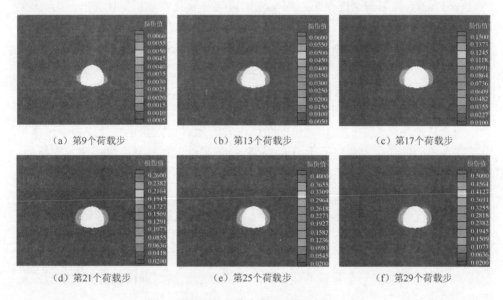

（a）第9个荷载步　　　　　　（b）第13个荷载步　　　　　　（c）第17个荷载步

（d）第21个荷载步　　　　　　（e）第25个荷载步　　　　　　（f）第29个荷载步

图 4.33　损伤变量 $D$ 演化过程

由图 4.33 可以看出，在第 29 个荷载步时损伤变量 $D$ 值达到 0.5，此时隧道周围岩体已经全部进入塑性状态，塑性区的最大深度达到了 1.5m，据此现场施工中需要打入足够长度的锚杆进行超前加固，避免施工中隧道局部围岩的坍落。建议施工到该地段时，要短进尺、勤量测，同时在爆破法施工时应该减少炸药的用量，减轻爆破对围岩的扰动。

# 4.6　本章小结

（1）本章针对岩土工程材料应变软化问题及有限元对其数值计算时切线刚度矩阵负定造成求解困难的问题进行研究。首先建立了基于 Drucker-Prager 强度准则的岩石弹塑性应变软化本构模型，详细论述了如何进行本构模型的程序化求解。其次考虑 AL 法判断切线刚度矩阵正定性导致效率低的缺点，在弹塑性增量有限元方程的迭代计算中尝试采用 NR 法和 AL 法联合迭代求解，即在结构未达到极限荷载前采用 NR 迭代法，而当结构接近极限荷载时转换为 AL 法控制迭代，从而使结构越过峰值点进入软化区直至破坏，NR-AL 法汲取了二者迭代求解中具有的优势。最后利用 C++语言对所建应变软化模型的本构求解和弹塑性增量有限元方程迭代求解过程给予程序实现，应用所编程序进行数值计算，分析了 Drucker-Prager 理想弹塑性模型、应变软化模型、应变硬化模型计算的应力-应变曲线的区别，同时将应变软化模型计算结果与试验数据进行了对比。研究结果表明，所建应变软化本构模型可以较好地模拟材料的峰后软化特性，能够揭示峰后应变软化特性和破坏机制。同时 NR-AL 法能够求解应变软化造成的负刚度问题，克服了 AL 法判断切线刚度矩阵正定性效率低的缺点。

（2）本章为了研究损伤引起的刚度退化和塑性导致的流动两种破坏机制的耦合作用，从弹塑性力学和损伤理论的角度出发，同时引入修正有效应力原理来考虑孔隙水压力的作用，建立基于 Drucker-Prager 屈服准则的弹塑性损伤本构模型；针对该本构模型推导了孔隙水压力作用下弹塑性损伤本构模型的数值积分算法-隐式返回映射算法，分别对预测应力返回到屈服面的光滑圆锥面或尖点奇异处两种可能的情况给出了详细的描述，隐式返回映射算法具有稳定性和准确性的特点。

（3）本章建立 Lemaitre 等向硬化弹塑性损伤耦合本构模型，采用 C++语言编制有限元本构求解程序，在塑性损伤修正步中求解返回映射方程时，选取一种简单形式，只迭代求解一个标量非线性方程。最后通过缺口圆棒数值算例初步验证了程序的正确性。

# 第5章 岩石弹塑性损伤 MH 耦合模型建立及其数值求解程序

## 5.1 引　言

富水区隧道围岩处于地下水环境中，围岩稳定性受渗流场的影响较为明显。渗流场作用使得应力场、损伤场发生变化，围岩应力场、损伤场的变化又对渗流场产生反作用，耦合效应十分显著。尤其是隧道开挖产生的围岩扰动损伤区、岩体力学特性及水力特性等发生明显变化。岩体破坏前是低渗透的，应力-渗流耦合效应不明显，但应力和水压力诱发新的损伤破坏过程中，随着裂隙的扩展，应力场、渗流场、损伤演化以及相互作用加剧，岩体渗透率发生很大变化。由于岩体应力场、渗流场、损伤场耦合作用过程的复杂性和重要性，应力-渗流耦合变形破坏分析问题不仅是基础科学中的发展前沿热点问题，同时也是应用研究中亟待解决的关键问题[227]。

为了研究地下水对岩石工程稳定性的影响，一些学者基于岩石和渗流力学理论基础，建立了若干岩石应力-渗流耦合模型，对含孔隙、裂隙岩石的应力-渗流耦合问题进行表述[29,30]，开始的主要成果集中在应力状态的分析上。随着对应力-渗流耦合问题研究的深入，人们逐渐认识到岩石损伤破坏、裂纹扩展对应力-渗流耦合作用影响十分明显，有必要将耦合从应力状态分析发展到损伤过程分析。目前，岩石损伤破坏与应力场、渗流场耦合分析已经引起了学术界的广泛关注。例如，杨延毅和周维垣[39]较早地对渗流-损伤本构模型进行研究和探讨；唐春安等[17]引入渗透率突跳系数，提出了损伤演化过程应力-渗流耦合方程；贾善坡等[191]在连续损伤力学理论基础上，分析了在孔隙压力和塑性损伤演化共同作用下岩体损伤演化机制；张巍等[228]建立了应力-损伤-渗透系数关系方程来考虑应力和损伤对渗流场的影响，并对大型洞室群进行分析研究；刘仲秋和章青[229]基于等效饱和多孔介质理论，将裂隙岩体和衬砌混凝土视为具有透水特性的弹塑性损伤材料；沈振中等[230]、赵延林等[231]也进行了相关研究。上述研究工作虽然取得了不少成果，但是较少涉及弹塑性损伤 MH 耦合算法及数值求解算法。

本章针对弹塑性损伤 MH 耦合问题，首先将围岩材料视为各向同性连续介质，基于前面建立的 Drucker-Prager 弹塑性损伤本构模型，采用完全隐式返回映射算法实现弹塑性损伤本构方程的数值求解。其次，以上述研究为基础，根据岩石弹塑性状态的渗透系数动态演化公式，建立岩石弹塑性损伤 MH 耦合模型，并给出三场耦合情况下的数值求解迭代方法。同时针对耦合模型中涉及参数较多且不易测定的问题，基于差异进化算法对耦合模型中的损伤参数进行反演。最后，利用 C++语言编制相应的岩石弹塑性损伤 MH 耦合程序和参数反演程序，并进行工程应用。

## 5.2 渗流基本理论及渗流有限元程序计算

### 5.2.1 渗流运动和连续性方程

1. 运动方程

地下水运动方程可根据作用在液体上各力的平衡关系求得。引用流体力学中最一般的运动方程，即纳维-斯托克斯方程[232]为

$$
\begin{cases}
\dfrac{\mathrm{d}v'_x}{\mathrm{d}t} = f_x - \dfrac{1}{\rho}\dfrac{\partial p}{\partial x} + \mu\nabla^2 v'_x \\[2mm]
\dfrac{\mathrm{d}v'_y}{\mathrm{d}t} = f_y - \dfrac{1}{\rho}\dfrac{\partial p}{\partial y} + \mu\nabla^2 v'_y \\[2mm]
\dfrac{\mathrm{d}v'_z}{\mathrm{d}t} = f_z - \dfrac{1}{\rho}\dfrac{\partial p}{\partial z} + \mu\nabla^2 v'_z
\end{cases}
\tag{5.1}
$$

式（5.1）写成向量式为

$$
\frac{\mathrm{d}\boldsymbol{v}'}{\mathrm{d}t} = \boldsymbol{f} - \frac{1}{\rho}\nabla p + \mu\nabla^2 \boldsymbol{v}'
\tag{5.2}
$$

对于多孔介质中的渗流，可把式（5.2）中的水质点真实流速 $v'$ 改变为全段面平均流速 $v$ 除以孔隙率 $n$，即得到相应的运动方程：

$$
\frac{1}{n}\frac{\mathrm{d}\boldsymbol{v}}{\mathrm{d}t} = \boldsymbol{f} - \frac{1}{\rho}\nabla p + \frac{\mu}{n}\nabla^2 \boldsymbol{v}
\tag{5.3}
$$

对于单位质量液体，渗流阻力应为沿流线 $s$ 单位长度的能量损失，即

$$
\frac{\mu}{n}\nabla^2 \boldsymbol{v} = g\frac{\mathrm{d}h}{\mathrm{d}s} = -g\frac{\boldsymbol{v}}{k}
\tag{5.4}
$$

进一步可以得到不可压缩流体在不变性多孔介质中的纳维-斯托克斯方程：

$$
\frac{1}{ng}\frac{\partial \boldsymbol{v}}{\partial t} = -\nabla h - \frac{\boldsymbol{v}}{k}
\tag{5.5}
$$

式（5.5）被称为地下水运动方程。根据试验，左端是可以忽略不计的，因而

与稳定渗流趋于一致，其不稳定性则可列入自由面边界条件之内。从理论上讲，允许用连续变化的稳定流来代替不稳定流。

如果是不随时间改变的稳定渗流，式（5.5）就简化为重力和阻力控制的达西流动，即

$$v = -k\nabla h \tag{5.6}$$

## 2. 连续性方程

地下水运动的连续性方程，可从质量守恒原理出发来考虑可压缩土体的渗流加以引证，单元体总的进水流量为

$$-\left(\frac{\partial}{\partial x}\rho v_x + \frac{\partial}{\partial y}\rho v_y + \frac{\partial}{\partial z}\rho v_z\right)\mathrm{d}x\mathrm{d}y\mathrm{d}z \tag{5.7}$$

将式（5.7）展开，得

$$-\rho\left(\frac{\partial v_x}{\partial x} + \frac{\partial v_y}{\partial y} + \frac{\partial v_z}{\partial z}\right)\mathrm{d}x\mathrm{d}y\mathrm{d}z - \left(v_x\frac{\partial \rho}{\partial x} + v_y\frac{\partial \rho}{\partial y} + v_z\frac{\partial \rho}{\partial z}\right) \tag{5.8}$$

式（5.8）后一项甚小，可以忽略。故可写为

$$-\rho\left(\frac{\partial v_x}{\partial x} + \frac{\partial v_y}{\partial y} + \frac{\partial v_z}{\partial z}\right)\mathrm{d}x\mathrm{d}y\mathrm{d}z \tag{5.9}$$

式（5.9）为水体质量在单元体内积累的速率。由质量守恒原理可知，它等于单元体内水体质量 $M$ 随时间的变化速率，即

$$\frac{\partial M}{\partial t} = \frac{\partial(n\rho\mathrm{d}x\mathrm{d}y\mathrm{d}z)}{\partial t} = \frac{\partial(n\rho V)}{\partial t} \tag{5.10}$$

式中，$n$ 为土体的孔隙率；$\rho$ 为水的密度；$V$ 为单元体的体积。

通过一系列推导得

$$\frac{\partial M}{\partial t} = \rho^2 g(\alpha + n\beta)V\frac{\partial V}{\partial t} \tag{5.11}$$

式中，$\alpha$ 为固相颗粒的压缩模量；$\beta$ 为水的压缩性。

由质量守恒原理知式（5.10）与式（5.11）相等，则得

$$-\left(\frac{\partial v_x}{\partial x} + \frac{\partial v_y}{\partial y} + \frac{\partial v_z}{\partial z}\right) = \rho^2 g(\alpha + n\beta)\frac{\partial V}{\partial t} \tag{5.12}$$

考虑水和土全为不可压缩时，式（5.12）变为

$$\frac{\partial v_x}{\partial x} + \frac{\partial v_y}{\partial y} + \frac{\partial v_z}{\partial z} = 0 \tag{5.13}$$

式（5.13）为不可压缩流体在刚体介质中流动的连续方程，说明在任意点的单元流量或流速净有改变率等于零。

### 5.2.2　稳定渗流微分方程及定解条件

将达西定律

$$v_x = -k_x \frac{\partial h}{\partial t}, \quad v_y = -k_y \frac{\partial h}{\partial t}, \quad v_z = -k_z \frac{\partial h}{\partial t} \tag{5.14}$$

代入连续性方程式（5.12）中，则考虑了土体介质和水的压缩性的非稳定渗流微分方程为

$$\frac{\partial}{\partial x}\left(k_x \frac{\partial h}{\partial x}\right) + \frac{\partial}{\partial y}\left(k_y \frac{\partial h}{\partial y}\right) + \frac{\partial}{\partial z}\left(k_z \frac{\partial h}{\partial z}\right) = S_s \frac{\partial h}{\partial t} \tag{5.15}$$

仅考虑垂直平面（$x$，$z$）的二维渗流问题，微分方程（5.15）去掉包含 $y$ 的项，即

$$\frac{\partial}{\partial x}\left(k_x \frac{\partial h}{\partial x}\right) + \frac{\partial}{\partial z}\left(k_z \frac{\partial h}{\partial z}\right) = S_s \frac{\partial h}{\partial t} \tag{5.16}$$

式（5.16）为考虑土和水的压缩性，符合达西定律的二维非均质各向异性土体渗流的基本方程。当土和水不可压缩时，即稳定渗流基本方程为

$$\frac{\partial}{\partial x}\left(k_x \frac{\partial h}{\partial x}\right) + \frac{\partial}{\partial z}\left(k_z \frac{\partial h}{\partial z}\right) = 0 \tag{5.17}$$

式中，$h$ 为水头函数；$x$、$z$ 为空间坐标；$t$ 为时间坐标；$k_x$、$k_z$ 为以 $x$、$z$ 轴为主轴方向的渗透系数；$S_s$ 为单位贮存量。

定解条件和微分方程能用来描述流场而组成地下水流动的数学模型。求解稳定渗流方程时，只需列入边界条件，而求解非稳定渗流方程时，需要同时列入初始条件和边界条件。有自由面无压非稳定渗流的初始条件如下：

$$h\big|_{t=0} = h_0(x, z, 0) \tag{5.18}$$

边界条件，即水头边界和流量边界分别如下：

$$h\big|_{\Gamma_1} = f_1(x, z, t)$$

$$k_n \frac{\partial h}{\partial n}\bigg|_{\Gamma_2} = f_2(x, z, t) \tag{5.19}$$

本章开发了渗流有限元程序，同时编制接口程序借助于 ANSYS 软件划分单元，提取节点和单元信息；编制后处理接口程序，将结果文件转化为 Tecplot 软件可以显示的结果。从而使得开发的渗流有限元程序能够更好地与前面讲的力学有限元程序进行结合，采用算例进行计算，计算结果与 FLAC[3D] 在相同条件下的计算结果对比，二者计算结果相差较小。

### 5.2.3　渗流程序计算

建立方形洞室有限元模型，长 $L$=5m，高 $H$=5m，洞室尺寸为 1m 的正方形，

划分为 24 个单元和 36 个节点，节点上作用水压力，渗透系数 $k_x = k_y = 0.0668$，如图 5.1 所示。将所改编的渗流有限元程序与 FLAC[3D] 软件在相同条件下计算的节点孔隙水压力进行对比。

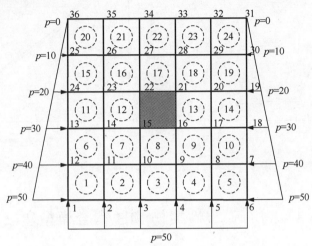

图 5.1　方形洞室有限元模型

将所改编程序与 FLAC[3D] 软件在相同条件下进行渗流场计算，得到的孔隙水压力分布图如图 5.2 所示。

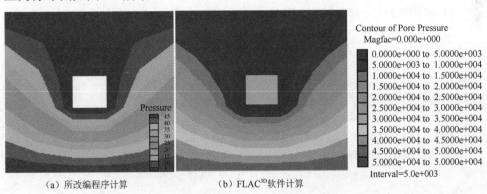

（a）所改编程序计算　　　　（b）FLAC[3D]软件计算

图 5.2　所改编程序与 FLAC[3D] 软件计算孔隙水压力分布图

选取部分节点的孔隙水压力进行对比分析，对比曲线如图 5.3 所示。由计算结果对比可知，节点孔隙水压力最大相对误差在 5.206%，其余节点孔隙水压力相对误差在 0.5%～2%。通过这个简单的例子初步验证所改编程序的正确性。

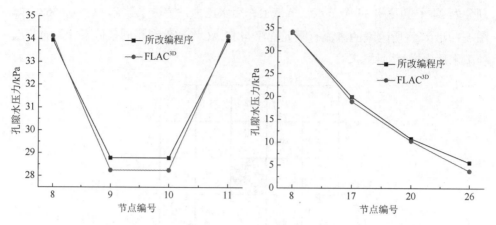

图 5.3　所改编程序与 FLAC³ᴰ 软件节点孔隙水压力对比曲线

# 5.3　岩石弹塑性损伤 MH 耦合模型建立

以弹塑性理论、损伤力学和渗流力学理论为基础，引入前面 Drucker-Prager 准则的弹塑性损伤本构关系、等效塑性应变的损伤变量、渗透系数演化方程、有效应力原理等，建立岩石弹塑性损伤 MH 耦合模型，并寻求合适的求解方法，提供一种有效的岩石弹塑性损伤 MH 耦合分析方法。

本节假定：①所研究饱和体的骨架为理想弹塑性损伤各向同性体，并满足小变形假定；②渗流为稳定流，遵从达西定律；③渗流液体为理想液体，且渗流按等温过程处理。

## 5.3.1　岩石力学场方程

在所研究的物体中任一点取出一个单元体，岩石中任意一个单元体上的各应力分量应满足静力平衡条件。在三维直角坐标系中建立平衡微分方程为

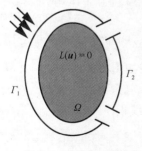

$$\frac{\partial \sigma_{ij}}{\partial x_{ij}} + f_j = 0, \quad i, j = 1, 2, 3 \qquad (5.20)$$

弹塑性体边界值问题描述如图 5.4 所示。

边界值问题由以下三部分组成：

$$L(\boldsymbol{u}) = \sigma_{ij,i} + f_j = 0，\text{在} \varOmega \text{中}$$

$$\sigma_{ij} n_i = \bar{t}_j，\text{在} \varGamma_1 \text{中} \qquad (5.21)$$

图 5.4　边界值问题　　$u_k = \bar{u}_k，\text{在} \varGamma_2 \text{中}$

式中，$f_j$ 为体积力；$\sigma_{ij}$ 为总应力张量；$\Omega$ 为问题求解域；$n_i$ 为边界法向余弦；$\overline{t_j}$ 为作用在边界上的已知面力；$\Gamma_1$ 为已知力边界；$\overline{u}_k$ 为边界上的已知位移；$\Gamma_2$ 为已知位移边界。

不同本构模型应力-应变关系是不同的，本构方程可简写成

$$\sigma_{ij} = f(\varepsilon_{ij}) \text{ 或 } \mathrm{d}\sigma_{ij} = \mathrm{d}f(\varepsilon_{ij}) \tag{5.22}$$

几何方程：

$$\varepsilon_{kl} = \frac{1}{2}(u_{k,l} + u_{l,k}) = u_{(k,l)} \tag{5.23}$$

式中，$\varepsilon$ 为应变张量；$u$ 位移向量。

边界值问题转变为了求解位移 $u$，同时满足边界条件的约束问题。当求解位移 $u$ 后，可以通过变形方程及本构方程求解应变、应力状态。

多孔介质的有效应力原理如下：

$$\sigma'_{ij} = \sigma_{ij} - \delta_{ij}\alpha p \tag{5.24}$$

式中，$\sigma'_{ij}$ 为有效应力张量（压为正，拉为负）；$p$ 为孔隙水压力；$0 \leqslant \alpha \leqslant 1$ 为等效孔隙压系数；$\delta_{ij}$ 为克罗内克符号。

### 5.3.2　地下水渗流场方程

假设水不可压缩时，根据达西定律，可得无源非稳定情况下渗流连续方程为

$$\frac{\partial}{\partial x}\left(k_x\frac{\partial h}{\partial x}\right) + \frac{\partial}{\partial y}\left(k_y\frac{\partial h}{\partial y}\right) + \frac{\partial}{\partial z}\left(k_z\frac{\partial h}{\partial z}\right) = S_s\frac{\partial h}{\partial t} \tag{5.25}$$

将 $h = (p/\gamma) + z$ 代入式（5.25），可以得到

$$\frac{\partial}{\partial x}\left(k_x\frac{\partial p}{\partial x}\right) + \frac{\partial}{\partial y}\left(k_y\frac{\partial p}{\partial y}\right) + \frac{\partial}{\partial z}\left(k_z\frac{\partial p}{\partial z}\right) + \gamma\frac{\partial(k_z)}{\partial z} = S_s\gamma\frac{\partial p}{\partial t} \tag{5.26}$$

式中，$h$ 为渗透水头；$x$、$y$、$z$ 为空间坐标；$t$ 为时间坐标；$k_x$、$k_y$、$k_z$ 是以 $x$、$y$、$z$ 轴为主轴方向的渗透系数；$S_s$ 为单位贮存量；$\gamma$ 为水的重度；$p$ 为孔隙水压力。

边界条件和初始条件如式（5.18）和式（5.19），根据有效应力原理式（5.24）和平衡条件式（5.20），可以得到以有效应力原理为基础的平衡微分方程。在渗流场作用下的平衡微分方程体现了应力渗流的动态耦合效应。

### 5.3.3　损伤变量与演化方程

损伤变量及其演化过程见式（4.37）和式（4.38）。联立应力场式（5.21）、渗流场方程式（5.25）、损伤演化方程式（4.38），以及相应的初始和边界条件式（5.18）和式（5.19），能够建立应力场、渗流场和损伤场耦合模型，运用孔隙水压力与岩石体积应变关系式作为桥梁实现耦合作用。对于非稳定渗流，式（5.21）和

式（5.25）两个方程具有双层耦合作用[233]，第一层两个方程具有 Biot 三维固结方程组的性质，即流体压力和岩石应变的耦合作用；第二层耦合岩石的应力变化或应变引起其渗透性质发生变化，继而影响渗流场的分布，从而反过来影响岩石的应力场。对于稳定渗流，渗流连续方程的右端为零，耦合作用则体现在上述第二层。

### 5.3.4　岩石损伤过程中渗透性变化特征

在岩石渗流的等效连续介质模型中，将岩石视为由骨架颗粒和孔隙（裂隙）构成的均匀介质。这种构造特征使得岩石介质在受荷载或扰动作用后，岩石的微观几何形态发生改变，骨架颗粒将重新排布，从而导致岩石介质的孔隙率和渗透性发生改变。在完全耦合分析中应将岩石渗透系数看成一个变量，其通常为孔隙率[234,235]、应变[152]或者应力[236,237]的函数。文献[233]对岩石渗流应力耦合特性方面的研究进行概括和总结，得知渗透系数方程的三种来源方式，即根据试验得到的经验公式、设定耦合特性关系的间接公式和以物理模型为基础建立耦合关系，并指出各自的适用范围和局限性。

渗透系数-应变（或应力）方程是进行应力渗流耦合数值分析不可缺少的控制方程。本章采用 Kozeny-Carman 方程，即可以得到岩石渗透系数与体积应变间的关系表达式[153]为

$$K = K_0 \frac{(1 + \varepsilon_V / n_0)^3}{1 + \varepsilon_V} \tag{5.27}$$

式中，$n_0$ 为初始孔隙率；$\varepsilon_V$ 为体积应变；$K_0$ 为初始渗透系数。

# 5.4　耦合模型数值求解与分步迭代法

岩石弹塑性损伤 MH 耦合模型的求解是复杂的非线性问题。求解的难度主要体现在岩石的弹塑性、损伤、渗流计算、损伤 MH 相互影响关系等。试图仅通过一种迭代求解一个包含如此众多非线性因素的问题是相当有难度的。而对上述因素归纳后按一定顺序分别进行迭代求解，将众多非线性问题依次解决，以达到最终实现耦合模型求解的目的[151]。

本章基于固体和渗流有限元理论、弹塑性本构积分理论和分步迭代耦合求解法实现了弹塑性损伤 MH 程序的编制。

### 5.4.1　弹塑性损伤 MH 耦合迭代求解

对式（5.21）～式（5.24）进行离散，得到以位移为未知量的有限元方程或增量形式，如下：

$$K_m u = f_m \ \text{或} \ K_m(\Delta u)\Delta u = \Delta f_m \tag{5.28}$$

式中，$K_m$ 为应力场总刚度矩阵；$u$ 为节点位移列向量；$\Delta u$ 为增量位移；$f_m$ 为节点力向量，包括体力、面力和孔压的等效荷载。

整体切线刚度矩阵 $K_m$ 由单元刚度矩阵组装而成，$K_T^{(e)}$ 是一致切线模量 $C$ 的函数，如下：

$$K_T^{(e)} = \int_{\Omega(e)} B^{\mathrm{T}} C B \mathrm{d}V \tag{5.29}$$

塑性主要指内部裂隙或节理面间的摩擦滑动；损伤是指内部裂隙的发生及扩展。塑性损伤耦合包含两个含义：①二者通过它们的势函数（及加载函数）相互影响；②二者通过它们的一致性条件相互影响，即塑性和损伤两个内变量的演化相互影响[167]。

岩石等材料中广泛采用 Drucker-Prager 准则描述塑性应力、变形特性反应，考虑损伤效应的塑性屈服函数如下：

$$f^{\mathrm{p}}(\sigma, \overline{\varepsilon}^{\mathrm{p}}, D) = \sqrt{J_2\left[s(\sigma)\right]} + \eta p(\sigma) - (1-D)\xi c(\overline{\varepsilon}^{\mathrm{p}}) \tag{5.30}$$

式中，$p = 1/3\,\mathrm{tr}[\sigma]$；$J_2 = 1/2\,s:s$，$s = \sigma - p(\sigma)I$，$I = \delta_{ij}e_i \otimes e_j$，$i,j = 1,2,3$；$c(\overline{\varepsilon}^{\mathrm{p}})$ 为考虑损伤作用的黏聚力；$D$ 为损伤变量。

根据式（5.28）求得位移增量，通过位移计算应变增量，每个迭代步均需要从给定应变增量计算应力增量，应力的求解与本构模型的选取相关。

将渗流场离散为有限个单元的组合体，对式（5.25）进行离散，求解渗流场中水头函数 $h$ 的有限元基本方程，其形式为

$$K_s h = f_s \tag{5.31}$$

式中，$K_s$ 为渗透矩阵；$h$ 为水头列向量；$f_s$ 为自由项列向量。这样就以代数方程组的求解代替了原来偏微分方程的求解。

岩石中地下水渗流场与应力场之间的耦合作用机理是一个相对复杂的动态作用过程。关于渗流场与应力场耦合原理已经较为明确，应力场、渗流场相互影响作用是通过岩石的渗透性能及其改变联系起来的，当扰动等因素造成改变时，这两种作用通过反复耦合而达到一种动态稳定状态。

关于岩石应力-渗流耦合数值程序如何实施，有许多学者进行研究并给出不同耦合方式，主要概括为两种方式，即分步迭代法[30,152,228]和一次性耦合法[31,41]。本章采用分步迭代法来实现弹塑性损伤 MH 耦合数值求解。

在岩石初始应力状态下，通过增量迭代计算得到弹塑性损伤岩石的应力场、变形场和损伤场，同时由变形场计算单元的体积应变；在更新的应力状态下，根据已得体积应变按照式（5.27）计算各单元的渗透系数矩阵，将更新的渗透系数矩阵进行渗流有限元的计算，计算得到渗流场；根据水头计算得到节点孔隙水压

力，将其通过有效应力原理回代至力学场的计算中。如此反复进行下去，直至前后两次求得的应力场、损伤场和渗流场都满足收敛准则为止。岩石弹塑性损伤 MH 耦合程序流程如图 5.5 所示。

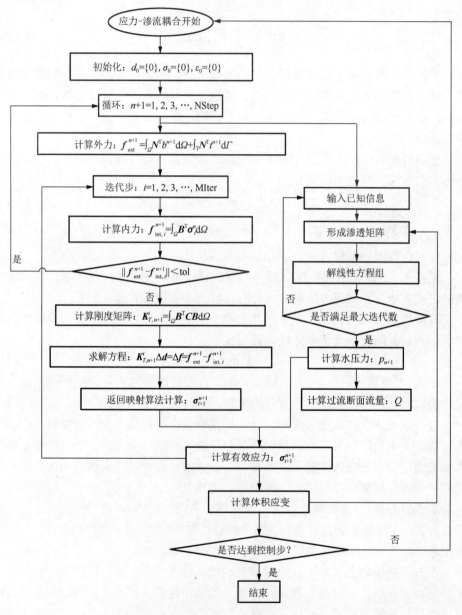

图 5.5　弹塑性损伤 MH 耦合程序流程

## 5.4.2　数值计算

建立隧洞平面应变有限元模型，模型计算范围：宽 $x$ 方向为 20m，高 $y$ 方向为 10m，洞半径 $r$=1m。采用四边形单元进行剖分，共划分为 1044 个单元和 1105 个节点。模型左、右两侧面施加 $x$ 方向的位移约束，底面施加 $y$ 方向的位移约束。将上面的岩体厚度 50m 等效为 $p$=0.481MPa 的均匀压应力；上表面初始水头 $H_s$=1m，底面初始水头 $H_d$=32.5m，左、右两侧面施加沿重力方向梯度变化的水头压力。模型四周和隧洞周边为透水边界。隧洞有限元模型网格划分及局部放大图如图 5.6 所示。

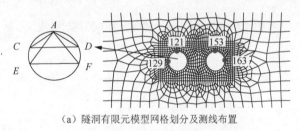

（a）隧洞有限元模型网格划分及测线布置

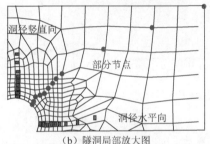

（b）隧洞局部放大图

图 5.6　隧洞有限元模型网格划分及局部放大图

给定围岩弹塑性力学和渗流计算参数：容重 $\gamma$ =20.2kN/m³，弹性模量 $E$=0.27GPa，泊松比 $\mu$ =0.19，黏聚力 $c$ =0.32MPa，内摩擦角 $\phi$ =20.5°，剪胀角 $\varphi$ =20.5°，明显损伤黏聚力 $c_r$ =60kPa，损伤参数 $\eta$ =0.7、$\kappa$ =1000。围岩渗流参数初始孔隙度 $e$=0.033，初始渗透系数 $k_x = k_y$ =6.48×10⁻³m/d。

根据计算位移按照图 5.6 左侧的测线布置进行损伤参数反演。以左洞为例，在上述初始条件及边界条件的基础上，计算的相对位移：$CD$=0.809mm、$EF$=0.689mm、$AC$=4.037mm、$AD$=3.593mm、$AE$=8.63mm 和 $AF$=8.328mm。不同变异因子 $F$、交叉因子 CR、差异策略下搜索的适应值曲线如图 5.7 和图 5.8 所示。最优反演损伤参数与给定损伤参数的比较如表 5.1 所示。

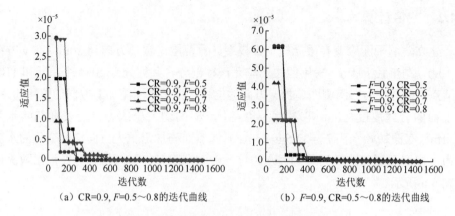

（a）CR=0.9, F=0.5～0.8的迭代曲线　　　　（b）F=0.9, CR=0.5～0.8的迭代曲线

图 5.7　不同变异因子和交叉因子的迭代曲线

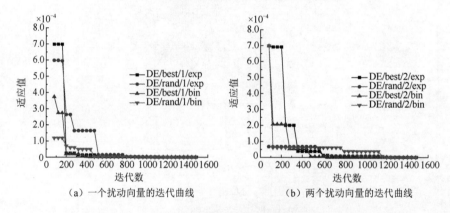

（a）一个扰动向量的迭代曲线　　　　（b）两个扰动向量的迭代曲线

图 5.8　不同差异策略的迭代曲线

**表 5.1　最优反演损伤参数与给定损伤参数的比较**

| 损伤参数 | 给定参数 | 反演参数 | 相对误差/% |
|---|---|---|---|
| $c_r$ | 60kPa | 60.3122kPa | 0.52 |
| $\eta$ | 0.7 | 0.6814 | 2.66 |
| $\kappa$ | 1000 | 1010.2137 | 1.02 |

　　为了全面说明岩石弹塑性损伤 MH 耦合模型程序计算功能，分四种情况进行应力场、渗流场、损伤场等计算。第一种情况：不考虑地下水渗流的条件下，在覆土厚度 $h_3$=50m 的条件下分别采用弹性模型和 Drucker-Prager 弹塑性损伤模型进行力学场、位移场的计算。第二种情况：不考虑力学的作用，在水头高度 $H_3$=10m 时，洞内水压力 $p_i$=0.05MPa 和 $p_i$=0.1MPa 作用下进行渗流场的计算。第三种情况：采用上述建立的耦合模型，在水头高度 $H_3$=10m 的条件下，考虑上面不同的覆土厚度 $h_1$=10m、$h_2$=30m、$h_3$=50m（对应隧洞的埋深情况）作用下计算孔隙水压力

和渗流量。第四种情况：采用上述建立的耦合模型，在覆土厚度 $h_3$=50m 的条件下，考虑不同水头高度 $H_1$=1m、$H_2$=5m、$H_3$=10m（对应不同地下水位情况）作用下进行位移场、应力场、损伤场及塑性区范围的计算。

（1）不考虑渗流作用下分别采用弹性模型和 Drucker-Prager 弹塑性损伤模型进行力学场、位移场的计算。弹性模型计算的应力、位移场如图 5.9 和图 5.10 所示。

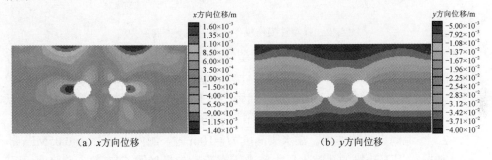

（a）$x$方向位移            （b）$y$方向位移

图 5.9  弹性模型计算 $x$ 和 $y$ 方向位移

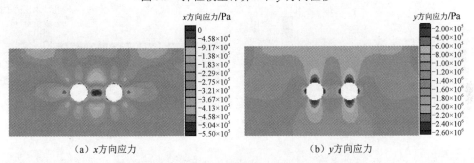

（a）$x$方向应力            （b）$y$方向应力

图 5.10  弹性模型计算 $x$ 和 $y$ 方向应力

图 5.11 和图 5.12 分别为弹塑性损伤模型计算的位移场、应力场。

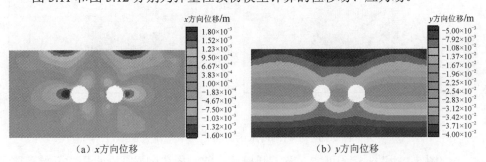

（a）$x$方向位移            （b）$y$方向位移

图 5.11  弹塑性损伤模型计算 $x$ 和 $y$ 方向位移

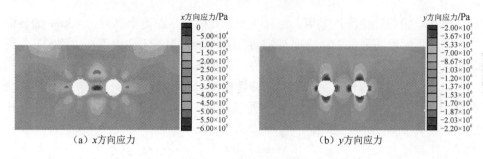

（a）x方向应力　　　　　　　　　（b）y方向应力

图 5.12　弹塑性损伤模型计算 x 和 y 方向应力

通过图 5.9～图 5.12 分析可知，弹塑性损伤计算的位移、应力相比弹性要有所增加。以左侧隧洞为例，由弹性模型计算的洞周点 129［节点位置如图 5.6（a）所示］的 x 方向位移值为 0.109mm，而弹塑性损伤模型计算为 0.15mm；洞顶点 121 的 y 方向位移值为 32.75mm，而弹塑性损伤模型计算为 33.501mm。

（2）不考虑力学的作用，在水头高度 $H_3$=10m 时，洞内水压力 $p_i$=0.05MPa 和 $p_i$=0.1MPa 作用下计算的孔隙水压力和地下水流动矢量如图 5.13 和图 5.14 所示。

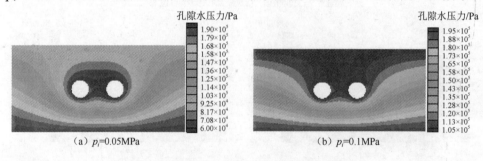

（a）$p_i$=0.05MPa　　　　　　　　　（b）$p_i$=0.1MPa

图 5.13　不同洞内水压力 $p_i$ 作用下孔隙水压力

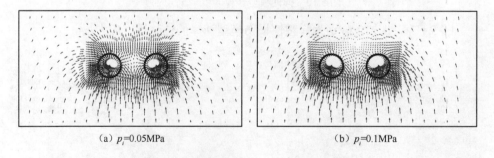

（a）$p_i$=0.05MPa　　　　　　　　　（b）$p_i$=0.1MPa

图 5.14　不同洞内水压力 $p_i$ 作用下水流矢量

由图 5.13 和图 5.14 可知，隧道开挖后，隧洞周边围岩孔隙水压力开始下降，地下水向洞内渗透，最终形成一个以隧道开挖区域为中心的类似渗水漏斗的渗流场分布形状，但洞内的渗水量是不同的。在不同洞内水压力作用下，孔隙水压力的分布也发生了相应的变化。

（3）采用上述建立的耦合模型，在不同覆土厚度情况下进行计算，对饱水状态下围岩稳定性进行分析。考虑上面不同的覆土厚度情况下部分节点[图 5.6（b）]的孔隙水压力大小对比如图 5.15 所示。随着覆土厚度的增加，孔隙水压力也相应增加，但是在不同节点孔隙水压力、不同覆土厚度时，孔隙水压力增加量的大小不同，如图 5.16 所示。体现出了复杂的耦合机制，在埋深较大、孔隙水压力高的地下工程建设中，耦合机制尤其明显。

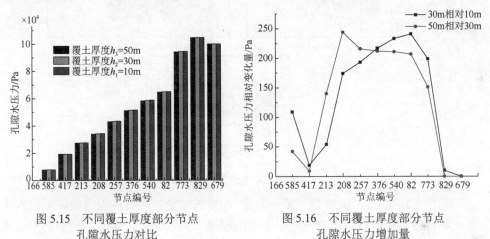

图 5.15　不同覆土厚度部分节点
孔隙水压力对比

图 5.16　不同覆土厚度部分节点
孔隙水压力增加量

沿洞径不同方向的部分单元 [图 5.6（b）] 渗透系数随着不同覆土厚度的变化如图 5.17 所示。

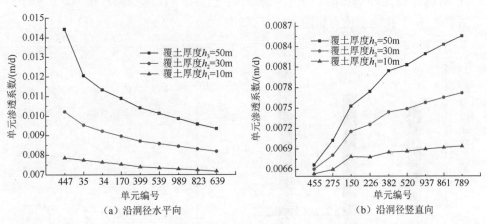

（a）沿洞径水平向　　　　　　　　　（b）沿洞径竖直向

图 5.17　不同覆土厚度沿洞径不同方向的渗透系数

由图 5.17 可以看出，沿洞径竖直向的渗透系数随着覆土厚度的增加而增加，而沿着洞径水平向的渗透系数的变化则相反。在模型上面作用有荷载的情况下，洞径竖直向单元的体积变形逐渐减小，由式（5.27）可知，渗透系数与体积应变呈指数增加。而沿洞径水平向，体积变形则与竖直向相反，渗透系数也呈相反的变化趋势。

不同覆土厚度作用下地下水流动矢量分布图如图 5.18 所示。随着覆土厚度由10m 增加至 50m 时，洞周渗水量如图 5.19 所示。

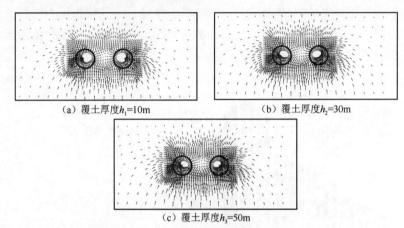

（a）覆土厚度$h_1$=10m　　　　　（b）覆土厚度$h_2$=30m

（c）覆土厚度$h_3$=50m

图 5.18　不同覆土厚度地下水流动矢量分布图

从图 5.18 和图 5.19 可以清晰地看出，围岩的力学作用对渗流量的影响非常显著。耦合效应使得隧道修建过程中更易出现涌、突水灾害，实际工程中要采用超前注浆等方式进行阻渗。

（4）采用上述建立的耦合模型，在不同水头高度作用下进行计算，分析地下水位对围岩稳定性的影响。在不同水头高度作用下计算孔隙水压力，部分节点[图 5.6（b）] 孔隙水压力如图 5.20 所示。

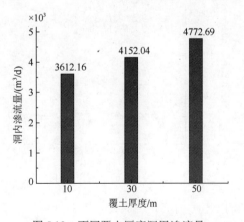

图 5.19　不同覆土厚度洞周渗流量

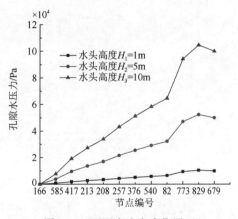

图 5.20　不同水头高度作用下部分节点孔隙水压力

　　随着水头高度的增加，节点孔隙水压力增大。岩体中孔隙水压力对其强度和变形特性均有很大的影响，孔隙水压力使其强度降低，同时变形由韧性向脆性转变，强度降低程度及变形特性的改变程度取决于孔隙水压力的大小。孔隙水压力的存在，更不利于隧洞稳定。

　　在不同水头高度作用下计算位移场，其中选取洞周点、洞顶点 ［图 5.6（a）］的位移变化如图 5.21 所示。从图 5.21 中可以看出，随着水头高度的增加，隧洞开挖后洞周点 $x$ 方向位移值与洞顶点 $y$ 方向位移值都有所增加。但是受渗流和应力耦合影响程度不同，位移的变化有大有小，洞周 $x$ 方向的位移受到孔隙水压力比较明显，洞顶 $y$ 方向的位移增幅较小。对左洞进行分析，由弹塑性损伤模型计算的洞周点 129 的 $x$ 方向位移值为 0.15mm，在水头高度 1m 时为 0.155mm，而在水头高度 10m 时为 0.185mm；由弹塑性损伤模型计算的洞顶点 121 的 $y$ 方向位移值为 33.50mm，在水头高度 1m 时为 33.514mm，而在水头高度 10m 时为 33.640mm。

　　当围压条件较差时，存在大量裂隙或者岩体孔隙较大时，围岩渗透系数往往比较大，渗流场、应力场、损伤场耦合作用增强，对变形影响较大，此时若不考虑渗流场、应力场、损伤场的耦合作用，会给计算结果带来较大的误差。

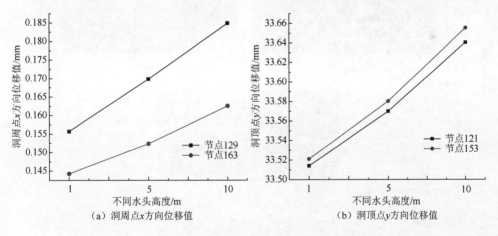

图 5.21　不同水头高度作用下位移值

　　不同水头高度作用下计算损伤值的变化如图 5.22 所示。从图 5.22 中可以看出，随着水头高度的增加损伤值逐渐增大，变形随之增大，从而渗透系数增大，影响渗流场的计算。应力场、损伤场、渗流场如此相互影响，其中损伤起着一定的作用，在进行应力渗流耦合计算时，需要考虑损伤场的影响效应。

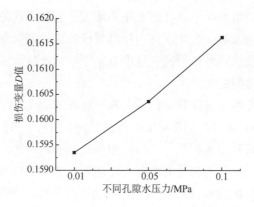

图 5.22　不同水头高度作用下损伤值

隧洞开挖后，不同水头高度作用下塑性区变化如图 5.23 所示。从图 5.23 中可以看出，随着水头高度的增加，塑性区也逐渐增大，孔隙水压力对塑性区影响比较明显。

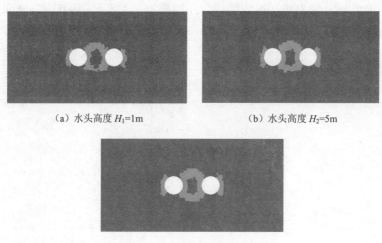

（a）水头高度 $H_1$=1m　　　　　　　　　　　（b）水头高度 $H_2$=5m

（c）水头高度 $H_3$=5m

图 5.23　不同水头高度作用下塑性区变化

## 5.5　大连近海过河段隧道工程的耦合计算

隧道技术在中国的发展突飞猛进，中国已经是世界上隧道及地下工程规模最大、数量最多、地质条件和结构形式最复杂、修建技术发展速度最快的国家。近些年来，作为隧道及地下工程十大技术领域之一的江、河、海底隧道技术得到了迅猛的发展。大量的地下工程事故均是由地下水造成的，其主要原因是隧道开挖后地下渗流场的改变导致地应力场的调整，引起隧道围岩变形或者失稳，尤其在城市隧道建设中甚至可能危害地面建筑物的安全。

以在建大连地铁海事大学试验线路过河段隧道为工程背景，此地段围岩条件较差，施工过程中易发生坍塌、涌水等灾害事故。将本章建立的渗透系数、损伤动态演化模型与自主开发弹塑性、渗流有限元程序相结合。通过计算，与孔隙度、渗透系数取定值及不考虑岩体损伤的流固耦合计算进行对比分析，研究运营期间围岩的长期稳定性和衬砌结构受力特征。

### 5.5.1　工程概况

整体工程概况如 3.9.1 小节中介绍，选取地质条件较为复杂的过河段作为研究对象。凌水河源于西部横山，进入市内向东南流入海，凌水河部分场景图如图 5.24 所示。上游建有小型水库，库容 116.7 万 $m^3$，年供水能力 47 万 $m^3$ 左右。凌水河河宽约 50m，该河为间歇性河流，下游平时断流，成为排水通道，雨季时下游泄洪量猛增。其下游入海口处遇涨潮产生海水倒灌，有着无限的海水补给，发生灾害可能性较其他地段要大，且水的参与增加了处理难度。

图 5.24　海事大学地铁试验线路过河段下穿凌水河场景图

过河段隧道穿越区域地形起伏较大，线路纵断为单向坡，里程 CK19+325m～CK19+642m 纵断面地质图如图 5.25 所示。隧道结构顶覆土厚度 8～12m，拱顶以上主要地层为素填土、淤泥质粉质黏土、卵石，所处地层主要为强风化板岩和中风化板岩。沿线地下水类型主要是第四系孔隙水和基岩裂隙水，主要赋存于第四纪地层的孔隙中和基岩裂隙中。由于地层的渗透性差异，卵石层及基岩中的水略具承压性，基岩裂隙发育，孔隙水与裂隙水局部具连通性。地下水对混凝土结构无腐蚀性，对钢筋混凝土结构中钢筋有弱腐蚀性。

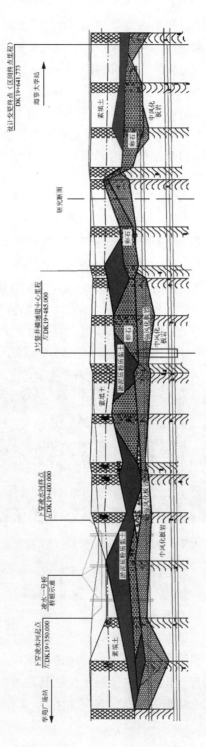

图 5.25　大连海事大学地铁试验段过河段地质纵断面图

### 5.5.2　计算模型与损伤参数反演

本章选取隧道 CK19+550m 处作为研究对象，概化为一个数值模型。建立隧道平面应变有限元模型，模型计算范围：宽 $x$ 方向为 42.3m 和高 $y$ 方向为 31.5m。围岩采用四边形单元进行剖分，共划分为 1493 个单元和 1605 个节点。衬砌厚度 30cm，亦采用四边形单元，划分为 77 个单元和 144 个节点。模型左、右两侧面施加 $x$ 方向的位移约束，底面施加 $y$ 方向的位移约束。将上面的岩土体作用等效为 $p$=0.1638MPa 的均匀压应力；上表面初始水头 $H_s$=1m，底面初始水头 $H_d$=32.5m，左、右两侧面施加沿重力方向梯度变化的水头压力。模型四周和隧道周边为透水边界。隧洞有限元模型网格划分如图 5.26 所示。

根据现场勘察和试验结果可得，隧道主要位于中风化板岩层，围岩弹塑性力学参数：容重 $\gamma$=23.4kN/m³，弹性模量 $E$=3.01GPa，泊松比 $\mu$=0.25，黏聚力 $c$=0.26MPa，内摩擦角 $\phi$=33.1°，剪胀角 $\varphi$=33.1°。衬砌弹性力学参数：容重 $\gamma$=25.5kN/m³，弹性模量 $E$=25GPa，泊松比 $\mu$=0.17。围岩渗流参数：初始孔隙度 $e$=2.1×10⁻³，初始渗透系数 $k_x = k_y$=3.12×10⁻³m/d。衬砌渗流参数：初始孔隙度 $e$=1.2×10⁻⁴，初始渗透系数 $k_x = k_y$=8.3×10⁻⁵m/d。

然后根据实际监测的位移按照如图 5.26 所示的有限元模型进行损伤参数反演。现场监测的数据：$CD$=0.306mm，$EF$=0.245mm，$AC$=1.069mm，$AD$=1.076mm，$AE$=2.062mm，$AF$=2.069mm。迭代收敛曲线如图 5.27 所示。反演的损伤参数如表 5.2 所示。

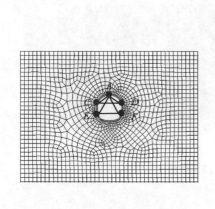

图 5.26　隧洞有限元模型网格划分

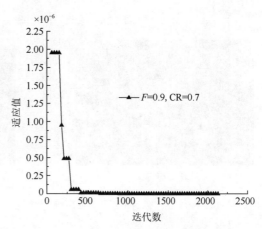

图 5.27　迭代收敛曲线

**表 5.2　损伤参数与反演结果**

| 损伤参数 | 反演结果 |
|---|---|
| $c_r$ /kPa | 4.2 |
| $\eta$ | 0.8 |
| $\kappa$ | $8\times10^3$ |

### 5.5.3　计算工况及结果分析

分两种情况进行了计算：第一种情况是不考虑渗流作用，单独进行弹塑性损伤力学场计算；第二种情况是采用上述建立的损伤 MH 耦合模型，进行流固耦合的计算。具体计算及结果如下。

（1）在不考虑渗流作用下隧道开挖后围岩和施作衬砌后进行弹塑性损伤力学场计算。毛洞开挖后和施作衬砌后的 $x$、$y$ 方向的应力云图如图 5.28 和图 5.29 所示。从图中可以看出，施作衬砌后围岩的应力分布发生了明显的变化。

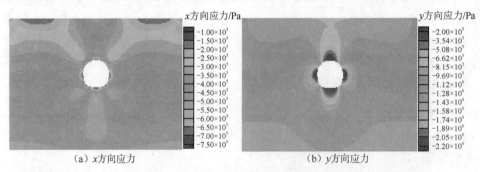

（a）$x$ 方向应力　　　　　　　　（b）$y$ 方向应力

图 5.28　毛洞开挖后 $x$、$y$ 方向围岩应力云图

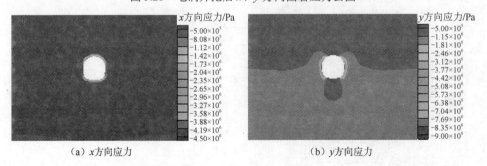

（a）$x$ 方向应力　　　　　　　　（b）$y$ 方向应力

图 5.29　施作衬砌后 $x$、$y$ 方向围岩应力云图

衬砌的应力云图如图 5.30 所示。

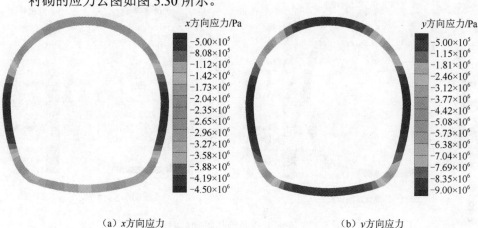

(a) x方向应力　　　　　　　　　　　　(b) y方向应力

图 5.30　衬砌 x、y 方向应力云图

　　毛洞开挖及施作衬砌后，基岩上表面沉降量如图 5.31 所示。对基岩地表节点进行分析知，最大的沉降量相差 0.99mm，最小相差 0.4mm。

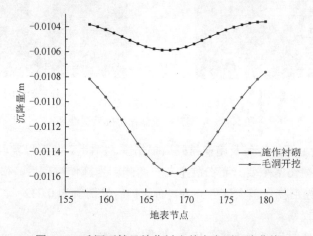

图 5.31　毛洞开挖及施作衬砌基岩表面沉降曲线

　　毛洞开挖及施作衬砌后衬砌位移如图 5.32 所示。由图 5.32 可以看出，衬砌的 x 方向位移最大为 0.2mm，分布在衬砌的左右两边，y 方向位移最大为 8.4mm，出现在衬砌顶部位置。

　　图 5.33 为隧道开挖后及施作衬砌后围岩塑性区。由图 5.33 可知衬砌支护作用明显减小了塑性区的范围，隧洞开挖后需要及时施作衬砌，衬砌作用较明显。

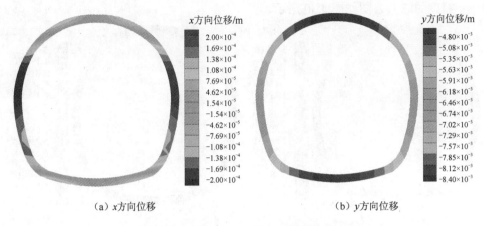

（a）x方向位移　　　　　　　　　　　　　　（b）y方向位移

图 5.32　毛洞开挖及施作衬砌后衬砌位移

（a）毛洞开挖　　　　　　　　　　　　　　（b）施作衬砌

图 5.33　毛洞开挖及施作衬砌后塑性区

图 5.34 为毛洞开挖后及施作衬砌后损伤区。由图 5.34 可以发现，因开挖而引起的洞周岩体损伤区主要分布在洞室左右两侧，当施作衬砌后，损伤区域发生了变化。毛洞开挖后损伤最大值为 0.09，而支护后损伤值为 0.032，支护作用减小了由开挖造成的损伤。

（2）在施作衬砌作用下进行应力-损伤-渗流耦合计算。影响渗流场与应力场耦合作用的关键因素是围岩的渗透系数。当围岩条件较差，存在大量裂隙或者岩体孔隙较大时，围岩渗透系数往往比较大，渗流场与应力场耦合作用会更强，地下水对隧道上覆地层变形中的贡献较大，此时若不考虑渗流场与应力场的耦合作用，会给计算结果带来较大的误差。

考虑损伤 MH 耦合作用和不考虑耦合作用的情况下计算的基岩表面沉降量最大相差 1.5mm，基岩表面沉降量如图 5.35 所示。

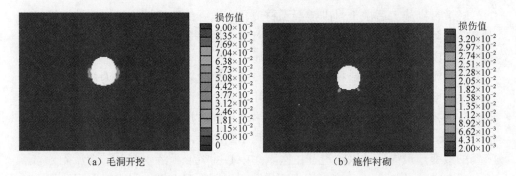

（a）毛洞开挖　　　　　　　　　　　　　（b）施作衬砌

图 5.34　毛洞开挖及施作衬砌后损伤区

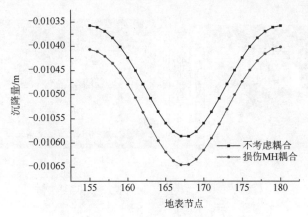

图 5.35　考虑和不考虑耦合作用基岩表面沉降量

　　隧道开挖破坏围岩的含水层结构，揭露部分地下水通道，使水动力条件和围岩力学平衡状态发生急剧改变，地下水或与之有水力联系的其他水体及所存储的能量在中立作用下由相对静止状态转向流动状态。地下水通过渗水通道向临空面流动并进入隧道，表现为区内地下水位下降，孔隙水压力相应降低，形成临近隧道区域的降低区，隧道影响范围外缓慢变化区，如图 5.36 所示。

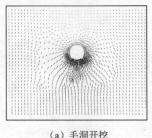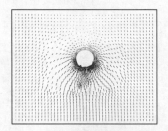

（a）毛洞开挖　　　　　　　　　　　　　（b）施作衬砌

图 5.36　毛洞开挖及施作衬砌后水流矢量

　　隧道衬砌施工后由于衬砌混凝土材料具有较强的抗渗性，渗透系数比地层小很多，能阻滞地下水向隧道内的排泄，隧道内涌水量随之减小。由于衬砌的渗透系数相比围岩小得多，阻水作用较为明显。

　　针对实际海水倒灌或在雨季水位上升的现象，以基岩上表面为基准，考虑三种水位高度，分别为-1m、1m、3m。采用变化上表面水头 $H_s$=-1m、1m、3m，底面水头 $H_d$=32.5m、35.5m、31.5m，左、右两侧面施加沿重力方向梯度变化的水头压力。隧道开挖后，周边围岩孔隙水压力不断消耗，地下水向洞内渗透，造成渗流场的改变，最终形成以隧道开挖区域为中心的类似于渗水漏斗的渗流场分布形状。图 5.37 为不同水头高度作用下洞周孔隙水压力分布图，衬砌对围岩孔隙水压力影响并不明显。

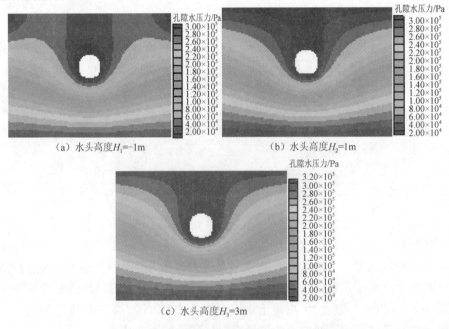

（a）水头高度$H_1$=-1m　　　　　　　（b）水头高度$H_2$=1m

（c）水头高度$H_3$=3m

图 5.37　不同水头高度作用下孔隙水压力

图 5.38 和图 5.39 分别为不同水头高度作用下塑性区和损伤区。

（a）水头高度 $H_1$=-1m　　　　（b）水头高度 $H_2$=1m　　　　（c）水头高度 $H_3$=3m

图 5.38　不同水头高度作用下塑性区

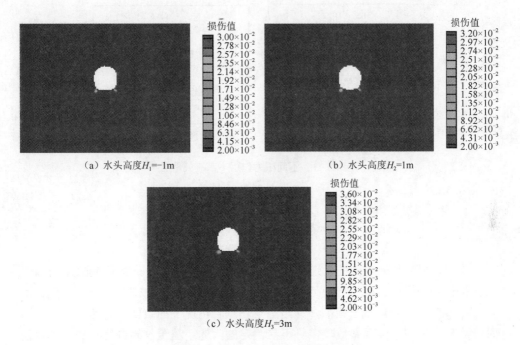

（a）水头高度 $H_1=-1\text{m}$　　　　　　　　（b）水头高度 $H_2=1\text{m}$

（c）水头高度 $H_3=3\text{m}$

图 5.39　不同水头高度作用下损伤区

进行不同覆土厚度的计算，将覆土厚度转化为竖向压应力 $p_1$ 和 $p_2$。图 5.40 为隧洞开挖完成后围岩渗透系数沿不同径向路径的分布曲线。从图中可以看出，因隧洞开挖而造成的应力重分布对沿隧洞径向 10m 范围内围岩的渗透系数都产生一定的影响。其中隧洞侧面 4.0m 内围岩的渗透系数受岩体损伤情况影响明显，渗透系数显著增大；而其他区域因无损伤情况，围岩渗透系数只受应力状态改变的影响而略有变化。

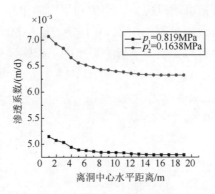

图 5.40　不同压力作用下渗透系数沿路径分布

图 5.41 为压应力 $p_1$ 和 $p_2$ 作用下的水流矢量。

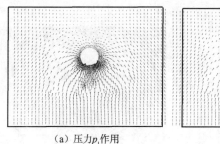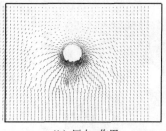

(a) 压力$p_1$作用　　　　　　　　　(b) 压力$p_2$作用

图 5.41　不同压力作用下水流矢量

# 5.6　本章小结

将围岩材料视为各向同性连续介质，基于 Drucker-Prager 准则建立了岩石弹塑性损伤本构模型。根据岩石处于弹塑性状态时渗透系数动态演化公式，建立了岩石弹塑性损伤 MH 耦合模型，并给出三场耦合情况下的数值求解迭代方法。同时针对耦合模型中涉及参数较多且不易测定的问题，基于差异进化算法对耦合模型中的损伤参数进行反演。利用所编程序进行了以下计算：①对智能反分析程序的性能、正确性进行分析，对比了不同差异策略、交叉因子、变异因子的反演精度和收敛速度。②分别采用弹性模型和弹塑性损伤模型进行隧道围岩位移场、应力场的计算。③不考虑力学作用的情况下进行孔隙水压力、渗流量的计算。④采用所建耦合模型计算得到隧道围岩应力场、渗流场及损伤场的相互影响规律。研究结果表明，基于差异进化算法的智能反分析程序能够较好地解决耦合模型中损伤参数不易确定的难题，为实际工程中获得不易测定的计算参数提供了有效的方法。同时所建立的耦合模型通过应力、渗流和损伤的相互作用更能够真实地反映出岩石材料的宏观复杂破坏现象，所编计算程序能够模拟地下水渗流场、应力场、损伤场之间的耦合特性，为受地下水影响严重的工程建设提供了方法。

# 第 6 章 岩石弹塑性损伤 MHC 耦合模型及其数值求解程序

## 6.1 引　言

在坝基、边坡和隧道等众多与水相关的岩体工程中，岩石受各种水化学溶液腐蚀后的破裂过程的试验和机理研究是至关重要的，这已引起科学工作者的重视。水化学作用是对岩石矿物成分的一种腐蚀过程，它不断与岩石发生化学反应，改变了岩石的力学特性[238,239]。在赋存环境多样的岩体工程中存在着地下岩体应力场的平衡、地下水在渗流场中的流动、地球化学反应，三者之间相互作用及相互影响，共同控制着工程的稳定性。水化学作用导致岩石力学性质的劣化过程称为岩石的化学损伤。汤连生等[58]指出了对岩石水化学损伤的定量分析，首先要考虑定量化求解水-岩化学反应过程与（宏观）化学损伤参量之间的关联，其次定量研究、建立适应岩石水化学损伤特点的应力-应变本构方程和强度准则，并确定有关参数。

水化学对岩石的腐蚀作用是一个极为复杂的过程，不同的岩性、不同的水化学环境下作用机制和规律差别都很大。如何建立岩石水化学-力学耦合作用的定量关系和数学模型，仍是一个亟待解决的问题和难题，这需要综合运用多学科的知识，并从不同尺度（微观-细观-宏观）的试验出发，进行深入的研究和探讨。

本章进行腐蚀损伤定量化及相应 MHC 耦合程序研究。首先，尝试采用细观角度定义的腐蚀损伤变量，将腐蚀损伤变量与力学损伤变量结合得到耦合损伤变量，采用第 5 章编制的岩石弹塑性损伤 MH 耦合程序，进行腐蚀损伤定量化计算；其次，基于孔隙度建立化学损伤变量，并给出其演化形式，将其嵌入水文地球化学模拟软件 PHREEQC 中，进行化学损伤变量的计算；最后，将第 5 章建立的岩石弹塑性损伤 MH 模型与水文地球化学模拟软件 PHREEQC 结合，编制岩石弹塑性损伤 MHC 耦合求解程序，并进行相应算例的计算。

## 6.2　水化学溶液腐蚀机理

岩石是由矿物和岩屑组成的，岩石力学性质主要取决于岩石矿物成分和颗粒间的连接。水化学环境对岩石既有物理方面又有化学方面的影响。在物理方面，水对岩石内颗粒界面的润滑作用，导致矿物颗粒间连接力减小，摩擦力降低，水的孔隙压力会降低围压的有效性，对裂隙产生劈裂作用等；在化学方面，水-岩化学作用引起岩石矿物成分发生改变，从而影响其力学性质。

从能量观点认为水化学腐蚀作用在岩石腐蚀损伤过程中，使岩体的内聚能不断减小，降低了岩体的黏结力，破坏了岩体内部的微观力学结构，并最终使得岩体达到最低的能量状态。岩体损伤的力学效应就是腐蚀作用使得岩石裂隙尖端的化学键被破坏，水化学的循环腐蚀作用使得岩体内部或裂隙尖端的微观裂隙将会扩大，即会引起裂纹扩展。在此过程中，水化学溶液的腐蚀特性将对岩石的损伤力学效应起主导作用[240]。

水化学溶液作用对岩石所造成的损伤在微细观上表现为其矿物成分及结构的变化，在宏观上则表现为其力学参数的劣化。岩石宏观力学性质的变化是微细观结构变化的表现，而微细观结构的改变是其宏观力学性质变化的内在原因。岩石水化学损伤主要是由构成岩石的各种矿物发生溶蚀所引起的，岩石矿物组成及结构类型、水化学溶液酸碱度、离子组分及离子浓度等共同决定水-岩化学反应的类型和损伤程度。常见的矿物溶蚀反应的化学方程式如下[241]：

石英：$SiO_2 + 2H_2O \Longleftrightarrow H_4SiO_4$

钾长石：$KAlSiO_8 + 4H^+ + 4H_2O \Longleftrightarrow K^+ + Al^{3+} + 3H_4SiO_4$

钠长石：$NaAlSi_3O_8 + 4H^+ + 4H_2O \Longleftrightarrow Na^+ + Al^{3+} + 3H_4SiO_4$

方解石：$CaCO_3 \Longleftrightarrow Ca^{2+} + CO_3^{2-}$

绿泥石：$Mg_5Al_2Si_3O_{10}(OH)_8 + 16H^+ \Longleftrightarrow 5Mg^{2+} + 2Al^{3+} + 3H_4SiO_4 + 6H_2O$

高岭石：$Al_2Si_2O_5(OH)_4 + 6H^+ \Longleftrightarrow H_2O + 2Al^{3+} + 2H_4SiO_4$

白云石：$CaMg(CO_3)_2 \Longleftrightarrow Ca^{2+} + Mg^{2+} + 2CO_3^{2-}$

钾云母：$KAl_3Si_3O_{10}(OH)_2 + 10H_2O + 2OH^- \Longleftrightarrow K^+ + 3Al(OH)_4^- + 3H_4SiO_4$

# 6.3　基于经验公式法的岩石损伤 MHC 耦合模拟

## 6.3.1　基于经验公式法的水化学损伤变量

作为具有不同化学成分即酸碱性的溶液和流体，地下水一方面以孔隙水压力的形式对岩石产生力学作用；另一方面以化学反应的形式与岩石发生物质交换，导致岩石本身微细观结构，甚至宏观结构改变，由此引起岩石力学性质的劣化。

对细观化学损伤的定量化描述计算，其关键是选择损伤测量参数。从上述分析知，由于化学溶液对岩石矿物的溶蚀、溶解等作用，引起的岩石细观结构损伤主要表现为岩石结构微孔洞或空隙（孔隙和裂隙）的增加。因此，以空隙率的变化为基础建立损伤变量，可反映细观结构化学损伤程度，即损伤变量形式为[242]

$$D_{(t_1)} = \frac{n_{(t_1)} - n_{(t_0)}}{1 - n_{(t_0)}} = 1 - \frac{1 - n_{(t_1)}}{1 - n_{(t_0)}} \tag{6.1}$$

式中，$n_{(t_0)}$ 为岩块 $t_0$ 时刻空隙率；$n_{(t_1)}$ 为化学损伤后岩石 $t_1$ 时刻的空隙率。

由于弹性波波速对空隙的发育状况反应敏感，微空隙越发达，弹性波波速越小，可得

$$\frac{1}{v_{p(t)}} = \frac{1 - n_{(t)}}{v_m} + \frac{n_{(t)}}{1 - v_f} \tag{6.2}$$

式中，$n_{(t)}$ 为岩块 $t$ 时刻空隙率；$v_{p(t)}$ 为 $t$ 时刻岩块测试纵波波速（m/s）；$v_m$ 为岩块颗粒骨架纵波波速（m/s）；$v_f$ 为空隙中流体纵波波速（m/s）。

由式（6.2）得

$$n_{(t)} = \frac{a}{v_{p(t)}} + b \tag{6.3}$$

式中，

$$a = \frac{v_m v_f}{v_m - v_f}, \quad b = -\frac{v_f}{v_m - v_f} \tag{6.4}$$

式（6.1）、式（6.3）、式（6.4）即为化学损伤变量计算公式。损伤变量的计算结果是以 $t_0$ 时刻的损伤为基础至 $t_1$ 时刻的损伤量。因此，通过式（6.1）、式（6.3）、式（6.4）可以进行任意时间段的化学损伤测量计算。当空隙中流体性质相同时，对岩性相同的岩石，$a$、$b$ 为常数，此时空隙率 $n_{(t)}$ 仅为所测岩块纵波波速 $v_{p(t)}$ 的函数。

这与实际工程中的岩体处于弱酸弱碱的水化学腐蚀环境很相似，因而上述化学损伤变量计算公式可以用于工程岩体化学腐蚀损伤变量定量计算分析研究[243]。

## 6.3.2　受荷损伤变量及演化方程

受荷损伤变量的形式见 4.3.1 小节的介绍，受荷损伤变量公式如下。

等效塑性应变 $\bar{\varepsilon}^p$ 的计算如下：

$$\bar{\varepsilon}^p = \frac{\sqrt{2}}{3} \sqrt{(\varepsilon_{p1} - \varepsilon_{p2})^2 + (\varepsilon_{p2} - \varepsilon_{p3})^2 + (\varepsilon_{p3} - \varepsilon_{p1})^2} \tag{6.5}$$

式中，$\varepsilon_{p1}$、$\varepsilon_{p2}$ 和 $\varepsilon_{p3}$ 为 3 个主塑性应变。

对应的损伤变量 $D_m$ 的演化方程如下：

$$D_m = 1 - e^{-\kappa(\bar{\varepsilon}^p - \bar{\varepsilon}_0^p)} \tag{6.6}$$

式中，等效塑性应变阀值 $\bar{\varepsilon}_0^p = 0$，即等效塑性应变产生时有损伤演化；$\kappa$ 为试验所得正常数。

### 6.3.3　岩石 MHC 耦合损伤变量

在化学溶液腐蚀作用下，岩石的损伤引起材料微结构的变化和材料受力性能的劣化。根据宏观唯象损伤力学概念，岩石腐蚀损伤变量 $D_c$ 可定义为

$$D_c = 1 - \frac{E_{c(t)}}{E_0} \tag{6.7}$$

式中，$E_0$ 为岩石腐蚀前的初始弹性模量；$E_{c(t)}$ 为岩石腐蚀后的弹性模量。

Lemaitre 提出的应变等价原理，岩石材料内部损伤型本构关系为

$$\sigma = (1 - D_m)E\varepsilon \tag{6.8}$$

式中，$E$ 为无损材料的弹性模量；$D_m$ 为应力损伤变量。

岩石腐蚀型本构关系为

$$\sigma = (1 - D_m)E_{c(t)}\varepsilon \tag{6.9}$$

由式（6.7）和式（6.9）得到用腐蚀和应力损伤变量表示的岩石应力-应变关系为

$$\sigma = (1 - D)E_0\varepsilon \tag{6.10}$$

式中，

$$D = D_m + D_c - D_m D_c \tag{6.11}$$

其中，$D$ 为岩石的腐蚀受荷总损伤变量；$D_m D_c$ 为耦合项。

将式（6.1）和式（6.6）代入式（6.11），可得岩石应力-化学耦合损伤变量。

### 6.3.4　数值模拟

建立平面应变有限元模型，模型计算范围：宽 $x$ 方向为 5m 和高 $y$ 方向为 5m，中心圆洞的半径 $r$=0.2m。采用四边形单元进行剖分，共划分为 629 个单元和 683 个节点。模型左、右两侧面施加 $x$ 方向的位移约束，底面施加 $y$ 方向的位移约束。将上面的岩土体作用等效为 $q$=1MPa 的均匀压应力；四周作用有相等的孔隙水压力 $p$=1MPa，模型四周和洞周边为透水边界。有限元计算模型如图 6.1 所示。

弹塑性力学参数：容重 $\gamma$ =26.0kN/m³，弹性模量 $E$=1.29GPa，泊松比 $\mu$ =0.32，黏聚力 $c$ =0.6MPa，内摩擦角 $\phi$=33°，剪胀角 $\varphi$=33°。力学损伤参数：明显损伤黏聚力 $c_r$=50kPa，损伤参数 $\eta$ =0.7、$\kappa$=60。渗流参数：初始孔隙度 $e$=4.3×10⁻²，初始渗透系数 $k_x = k_y$ =6.2×10⁻³m/d。化学损伤参数参考文献[242]给出，岩块颗粒骨架纵波波速 $v_m$=6000m/s，对于空隙中流体纵波波速 $v_f$，在自然状态下空隙流体为空气，其波速 $v_f$ =334m/s，试件完全饱和后空隙流体为水化学溶液，其波速

$v_f$=1500m/s，在 $t$ 时刻岩块测试纵波波速 $v_{p(t)}$，$v_{p(150d)}$=4348m/s。

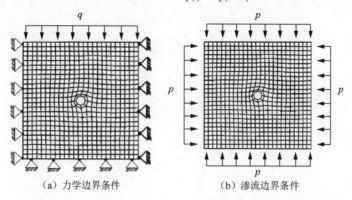

（a）力学边界条件　　　　　　（b）渗流边界条件

图 6.1　有限元计算模型

　　不考虑化学损伤和考虑化学损伤作用的情况下，损伤区和水流矢量对比图分别如图 6.2 和图 6.3 所示。

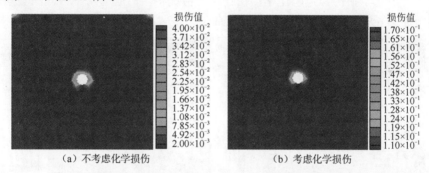

（a）不考虑化学损伤　　　　　　　（b）考虑化学损伤

图 6.2　不考虑和考虑化学损伤作用的损伤区

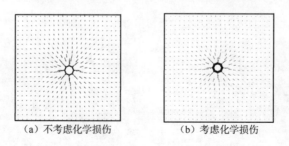

（a）不考虑化学损伤　　　　　　　（b）考虑化学损伤

图 6.3　不考虑和考虑化学损伤作用的水流矢量

　　考虑化学损伤的洞内渗水量为 105454.4m$^3$/d，不考虑化学损伤的洞内渗水量为 96927.13m$^3$/d。

　　处于洞周损伤区节点的位移对比曲线如图 6.4 所示。

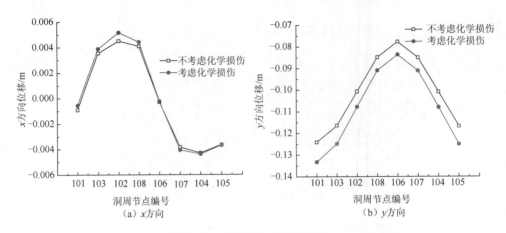

（a）x方向　　　　　　　　　　（b）y方向

图 6.4　不考虑和考虑化学损伤作用的洞周 x、y 方向位移

　　考虑化学损伤作用的情况下，计算的位移场、应力场、孔隙水压力如图 6.5～图 6.7 所示。

　　不考虑化学损伤和考虑化学损伤作用的情况下，沿洞周水平方向和竖向的渗透系数如图 6.8 所示。

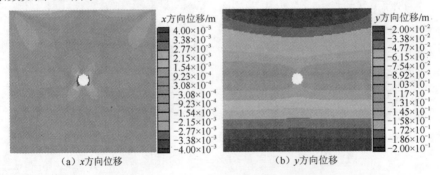

（a）x方向位移　　　　　　　　　　（b）y方向位移

图 6.5　考虑化学损伤作用的 x、y 方向位移

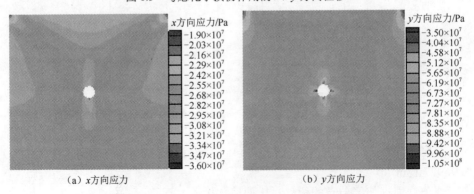

（a）x方向应力　　　　　　　　　　（b）y方向应力

图 6.6　考虑化学损伤作用的 x、y 方向应力

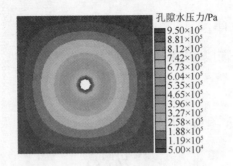

图 6.7　考虑化学损伤作用的孔隙水压力

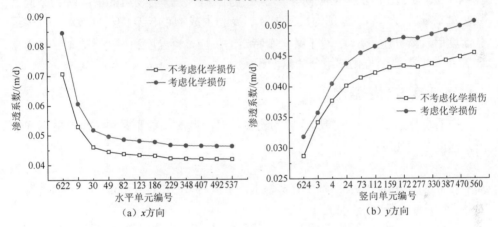

（a）x 方向　　　　　　　　　　　　　（b）y 方向

图 6.8　不考虑和考虑化学损伤渗透系数的变化

# 6.4　岩石水化学损伤演化数值模拟基础

水文地球化学是在水文地质学和地球化学基础上发展起来，研究地下水中化学组分的形成原因，化学元素的富集、分布与迁移及地下水与周围介质之间的质量转化规律的一门学科。

水文地球化学的研究对象是控制水中水形态组分存在、分布和行为的化学过程。水形态组分包括所有溶解于水中的无机和有机组分。一方面，它们可能是严格意义上的自由阳离子和阴离子，如 $Na^+$、$K^+$、$Ca^+$、$Mg^{2+}$、$Cl^+$ 和 $F^-$；另一方面可能为不同元素的化合物，即络合物。络合物包括带负电荷的化合物，如 $OH^-$、$HCO_3^-$、$CO_3^{2-}$、$SO_4^{2-}$、$NO_3^-$、$PO_4^{3-}$；带正电荷的化合物，如 $ZnOH^+$、$CaH_2PO_4^+$、$CaCl^+$；零价的化合物，如 $CaCO_3^0$、$FeSO_4^0$、$NaHCO_3^0$；含有机配位体的络合物。水中组分存在不同形态的决定因素是由于溶解组分之间的相互作用、与气相和固相的作用、迁移过程及降解过程。这些作用决定了地表水和地下水的水化学组成。

### 6.4.1　质量作用定律

任何一个化学平衡或非平衡反应，如果它们是可逆的，都能够用质量作用定律来描述，如下：

$$aA + bB \rightleftharpoons cC + dD \tag{6.12}$$

当反应达到平衡状态时，反应物与生成物之间存在如下关系：

$$K = \frac{a_C^c \cdot a_D^d}{a_A^a \cdot a_B^b} \tag{6.13}$$

式中，$a$、$b$、$c$、$d$ 为反应物 $A$、$B$ 及生成物 $C$、$D$ 的物质的量；$K$ 为平衡常数；$a_A^a$、$a_B^b$、$a_C^c$、$a_D^d$ 分别为反应物 $A$、$B$ 和生成物 $C$、$D$ 的活度（对于气体组分活度用气体分压表示）。对于某一个特定的反应，当温度和压力一定时，平衡常数 $K$ 是一个常数，与化学组分的浓度无关。

### 6.4.2　活度与离子强度

在质量作用定律中，参加反应的物质是以活度 $a_i$，而不是以浓度 $c_i$ 的形式给出，活度公式如下：

$$a_i = f_i \cdot c_i \tag{6.14}$$

式中，$a_i$ 为水溶液物种 $i$ 的活度；$c_i$ 为水溶液物种 $i$ 的浓度（mol/L）；$f_i$ 为水溶液物种 $i$ 的活度系数（L/mol）。

活度系数 $f_i$ 为一个离子组分的纠正要素，它反映了带电荷的离子内部之间相互影响的程度。由于活度系数是离子强度的非线性函数，所以活度也是浓度的非线性函数。可以采用离子理解理论和离子相互作用理论计算得到活度系数。

规定固体和纯物质的活度等于 1。水溶液中水的活度依据下式确定：

$$a_{H_2O} = 1 - 0.017\sum_i^{N_{aq}} c_i \tag{6.15}$$

式中，$N_{aq}$ 为水溶液物种总数。

溶液离子强度 $I$ 是衡量相互作用强度的总参数，表示如下：

$$I = 0.5 \cdot \sum_i^{N_{aq}} c_i z_i^2 \tag{6.16}$$

式中，$z_i$ 为物种 $i$ 的离子所带电荷数。

知道了溶液中的离子强度就可以计算水溶液中不同物种的活度系数。活度系数可以由 Debye-Huckel 方程、Davies 方程、Setchenow 方程等计算得到。

### 6.4.3　溶解和沉淀

溶解和沉淀是可以用质量作用定律描述的可逆反应。矿物的溶解度通常指标准条件下，矿物在单位体积溶剂中可溶解的最大质量。

矿物 $X_xY_y$ 溶解成组分 $xX^{y+}$ 和 $yY^{x-}$，可以按照质量作用定律进行：

$$X_xY_y \xrightleftharpoons{} xX^{y+} + yY^{x-} \tag{6.17}$$

$$K_{sp} = \left( a_{X^{y+}}^x \cdot a_{Y^{x-}}^y \right)_{平衡} \tag{6.18}$$

式中，$K_{sp}$ 为反应的溶度积常数。溶度积常数取决于矿物、溶剂、反应时间、压力、温度、pH、Eh（氧化还原电对）和水中已经存在的离子以及这些离子形成络合物的程度。

饱和指数表示水溶液对某种特定矿物的饱和程度，常以 SI 表示如下：

$$SI = \log \frac{a_{X^{y+}}^x \cdot a_{Y^{x-}}^y}{k_{sp}} \tag{6.19}$$

式（6.19）指出了溶液是否与固相处于平衡，还是相对固相处于饱和或过饱和状态。当 SI>0 时表示水溶液对某种矿物质是过饱和的，该矿物将从水溶液中沉淀出来；当 SI=0 时表示水溶液与矿物处于平衡状态；当 SI<0 时表示水溶液对指定矿物质是欠饱和的，水溶液还有继续溶解该物质的能力。

### 6.4.4　化学反应速率方程

有学者基于化学热力学和过渡态理论得出矿物溶解反应速率方程为

$$R_i = r_i \frac{A_0}{V} \left( \frac{m_i}{m_{0i}} \right)^n \tag{6.20}$$

式中，$r_i$ 为比速率（$mol \cdot s / m^2$）；$A_0$ 为矿物初始表面积（$m^2$）；$V$ 为水溶液体积（L）；$m_{0i}$ 为矿物初始物质的量（mol）；$m_i$ 为 $t$ 时刻矿物的物质的量（mol）；$n$ 为比表面积变化系数。

比速率与水化学溶液 pH、矿物饱和度和温度等因素有关。比速率的公式如下：

$$r_i = k_i \left[ 1 - \left( \frac{IAP}{K_i} \right)^\lambda \right] \tag{6.21}$$

式中，$k_i$ 为比速率经验常数（$mol \cdot s / m^2$）；$\lambda$ 为与反应过程有关的化学计量常数，通常取 $\lambda=1$；$IAP / K_i$ 为水化学溶液中组分 $i$ 的饱和度。

## 6.5　岩石水化学损伤动态演化数值模拟

### 6.5.1　水文地球化学模拟软件 PHREEQC

PHREEQC 是美国地质调查局开发的，是当今国际上通用的水文地球化学模拟软件之一。D. L. Parkhurst 等在 1980 年用 Fortran 语言开发出模拟程序 PHREEQC。初期该程序可以进行水的混合溶液中的溶解与沉淀反应的平衡，温度变化影响的模拟，元素的浓度、物质的量、液相组分活度、pH、pe、饱和指数、可逆/不可逆反应方程的摩尔转换。L. N. Plummer 等在 1988 年对 PHREEQC 进行了补充，加入适用盐水或高浓度电解质溶液中离子强度大于 1mol/L 时的 Pitzer 方程式，开发了 PHREEQE。PHREEQM 包括了 PHREEQE 的所有功能，同时加入基于弥散和扩散作用的一维迁移模拟。D. L. Parkhurst 在 1995 年发布了用 C 语言编写的 PHREEQC 程序，该版本解决了几乎所有有关组分数、液相相分形态、溶解、相、交换作用和表面络合作用方面的限制，消除了输入文件使用 Fortran 格式的缺点。此外，还改进了对方程的求解方法，增加了一些新的功能选择，形成 PHREEQC2[239]。

程序主要包括 Input 和 Output。Input 由两个窗口组成：左侧用于输入要模拟的化学分析及模拟执行所需要的命令；右侧窗口列出 PHREEQC 关键词和 PHREEQC 中的 Basic 语句。Output 是由标准输出加上输入文件中自定义的结果组成。标准输出的结构包括：读取数据库和关键词（reading data base），复制输入文件中的数据和关键词（reading input data），标准计算（beginning of initial solution calculations）。其中标准计算部分包括 solution composition（元素的浓度 mol/kg 和 mol/L）、description of solution（pH、pe、活度、电荷平衡、离子强度、分析误差等）、distribution of species（组分形态分布）、saturation indices（矿物名称、SI、logIAP、logKT）。

## 6.5.2　水化学损伤变量及演化方程

大量实验及理论分析表明，水-岩化学作用对岩石的物理力学特性存在重要影响，许多岩体工程的破坏和失稳均与水-岩化学作用密切相关。因此采用定量化方法预测岩石所受的水化学损伤程度，并分析各种水化学环境因素对其损伤的影响规律具有重要意义。水化学损伤变量定义、演化如下[79]。

### 1. 损伤变量定义

建立损伤理论的关键是定义一个合适的损伤变量，用于描述材料损伤状态发展变化及其对材料力学特性的影响效应。岩石中的孔隙可以理解为岩石的缺陷，水-岩化学作用对岩石的侵蚀实质是经过水化学环境改造后岩石孔隙结构的进一步发展。因此，以孔隙率的变化为基础建立损伤变量，可反映水-岩化学作用对岩石的腐蚀损伤程度。故定义水化学损伤度为

$$D_c = \frac{\phi_c}{1-\phi_0} \times 100\% \tag{6.22}$$

式中，$\phi_0$ 为未受水化学溶液侵蚀时岩石的初始孔隙率；$\phi_c$ 为水化学溶蚀作用对岩石所产生的次生孔隙率。

2. 损伤变量演化方程

水-岩化学反应过程中，部分矿物逐渐溶蚀，在此过程中所产生的溶蚀孔隙率等于水-岩化学反应过程中单位体积岩石所溶蚀矿物体积之和。因此，可得水化学溶蚀孔隙率 $\phi_c$ 计算表达式如下：

$$\phi_c = \sum_{i=1}^{N} \int_0^t \frac{M_i R_i}{\rho_i V} \mathrm{dt} \tag{6.23}$$

式中，$M_i$ 为第 $i$ 种矿物的摩尔质量（kg/mol）；$\rho_i$ 为第 $i$ 种矿物密度（kg/m³）；$V$ 为模拟过程中所用岩石体积（m³）；$N$ 为岩石中溶蚀矿物总数。

将式（6.16）代入式（6.15），可得岩石水化学损伤度动态演化方程为

$$D_c = \frac{\sum_{i=1}^{N} \int_0^t \frac{M_i R_i}{\rho_i V} \mathrm{dt}}{1-\phi_0} \times 100\% \tag{6.24}$$

综上所述，质量守恒方程、水-岩化学反应速率方程及水化学损伤度演化方程联立即构成岩石水化学损伤动态演化数学模型。

### 6.5.3　数值模拟

以石灰岩为例，考虑主要矿物成分为方解石 $CaCO_3$，忽略其他矿物影响。水化学溶液成分主要为 NaCl，模拟在考虑 $CO_2$ 体积分数（1%、0.1% 及 0.03%）作用条件下、不同 pH（pH=3、7、11）、不同离子浓度（0.05mol/L、0.1mol/L、0.5mol/L、1mol/L）环境中模拟损伤演化过程。模拟中水化学动力学参数[242]：反应速率常数 50mol/s，反应速率环境修正系数 0.6，初始物质的量 0.003mol，岩石初始孔隙度 10.9%，密度 2650kg/m³。

溶液 pH=7、离子浓度 NaCl=0.5mol/L、不同 $CO_2$ 体积分数水化学环境下石灰岩损伤演化结果对比如图 6.9 所示。溶液 pH=7、$CO_2$ 为 0.033%、不同离子浓度 NaCl 水化学环境下石灰岩损伤演化结果对比如图 6.10 所示。溶液离子浓度 NaCl=0.5mol/L、$CO_2$ 体积分数为 0.033%、不同 pH 水化学环境下石灰岩损伤演化结果对比如图 6.11 所示。

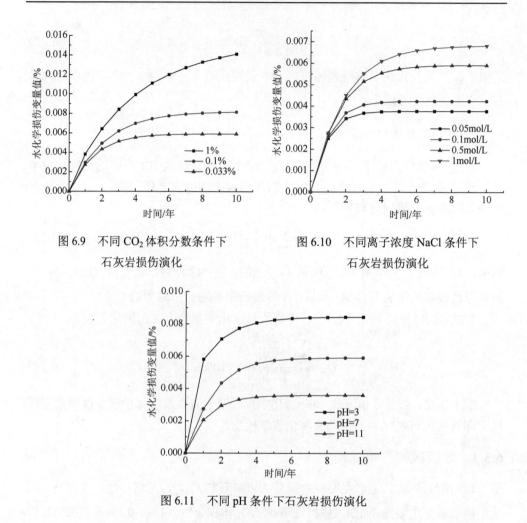

图 6.9　不同 $CO_2$ 体积分数条件下
石灰岩损伤演化

图 6.10　不同离子浓度 NaCl 条件下
石灰岩损伤演化

图 6.11　不同 pH 条件下石灰岩损伤演化

# 6.6　基于化学动力学的损伤 MHC 耦合程序及数值计算

## 6.6.1　岩石弹塑性损伤 MHC 耦合程序实现

采用模块化思想构建岩石弹塑性损伤 MHC 耦合数值模拟程序，程序主要由弹塑性损伤力学模块、渗流计算模块、水-岩化学损伤演化计算模块三部分组成。弹塑性损伤力学模块与渗流计算模块的结合在前面已经进行了详细的叙述，水化学损伤借助于水文地球化学模拟软件 PHREEQC，将三者有机结合起来，构建了岩石损伤 MHC 耦合数值模拟程序。岩石弹塑性损伤 MHC 耦合程序编制流程如图 6.12 所示。

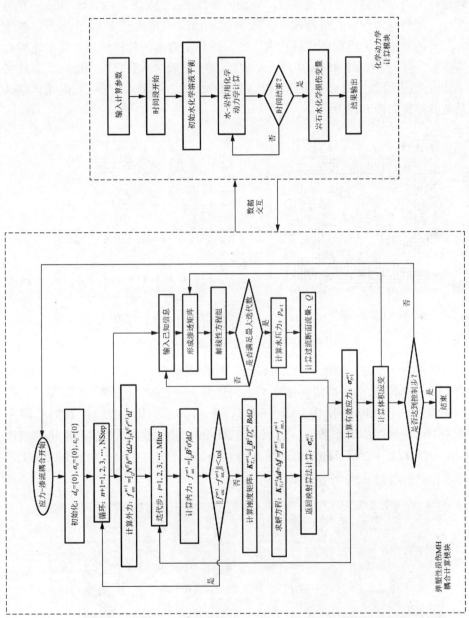

图 6.12　岩石弹塑性损伤 MHC 耦合程序编制流程

### 6.6.2 数值模拟

建立平面应变隧道有限元模型，模型计算范围：宽 $x$ 方向为80m和高 $y$ 方向为70m。采用四边形单元进行剖分，共划分为1313个单元和1402个节点。模型左、右两侧面施加 $x$ 方向的位移约束，底面施加 $y$ 方向的位移约束。将上述的岩土体作用等效为 $q$=0.95MPa 的均匀压应力。模型上表面水头高度50m，底面是水头120m，两侧随着重力梯度变化，模型四周和洞周边为透水边界。有限元计算模型及边界条件如图6.13所示。

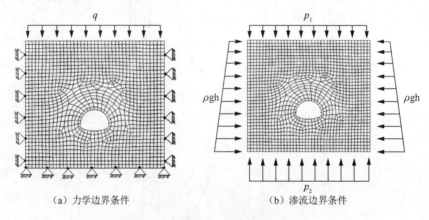

（a）力学边界条件　　　　　　　　　　（b）渗流边界条件

图6.13　有限元计算模型及边界条件

弹塑性力学参数：容重 $\gamma$=19.0kN/m$^3$，弹性模量 $E$=1.3GPa，泊松比 $\mu$=0.25，黏聚力 $c$=1.2MPa，内摩擦角 $\phi$=32.94°，剪胀角 $\varphi$=32.94°。力学损伤参数：明显损伤黏聚力 $c_r$=3kPa，损伤参数 $\eta$=0.5、$\kappa$=1000。渗流参数：初始孔隙度 $e$=3.3×10$^{-2}$，初始渗透系数 $k_x = k_y$=6.48×10$^{-3}$m/d。水化学损伤模拟水化学溶液 pH=5，$CO_2$ 为 0.033%，NaCl 溶液浓度为 0.1mol/L，岩石主要矿物成分、水化学动力学计算参数如6.5.3小节中计算所选参数。

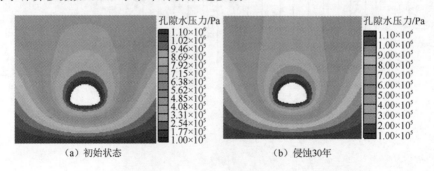

（a）初始状态　　　　　　　　　　（b）侵蚀30年

图6.14　初始状态和水化学溶液侵蚀30年的孔隙水压力

初始状态和水化学溶液侵蚀 30 年的孔隙水压力和损伤区如图 6.14 和图 6.15 所示。在化学溶液的作用下，损伤变量值有所增加，体现了水化学溶液侵蚀对力学特性的影响。

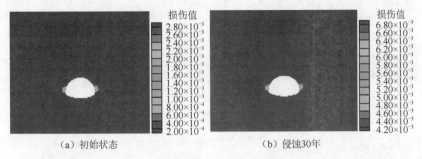

（a）初始状态　　　　　　　　　　（b）侵蚀30年

图 6.15　初始状态和水化学溶液侵蚀 30 年的损伤区

初始状态和水化学溶液侵蚀 30 年的 $x$、$y$ 方向位移，如图 6.16 和图 6.17 所示。由图 6.16 和图 6.17 可以看出，$x$ 方向的位移和 $y$ 方向的位移大小分布发生了变化。

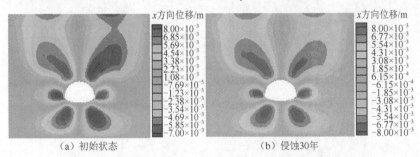

（a）初始状态　　　　　　　　　　（b）侵蚀30年

图 6.16　初始状态和水化学溶液侵蚀 30 年的 $x$ 方向位移

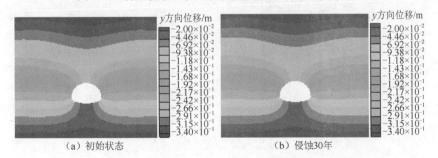

（a）初始状态　　　　　　　　　　（b）侵蚀30年

图 6.17　初始状态和水化学溶液侵蚀 30 年的 $y$ 方向位移

下面给出初始状态和水化学溶液侵蚀 30 年的 $x$ 方向应力、$y$ 方向应力、剪应力，如图 6.18～图 6.20 所示。

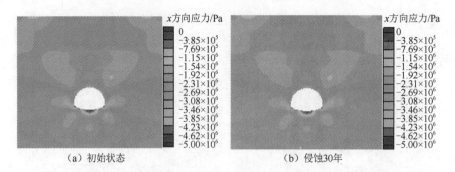

图 6.18　初始状态和水化学溶液侵蚀 30 年的 $x$ 方向应力

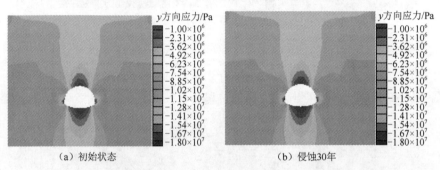

图 6.19　初始状态和水化学溶液侵蚀 30 年的 $y$ 方向应力

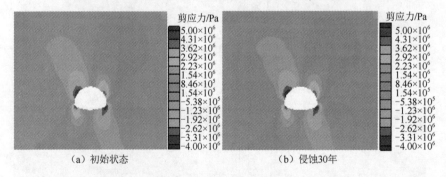

图 6.20　初始状态和水化学溶液侵蚀 30 年的剪应力

## 6.7　本 章 小 结

　　岩土工程在同时承受荷载、渗透压及化学溶液腐蚀作用下的岩石变形、力学性质等方面认识的还不够全面，如何建立岩石水化学-力学耦合作用的定量关系和数学模型，仍是一个亟待解决的问题。本章考虑应力场、渗流场、化学场三者的耦合作用，根据力学损伤变量和水化学损伤变量推导了 MHC 耦合损伤变量。①基于经验公式给出了水化学损伤变量的动态演化规律，采用所编制的损伤 MH 耦合程序进行了数值计算；②基于化学动力学的计算，采用孔隙度的形式给出水化学损伤变量，将损伤 MH 耦合程序与水文地球化学模拟软件 PHREEQC 结合，完成了岩石弹塑性损伤 MHC 耦合程序，并对受化学腐蚀的问题进行了模拟计算。研究结果表明，所建立的方法能够进行多场耦合条件下变形、受力特性分析，为工程建设提供参考和依据。

# 第 7 章　基于 ZSI 的围岩安全性 MH 耦合数值模拟

## 7.1　引　　言

隧道围岩安全性评价又称为稳定性评价，所关注的是围岩破坏区和危险区的范围、深度、形成的机理，以及危险性状态在施工运营过程中的演化特性，是隧道设计和施工的基础。按照时间的不同，有短期和长期之分，需要通过安全性指标来进行评价。最常用围岩安全性指标包括围岩极限位移、围岩破损区范围、围岩安全系数。郑颖人和丛宇[120]结合强度折减法来获得隧道围岩的安全系数，克服了以往围岩安全评价受岩体刚度影响的不足，具有很好的适应性。但是上述指标限于对整体围岩进行稳定性评价，尚无法反映岩体安全程度空间分布的情况。

为进行岩体局部安全程度评价，Hoek 等[244]率先把单元安全系数概念引入到边坡稳定分析中。蓝航[245]利用 Drucker-Prager 强度准则，建立了基于单元的安全系数法，可计算围岩稳定的空间安全度的分布。蒋青青[246]建立了基于 JRC-JCS 模型下的点安全系数计算方法。由于围岩存在着塑性区，张传庆[247]、谢和平和冯夏庭[248]对围岩屈服接近度或破坏接近度进行了研究。上述方法分别单独建立弹性区域和塑性区域指标，未将弹塑性区域指标统一起来。

地下工程避不开地下水问题，MH 耦合不但是岩石力学学科的研究热点，也是富水区隧道工程施工比较突出的问题。隧道围岩整个的渐进破坏过程包含了弹性、屈服、破坏各阶段，其中伴随着复杂的渗流-应力耦合作用。应力、损伤及破坏的不同单元状态会对渗透性产生不同的影响，而传统 MH 耦合分析忽略了不同单元状态下渗透性的变化，因此带来很大的误差。本章首先基于已有的研究成果建立了单元状态指标，该指标将屈服接近度、破坏接近度等进行适当变换，统一到单元安全度量体系（负值代表破坏），实现了单元的弹性、屈服、破坏三种状态的完整表达；然后将单元状态指标与渗透系数建立联系，反映岩石破坏带来渗透性变化的特点；最后采用 FLAC$^{3D}$ 的 FISH 语言二次开发，并与 MH 耦合算法结合。

## 7.2　单元状态指标定量评价方法

### 7.2.1　单元状态指标的推导

理想弹塑性理论认为超过应力峰值岩土体应力应变关系为一条水平直线，这是不符合实际的，典型的岩石压缩和岩石拉伸应力-应变曲线均存在软化阶段[192]。如图 7.1 所示，两条曲线基本相似，压缩曲线中 A 点为屈服应力点，之后开始出现塑性应变，B 点为应力峰值点。岩石在拉伸状态下，初始阶段为弹性，应力达到抗拉强度后屈服，之后强度迅速减弱。等效塑性应变超过极限等效塑性应变后岩石破坏。

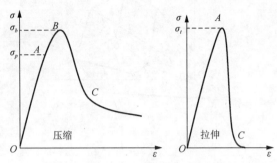

图 7.1　典型的岩石应力-应变曲线

当弹性段等效塑性剪切应变 $\varepsilon^{ps}$=0 时，应力随着弹性应变线性增加。达到屈服强度后便进入到应变软化段，此时 $\varepsilon^{ps}$>0。当 $\varepsilon^{ps}$ 增加到极限应变 $\overline{\varepsilon}^{ps}$ 以后，材料便发生破坏。$\varepsilon^{ps}$ 可由式（7.1）、式（7.2）确定[249]：

$$\varepsilon^{ps} = \frac{1}{\sqrt{2}}\sqrt{(\varepsilon_1^{ps} - \varepsilon_m^{ps})^2 + (\varepsilon_m^{ps})^2 + (\varepsilon_3^{ps} - \varepsilon_m^{ps})^2} \tag{7.1}$$

$$\varepsilon_m^{ps} = \frac{1}{3}(\varepsilon_1^{ps} + \varepsilon_3^{ps}) \tag{7.2}$$

式中，$\varepsilon_1^{ps}$、$\varepsilon_3^{ps}$ 为塑性剪切应变分量，可根据全应力-应变曲线软化（硬化）段的线弹性卸载得到。应变软化（硬化）模型采用塑性参数 $\varepsilon^{pt}$ 计算塑性拉伸应变 $\varepsilon^{pt} = \varepsilon_3^{pt}$。极限应变则可以根据破坏时的等效塑性应变确定。目前，极限等效塑性应变参考值没有较为明确的标准，一般只能通过试验得到。

通过统一的指标建立岩土材料从弹性到破坏全阶段的定量评价方法，将围岩划分为单元，提取单元的应力-应变状态，以 ZSI 表征岩体单元的安全或危险程度。主应力符号以拉应力为正，压应力为负，且 $\sigma_3 < \sigma_2 < \sigma_1$，ZSI 推导如下：

1. 弹性阶段（$\varepsilon^{ps}$=0，$\varepsilon^{pt}$=0）

在弹性阶段单元的塑性应变为 0，此时根据图 7.2 中单元实际的应力状态点 P 计算材料单元状态指标。当 $\sigma_1 \leqslant 0$ 时，由于没有拉应力存在，按照单元处于弹性剪切状态来考虑。莫尔-库仑准则屈服面在主应力空间中是一个不规则的六角形截面的角锥体表面，其 π 平面或偏平面内投影为不等角六边形。

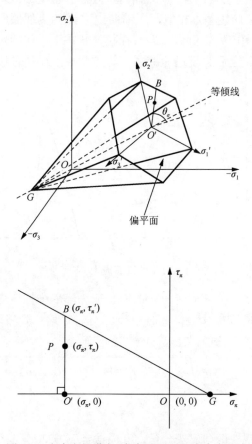

图 7.2　应力空间莫尔-库仑屈服面及应力点状态

$I_1$ 为应力张量第一不变量，$J_2$ 为偏应力张量第二不变量。点状线为偏平面上 $\sigma_2{}'$ 轴的垂线，与 $O'B$ 的夹角等于应力罗德角 $\theta_\sigma$。$O'$ 点为等倾线上的点，亦为相对最安全的参考点，连接 $O'P$ 并延长交 $EFG$ 平面于 $B$ 点，在 $GBO'$ 面上 $O$ 点坐标为 $(0, 0)$，$O'$ 点坐标为 $(\sigma_\pi, 0)$，$\sigma_\pi$ 为 $\pi$ 平面上的正应力分量。$P$ 点坐标为 $(\sigma_\pi, \tau_\pi)$。$B$ 点坐标为 $(\sigma_\pi, \tau_\pi{}')$。此时 ZSI 可表述为，空间应力点相应的最稳定参考点沿罗德角方向到屈服面的距离与该参考点和应力点间的距离之比。

由于 $B$ 点在屈服面上，因此

$$
\begin{aligned}
F &= \frac{I_1 \sin\varphi}{3} + \left(\cos\theta_\sigma - \frac{1}{\sqrt{3}}\sin\theta_\sigma \sin\varphi\right)\sqrt{J_2'} - c\cos\varphi \\
&= \frac{I_1 \sin\varphi}{3} + \beta(\theta_\sigma)\tau_\pi' - c\cos\varphi \\
&= 0
\end{aligned}
\tag{7.3}
$$

$$\beta(\theta_\sigma) = \frac{\cos\theta_\sigma - \sin\theta_\sigma \sin\varphi / \sqrt{3}}{\sqrt{2}} \tag{7.4}$$

$$\tau_\pi' = \frac{c\cos\varphi - \dfrac{I_1 \sin\varphi}{3}}{\beta(\theta_\sigma)}, \quad \tau_\pi = \sqrt{2J_2} \tag{7.5}$$

$$\text{ZSI} = \frac{O'B}{O'P} = \frac{\tau_\pi'}{\tau_\pi} = \frac{\dfrac{I_1 \sin\varphi}{3} - c\cos\varphi}{\left(\dfrac{1}{\sqrt{3}}\sin\theta_\sigma \sin\varphi - \cos\theta_\sigma\right)\sqrt{J_2}} \tag{7.6}$$

当应力点在屈服面上时，ZSI=1；当应力点在等倾线上时，ZSI=+∞，表示单元在该阶段所能达到的最安全状态。需要说明的是，ZSI=+∞并不是指单元无限的安全，而是在弹性剪切阶段处于相对最安全的状态。

通常，岩土材料抗拉强度相对抗剪强度要小很多，因此必须考虑材料在拉伸状态下的安全性，此时 ZSI=$\sigma_t/\sigma_1$。$\sigma_1$趋近于 0，受拉状态为相对最安全状态 ZSI=+∞，然而此时仍不能排除单元剪切破坏的可能，为更好地把握岩土体的危险性，ZSI值可取为剪切与拉伸同时考虑的情况下的较小值。弹性段 ZSI 的表达式为

$$\text{ZSI} = \begin{cases} \dfrac{\dfrac{I_1 \sin\varphi}{3} - c\cos\varphi}{\left(\dfrac{1}{\sqrt{3}}\sin\theta_\sigma \sin\varphi - \cos\theta_\sigma\right)\sqrt{J_2}}, & \sigma_1 \leqslant 0 \\[6mm] \min\left\{\dfrac{\dfrac{I_1 \sin\phi}{3} - c\cos\varphi}{\left(\dfrac{1}{\sqrt{3}}\sin\theta_\sigma \sin\phi - \cos\theta_\sigma\right)\sqrt{J_2}}, \dfrac{\sigma_t}{\sigma_1}\right\}, & \sigma_1 > 0 \end{cases} \tag{7.7}$$

弹性阶段 ZSI∈[1,+∞)，当 ZSI>1 时，单元处于弹性阶段，ZSI 值越大，安全性越高；当 ZSI=1 时，单元开始进入屈服阶段。

2. 屈服阶段（$0<\varepsilon^{ps} \leqslant \overline{\varepsilon}^{ps}$，$\varepsilon^{pt}=0$；$\varepsilon^{ps}=0$，$0<\varepsilon^{pt} \leqslant \overline{\varepsilon}^{pt}$；$0<\varepsilon^{ps} \leqslant \overline{\varepsilon}^{ps}$，$0<\varepsilon^{pt} \leqslant \overline{\varepsilon}^{pt}$）

当应力超过了屈服应力认为材料进入塑性软化的阶段，此时岩石出现了塑性变形，等效塑性应变大于 0。郑颖人等[249]指出：在宏观现象学上，材料的屈服和破坏取决于应变量，采用应变来建立屈服与破坏条件更能反映材料的本质。也就是说以应变量来界定工程岩体的破坏是一个有效的方法。对岩体而言，等效塑性应变可以表示材料的累计损伤程度。因此可将破坏临界点的等效塑性应变值作为破坏的判据。

$\varepsilon^{ps}/\overline{\varepsilon}^{ps}$ 可以表示材料在剪切屈服阶段距离破坏的接近程度，取 $\varepsilon^{ps}/\overline{\varepsilon}^{ps}$ 相补参量作为剪切屈服状态的相对于破坏状态指标 ZSI，这样处理的优点是可以将屈服阶段的值域与弹性阶段明显地区分开来，并且仍然保持值越小，安全性越低的趋势，此时

$$ZSI = 1 - \frac{\varepsilon^{ps}}{\overline{\varepsilon}^{ps}} \tag{7.8}$$

同理，当材料处于拉伸屈服段时，

$$ZSI = 1 - \frac{\varepsilon^{pt}}{\overline{\varepsilon}^{pt}} \tag{7.9}$$

值得注意的是，当 $0<\varepsilon^{ps}\leqslant\overline{\varepsilon}^{ps}$、$0<\varepsilon^{pt}\leqslant\overline{\varepsilon}^{pt}$ 时表示单元剪切和拉伸状态均达到了屈服，ZSI 值取两种情况中的较小值：

$$ZSI = \min\left\{1 - \frac{\varepsilon^{ps}}{\overline{\varepsilon}^{ps}}, 1 - \frac{\varepsilon^{pt}}{\overline{\varepsilon}^{pt}}\right\} \tag{7.10}$$

3. 破坏阶段

当等效塑性应变量超过极限等效塑性应变时，材料进入破坏状态，$\varepsilon^{ps}>\overline{\varepsilon}^{ps}$ 单元发生剪切破坏，$\varepsilon^{pt}>\overline{\varepsilon}^{pt}$ 单元发生拉伸破坏。此时剪切与拉伸状态的 ZSI 表达式与式（7.10）相同。随着等效塑性应变增大，ZSI 值持续减小，破坏阶段的 ZSI∈(-∞, 0)，ZSI 值越小，表示破坏程度越高。ZSI=+∞或-∞只是表达了本指标体系的两个极端，各状态的表达式如表 7.1 所示。

表 7.1 ZSI 表达式

| 状态 | 判断条件 | 公式 | 值域 | 单调性 |
|---|---|---|---|---|
| 弹性 | $\varepsilon^{ps}=0, \varepsilon^{pt}=0$ <br> $\sigma_1 \leqslant 0$ | $\dfrac{\dfrac{I_1 \sin\varphi}{3} - c\cos\varphi}{\left(\dfrac{1}{\sqrt{3}}\sin\theta_\sigma \sin\varphi - \cos\theta_\sigma\right)\sqrt{J_2}}$ | [1,+∞) | ZSI 值随安全性的降低或破坏程度的增加而单调递减 |
| | $\varepsilon^{ps}=0, \varepsilon^{pt}=0$ <br> $\sigma_1 > 0$ | $\min\left\{\dfrac{\dfrac{I_1 \sin\phi}{3} - c\cos\phi}{\left(\dfrac{1}{\sqrt{3}}\sin\theta_\sigma \sin\phi - \cos\theta_\sigma\right)\sqrt{J_2}}, \dfrac{\sigma_t}{\sigma_1}\right\}$ | | |
| 屈服 | $0<\varepsilon^{ps}\leqslant\overline{\varepsilon}^{ps}$ <br> $\varepsilon^{pt}=0$ | $1 - \dfrac{\varepsilon^{ps}}{\overline{\varepsilon}^{ps}}$ | [0,1) | |
| | $\varepsilon^{ps}=0$ <br> $0<\varepsilon^{pt}\leqslant\overline{\varepsilon}^{pt}$ | $1 - \dfrac{\varepsilon^{pt}}{\overline{\varepsilon}^{pt}}$ | | |
| | $0<\varepsilon^{ps}\leqslant\overline{\varepsilon}^{ps}$ <br> $0<\varepsilon^{pt}\leqslant\overline{\varepsilon}^{pt}$ | $\min\left(1 - \dfrac{\varepsilon^{ps}}{\overline{\varepsilon}^{ps}}, 1 - \dfrac{\varepsilon^{pt}}{\overline{\varepsilon}^{pt}}\right)$ | | |

续表

| 状态 | 判断条件 | 公式 | 值域 | 单调性 |
|------|----------|------|------|--------|
| 破坏 | $\varepsilon^{ps} > \bar{\varepsilon}^{ps}$ | $1 - \dfrac{\varepsilon^{ps}}{\bar{\varepsilon}^{ps}}$ | $(-\infty, 0)$ | ZSI 值随安全性的降低或破坏程度的增加而单调递减 |
|      | $\varepsilon^{pt} > \bar{\varepsilon}^{pt}$ | $1 - \dfrac{\varepsilon^{pt}}{\bar{\varepsilon}^{pt}}$ | | |

应用 ZSI 定量评价隧道围岩的稳定性具有众多优点: 所需参数较少, 均可通过三轴试验获得; 可以量化所有单元的安全程度或破坏程度; 可以通过 ZSI 值判断单元所处的应变状态; 单元处在任何一个变形阶段, ZSI 均随单元的安全程度提高保持单调递增, 方便不同阶段单元之间进行安全性的对比; 对于破坏程度可定量判断, 可以计算岩土体局部化的破坏问题和分析岩石渐进破坏过程。

## 7.2.2　单元状态指标在 FLAC³ᴰ 中的实现

### 1. FLAC³ᴰ 简介

目前, 采用数值模拟研究隧道围岩的稳定性的应用越来越广泛。数值计算软件有二维和三维两种。二维模型存在比较明显的缺点, 如不能考虑岩体和掌子面的空间效应。采用三维模型进行隧道开挖过程模拟则更为合理, 随着计算机运算能力和储存空间的提升, 三维数值模拟将会成为主要的数值模拟分析方法。从早期出现的有限元差分理论 (finite difference method, FDM)、有限元理论 (finite element method, FEM)、边界元理论 (boundary element method, BEM), 到近二十年来出现的主要针对岩土材料的离散元理论 (discrete element method, DEM)、关键块体理论 (key block theory, KBT)、非连续体变形分析理论 (discontinuous deformation analysis, DDA)、快速拉格朗日差分理论 (fast largrangian analysis of continua, FLAC)。这些方法针对不同的研究对象都有其自身的特点。

FLAC³ᴰ 是美国 ITASCA 国际咨询与软件开发公司在二维 FLAC 基础上开发的三维数值分析软件, 通过对岩石、土和支护结构等建立三维模型, 进行复杂的岩土工程数值分析和设计。程序本身提供多种材料本构模型, 包括空单元模型、各向同性、正交各向异性、横向各向异性、Drucker-Prager 模型、莫尔-库仑模型、应变硬化/软化模型等。下面介绍在本章中采用的应变软化模型。

### 2. 应变软化模型

在 FLAC³ᴰ 中, 弹性阶段的应变软化模型与莫尔-库仑模型是一样的。二者的区别在于塑性屈服以后, 在 FLAC³ᴰ 内置的应变软化模型中, 材料的黏聚力、内摩擦角、抗拉强度均可根据用户自行定义随塑性应变发生变化。应变软化模型的屈服函数、流动法则、应力修正与莫尔-库仑准则一致。

FLAC$^{3D}$ 中主应力的大小排序与弹性力学相反，即 $\sigma_1 \leqslant \sigma_2 \leqslant \sigma_3$，因此在使用或 FISH 编程时要尤为注意，相对应的主应变增量 $\Delta e_1$、$\Delta e_2$、$\Delta e_3$ 分解为

$$\Delta e_i = \Delta e_i^e + \Delta e_i^p, \quad i=1, 2, 3 \tag{7.11}$$

式（7.11）中的上标 e 和 p 分别指弹性部分和塑性部分，其中塑性分量只在塑性流动阶段不为零。胡克（Hooke）定律的主应力的增量表达式为

$$\begin{cases} \Delta\sigma_1 = \alpha_1 \Delta e_1^e + \alpha_2 \left( \Delta e_2^e + \Delta e_3^e \right) \\ \Delta\sigma_2 = \alpha_1 \Delta e_2^e + \alpha_2 \left( \Delta e_1^e + \Delta e_3^e \right) \\ \Delta\sigma_3 = \alpha_1 \Delta e_3^e + \alpha_2 \left( \Delta e_1^e + \Delta e_2^e \right) \end{cases} \tag{7.12}$$

式中，$\alpha_1 = K+(4/3)G$ 和 $\alpha_2 = K-(2/3)G$；$K$ 为体积模量；$G$ 为剪切模量。

主应力空间剪切屈服公式和拉伸屈服公式分别为

$$f^s = \sigma_1 - \sigma_3 N_{\varphi_c} + 2c_c \sqrt{N_{\varphi_c}} \tag{7.13}$$

$$f^t = \sigma_c^t - \sigma_3 \tag{7.14}$$

式中，$N_{\varphi_c} = \dfrac{1 + \sin\varphi_c}{1 - \sin\varphi_c}$。

材料的极限强度不能超过下式定义的 $\sigma_{max}^t$ 的值：

$$\sigma_{max}^t = \frac{c}{\tan\varphi} \tag{7.15}$$

剪切势函数对应于非相互关联的流动法则，如下：

$$g^s = \sigma_1 - \sigma_3 N_\varphi, \quad N_\varphi = \frac{1 + \sin\varphi}{1 - \sin\varphi} \tag{7.16}$$

式中，$\varphi$ 为剪胀角。

势函数 $g^t$ 对应于拉应力破坏的相互关联流动法则，如下：

$$g^t = -\sigma_3 \tag{7.17}$$

拉伸和剪切联合的屈服准则如图 7.3 所示。

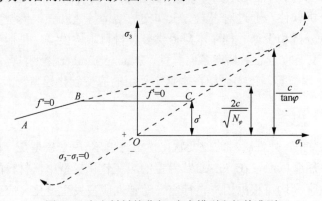

图 7.3　岩土材料的莫尔-库仑模型和拉伸准则

在 FLAC$^{3D}$ 中，应变软化模型采用塑性参数 $\varepsilon^{ps}$ 计算塑性剪切应变，采用 $\varepsilon^{pt}$ 计算塑性拉伸应变，并通过这两个参数在软化过程中控制强度参数的变化。参数通过用户定义的 table 数值以等效塑性应变为变量进行变化，在定义的关键点间进行线性插值来反映模型的非线性，因此塑性段屈服面也随着应变增加在不断变化。

3. 单元状态指标的 FISH 语言编程

FISH 是 FLAC$^{3D}$ 内嵌的二次开发程序语言，极大地方便了用户对模型的复杂操作。使用 FISH 语言程序编写，可以先编写函数再调用，由少到多，由简单到复杂。使用时应当注意：函数和变量都可以在 FISH 函数中赋值，赋值操作与常规的编程语言类似，按照运算符的优先级先后顺序执行；函数和变量的赋值应遵守数据类型的规则，即整型的计算结果为整型，浮点型的计算结果为浮点型，因此进行除法运算和开方运算时都需要将数据类型设置为浮点型，数字尽量使用小数点以保证运算正确；变量和函数名不能以数字开头，不能含有中文，并且不能包含特殊字符；变量和函数名不能与 FLAC$^{3D}$ 和 FISH 的保留字相冲突；对变量进行赋值时，不能将当前函数名放在"="的右边，否则执行时容易出现错误，形成递归调用；变量和函数名的作用是全局的，在命令中的任何地方修改变量的值都会立即生效，因此，在实际应用中尽量避免不同的函数中含有相同的变量。

ZSI 在 FLAC$^{3D}$ 中的实现主要过程如下：

（1）定义 ZSI 函数。

（2）删除单元（空单元无法提取应力-应变信息）。

（3）定义相关数组，以便单元的状态数据和 ZSI 值的输出。

（4）定义单元的头指针和 LOOP 循环函数，进行非空单元遍历。遍历是指沿着一定的搜索路线，依次对模型中的每个单元仅进行一次访问，以提取单元信息或赋值操作。

（5）提取单元的黏聚力等参数、应力-应变等状态信息，并进行相关变量的计算，如 $\theta_\sigma$、$J_2$、$I_1$ 等。

（6）使用 if 语句按照表 7.1 进行单元状态的判断，进行 ZSI 的计算，并赋值给 ZSI 函数。

（7）使用 end_if 结束判断，并输出相应结果，包括单元的 ID 号、ZSI 值和当前状态。

（8）头指针指向下一个单元，结束 LOOP 循环，以 end 结束函数的主体部分。

（9）显示模型的 ZSI 等值线图或导入到可视化软件 Tecplot 中查看。

## 7.3　ZSI 在典型岩土工程问题中的验证

### 7.3.1　边坡问题的验证

边坡滑移面的求解是岩土工程中典型的剪切破坏问题。本章边坡工程验证采用郑颖人等[250]所用过的算例：边坡为均质边坡，边坡高度为 20m，坡角为 45°，剪切模量为 29.8MPa，体积模量为 64.5MPa，抗拉强度为 0，重度为 20kN/m³，初始黏聚力为 $c_0$=40kPa，内摩擦角为 $\phi_0$=20°。黏聚力 $c$ 和内摩擦角 $\phi$ 按照式（7.18）、式（7.19）进行参数折减验算：

$$c = c_0 / F_{\text{trial}} \tag{7.18}$$

$$\tan\phi = \tan\phi_0 / F_{\text{trial}} \tag{7.19}$$

由于原算例采用莫尔-库仑模型，为了进行对比，应变软化的峰后残余强度不随参数变化而变化。按照不同折减系数计算，直至计算不收敛，此时边坡达到极限状态。折减系数 $F_{\text{trial}}$ 即为安全系数。计算出 $F_{\text{trial}}$=1.3 与文献[250]是相一致的。

假定极限剪切应变和拉伸应变均为 0.05，得到 ZSI 等值线图如图 7.4 所示，图中虚线区域为破坏区域，与文献[250]计算出的滑移面位置相一致，破坏区域已经贯通形成剪切滑动带（ZSI 小于 0 区域）。说明基于单元状态指标的安全评价方法可准确表达出滑动带位置。同时，ZSI 较安全系数的含义更加广泛，更能准确地表达局部破坏。

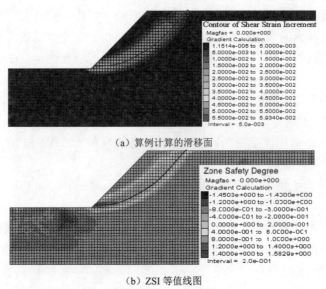

（a）算例计算的滑移面

（b）ZSI 等值线图

图 7.4　边坡计算结果对比图

从图 7.5 中可观察到,剪切面附近区域的 ZSI 值分布,破坏区域已经贯通形成剪切滑动带。坡脚处为破坏最严重的区域,ZSI 值为-4 左右,单元主要为剪切破坏,沿着滑移面向上破坏程度减小,单元逐渐由剪切状态转为拉伸状态,到达中上部时滑移面的单元主要为拉伸破坏,ZSI 值达到-2 左右。滑移面的附近土体均已达到屈服状态。

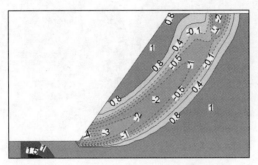

图 7.5　滑移面附近的 ZSI 等值线图

## 7.3.2　拉伸破坏模拟验证

材料的抗拉强度通常根据圆盘劈裂试验进行测定[251],因此通过模拟巴西圆盘劈裂实验进行受拉单元 ZSI 的求解验证和演示岩体整个动态破坏的过程。模型等加载方式如图 7.6 所示,圆盘直径为 54mm,厚度为 27mm,荷载接触面圆心角 $2\alpha=6°$,用以减小接触面产生的应力集中,同时又不受边界分布的影响。以每步 0.001mm 的位移加载速率来进行控制,初始黏聚力 $c_0=24.5$MPa,初始内摩擦角 $\phi_0=30°$,初始抗拉强度 $\sigma_{t0}=8.3$MPa,等效塑性应变每增加 0.001,峰后参数按照折减系数 $F_{trial}=1.1$ 折减。

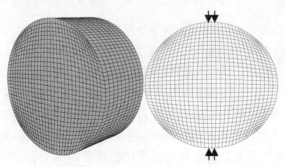

图 7.6　数值模型与加载方式

图 7.7 为不同加载步下圆盘 ZSI 等值线图,虚线区域为破坏区域。荷载施加 2500 步时,大部分单元便已经进入拉伸屈服阶段,而圆盘中心线两端区域单元的

ZSI 值达到负值，圆盘加载面的边界下方由于压应力的集中作用则出现剪切破坏并逐渐向下扩展，并在下方出现拉伸破坏裂纹。

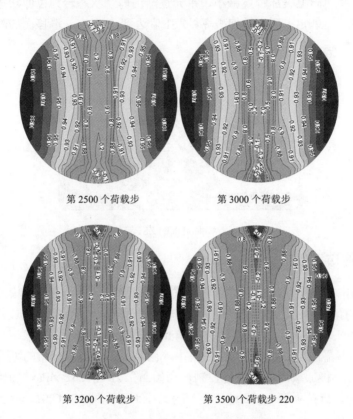

第 2500 个荷载步　　　　　　　　　第 3000 个荷载步

第 3200 个荷载步　　　　　　第 3500 个荷载步 220

图 7.7　圆盘的压缩过程中 ZSI 等值线图

　　随着加载步数的增加，破坏区域逐渐扩展，破坏程度逐渐增大，开始形成主裂纹。荷载步达到 3500 时，破坏区域贯通，圆盘的左右两侧单元相对安全，但也进入了拉伸屈服的状态，中心单元拉伸破坏最严重，圆盘从中心线开裂，两端出现三角形剪切破坏区。这些现象均与其他相关文献或试验结果较为吻合[251]，验证了该模拟过程与 ZSI 求解的正确性。针对峰后参数不折减进行对比计算，圆盘在4200 步左右裂纹贯穿，较折减的情况所需的时步更大，说明应变软化模型参数折减对结果具有影响。无论是剪切状态还是拉伸状态的单元安全性与破坏程度 ZSI均可以较好地进行评价，可以较为准确地模拟岩石动态的破坏过程。

　　图 7.8 为试验反映的圆盘的破坏形态。通过典型的岩土工程问题和试验的验证可以看出，ZSI 无论在表征剪切破坏或者拉伸破坏均具有较为准确的结果。

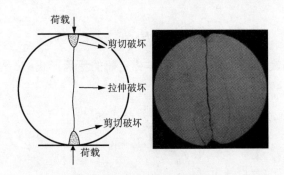

图 7.8　圆盘的破坏形态

# 7.4　基于 ZSI 的盾构隧道 MH 耦合模拟分析

## 7.4.1　FLAC$^{3D}$MH 耦合数值模拟理论

FLAC$^{3D}$MH 耦合数值模拟理论基础如下。

平衡方程：对于小变形，液体质量平衡可以表达为

$$-q_{i,i} + q_v = \frac{\partial \varsigma}{\partial t} \tag{7.20}$$

式中，$q_{i,i}$ 为渗流速度（m/s）；$q_v$ 为体积液源强度（L/s）；$\varsigma$ 为多孔介质单位体积流体体积的变化，它取决于液体扩散的质量转换。

液体容量的变量的改变与孔隙压力 $p$、饱和度 $s$、力学容积应变 $\varepsilon$、温度 $T$ 有关：

$$\frac{1}{M}\frac{\partial p}{\partial t} + \frac{n}{s}\frac{\partial s}{\partial t} = \frac{1}{s}\frac{\partial \varsigma}{\partial t} - \alpha\frac{\partial \varepsilon}{\partial t} + \beta\frac{\partial T}{\partial t} \tag{7.21}$$

式中，$M$ 为 Biot 模量（N/m$^2$）；$n$ 为孔隙度；$\alpha$ 为 Biot 系数；$\beta$ 为无排水的热系数 1/℃，它考虑了液体和颗粒的热膨胀。

运动方程：达西定律描述了液体的运移。对于均匀的各向同性固体而且液体密度为常数，定律如下：

$$q_i = -k_{il}\hat{k}(s)(p - \rho_f x_j g_j) \tag{7.22}$$

式中，$q_i$ 为给定的排出向量；$k$ 为流体绝对运动系数张量 [m$^2$/(Pa·s)]；$\rho_f$ 为液体的密度（kg/m$^3$）；$g_j$ 中 $j$=1，2，3 为重力矢量的三个分量；$\hat{k}(s)$ 为相对运动系数，它是关于饱和度 $s$ 的函数：

$$\hat{k}(s) = s^2(3 - 2s) \tag{7.23}$$

本构方程：体积应变与流体的孔隙压力是相互影响的，应变的改变使空隙压力重新调整，而孔隙压力的变化也影响着应变的发生。描述方程为

$$\breve{\sigma}_{ij} + \alpha \frac{\partial p}{\partial t} \delta_{ij} = H(\sigma_{ij}, \xi_{ij} - \xi_{ij}^{\mathrm{T}}, \kappa) \tag{7.24}$$

式中，$\breve{\sigma}_{ij}$ 为共同旋转应力速度；$H$ 为本构定律的泛函形式；$\kappa$ 为历史参数；$\delta_{ij}$ 为克罗内克因子；$\xi_{ij}$ 是应变速率。

协调方程：应变速率与速度梯度的关系式为

$$\varepsilon_{ij} = \frac{1}{2}\left(v_{i,j} + v_{j,i}\right) \tag{7.25}$$

式中，$v$ 为介质中的一点速度（m/s）。

边界条件：FLAC$^{3D}$ 在渗流计算中有四种类型的边界条件——给定孔隙水压力，给定边界外法线方向流速矢量，透水边界，不透水边界。可根据问题的实际情况进行选择。

### 7.4.2　MH 耦合过程的渗透系数变化

FLAC$^{3D}$ 在模拟渗流的过程中，默认单元的渗透系数是不变的，然而这与实际的渗流情况并不相符。岩石的渗透性是与应力-应变状态密切相关的。岩石在进入屈服阶段之前，即弹性阶段时，渗透系数保持在较低水平上，而一旦进入屈服阶段，岩石的渗透系数将远远大于弹性阶段的渗透系数。而岩石破裂后渗透系数存在突跳现象，目前也较难找到连续光滑的函数表达。由于试件越接近均质，渗透系数突跳点越接近峰值点，可以认为细观单元突跳点和峰值点一致，通过细观单元的非均匀赋值，反映宏观试件应力-应变-渗透系数的非线性[252]。

关于渗透系数与应力、应变关系的方程有很多。推导方法包括经验公式[253,254]、间接公式[255,256]和理论模型[257-259]等方法。但大多数方程参数较多，适应性不好。体积应变能更好地反映单元屈服、软化和破坏过程中渗透系数的变化。初始压密阶段，体积应变为负值，渗透性减小但变化并不明显；当应力达到峰值时，进入屈服状态，产生大量的微裂纹，体应变迅速增加；当单元破坏后，裂隙扩展、贯通，变形随应力迅速增长，裂隙贯通形成畅通的导水通道，渗透系数突跳。随着变形的进一步发展，破裂的凹凸部分被剪断或磨损，在围压作用下，破坏试件又出现一定程度的压密闭合，基于以上考虑，本章中单元在弹性阶段到破坏阶段渗透系数 $k$ 是与体积应变 $\varepsilon_V$ 相关的函数，结合 ZSI 基于 Kozeny-Carman 公式表达[259]如下：

$$k = \begin{cases} k_0 \dfrac{(1 + \varepsilon_V / n_0)^3}{1 + \varepsilon_V}, & \mathrm{ZSI} \geqslant 1 \\[3mm] \xi k_0 \dfrac{(1 + \varepsilon_V / n_0)^3}{1 + \varepsilon_V}, & 0 \leqslant \mathrm{ZSI} < 1 \\[3mm] \xi' k_0 \dfrac{(1 + \varepsilon_V / n_0)^3}{1 + \varepsilon_V}, & \mathrm{ZSI} < 0 \end{cases} \tag{7.26}$$

孔隙度的演化方程为

$$n = \frac{n_0 + \varepsilon_V}{1 + \varepsilon_V} \tag{7.27}$$

式中，$n_0$ 为初始孔隙度；$\varepsilon_V$ 为体积应变；$k_0$ 为初始渗透系数。该方程不仅表达形式简单，参数明确，更容易在 FLAC$^{3D}$ 中实现。由于破裂后的单元渗透系数与弹性或屈服状态相差若干个等级，屈服状态比弹性状态同样高出很多倍，增速比体应变突变速率要快，因此两个阶段分别用突跳系数 $\zeta$、$\zeta'$ 来表征。$\zeta$、$\zeta'$ 取决于岩体性质，由试验给出[256]。

应变–渗透性方程是对岩石在受力过程中渗透系数变化的规律性方程，实际上岩石在不同状态下渗透系数变化是十分复杂的过程，例如，孔隙和裂隙的分布情况，孔隙表面的粗糙程度及各相之间的分布细节等，应根据实际情况具体分析，因此 MH 耦合过程中渗透性的变化问题仍需要深入的研究。

编制 FISH 程序，调用 whilestepping 命令，根据式（7.7）和式（7.10）计算每个时间步的单元状态指标，并计算不同状态下单元的渗透系数，更新单元渗透参数并赋予到每一个单元上。

### 7.4.3　数值模型的建立

以大连地铁 202 标段的盾构隧道为背景进行方法应用。根据实际工程概况建立数值模型，共 16920 个单元和 18955 个节点，如图 7.9 所示。模型水平方向为 30m，隧道长度为 36m，模型高度为 37m。侧向施加法向约束，底部固定约束。布设如图 7.9 所示的地表沉降监测点，测点间距为 7.2m。模拟计算假设：①土体本身变形与时间无关；②渗流是通过开挖面的透水实现的，渗流模型为各向同性渗流模型；③围岩为各向同性、连续的弹塑性材料，服从莫尔-库仑屈服准则。

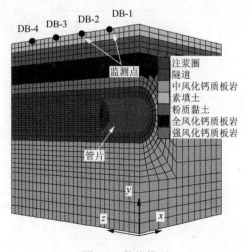

图 7.9　数值模型

### 7.4.4　计算参数和开挖步骤

由于地质条件复杂，对分析地层相应简化，通过现场勘查资料和部分室内试验获得围岩参数如表 7.2 所示。计算模型为应变软化模型，岩层进入塑性后参数折减，土层不进行折减。岩石残余强度的黏聚力和内摩擦角按照折减系数 1.1 取值，折减公式见式（7.18）和式（7.19）。初始黏聚力与残余黏聚力，初始内摩擦角与残余内摩擦角之间随等效塑性剪切应变 $\varepsilon^{ps}$ 的增加进行线性插值。

表 7.2　各围岩层及支护的参数取值

| 地层 | 弹性模量/GPa | 泊松比 | 厚度/m | 密度/(kg/m³) | 内摩擦角/(°) | 黏聚力/kPa |
|---|---|---|---|---|---|---|
| 素填土 | 0.1 | 0.47 | 2 | 1700 | 8 | 10 |
| 粉质黏土 | 0.12 | 0.35 | 3 | 2000 | 10 | 12 |
| 全风化钙质板岩 | 0.27 | 0.43 | 4 | 1800 | 16 | 38 |
| 强风化钙质板岩 | 0.28 | 0.32 | 2 | 1800 | 18 | 40 |
| 中风化钙质板岩 | 0.8 | 0.32 | 24 | 2100 | 25 | 158 |
| 管片 | 34.5 | 0.30 | 0.35 | 2450 | 34 | 2500 |
| 注浆圈 | 1.8 | 0.28 | 1.5 | 2300 | 28 | 400 |

盾构循环进尺为 2.4m，共 15 步开挖完成。管片采用结构单元模拟，材料为 C50 钢筋混凝土，外半径为 3m，每环长度为 1.2m，底部管片施加 160kPa 的施工荷载。模拟分析过程如图 7.10 所示。地下水埋深 3m，水面为自由边界，模型侧

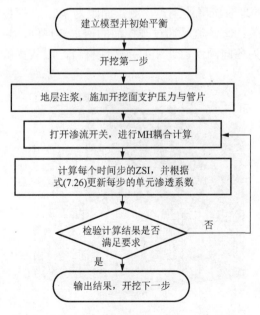

图 7.10　MH 耦合模拟与分析的 FISH 程序流程

面及底部，隧洞四周为不透水边界。管片外围为注浆层，由于地层较为软弱，采用全断面径向注浆加固。注浆圈厚度为 2m。根据现场勘查资料，风化岩石层综合渗透系数 $k_r$=2.3×10$^{-2}$m/d，土层综合渗透系数为 $k_s$=0.1m/d，FLAC$^{3D}$ 中渗透系数与达西定律中的渗透系数不同，需乘换算系数才能用于计算，因此岩层换算后的渗透系数 $k_r$=2.71×10$^{-11}$m$^2$/Pa，初始孔隙率 $n_0$=0.5，$\xi$=5，$\xi'$=138。土层渗透系数则为 $k_s$=1.2×10$^{-10}$m$^2$/Pa。

本章施加开挖面支护压力为梯形荷载，如图 7.11 所示。采用支护压力比为 0.7。支护压力为

$$\sigma = \lambda(\sigma_p + \sigma_s) \tag{7.28}$$

式中，$\lambda$ 为支护压力比；$\sigma_p$ 为孔隙水压力；$\sigma_s$ 为水平静止土压力。$\sigma_p$ 和 $\sigma_s$ 根据隧道埋深和水头高度计算。

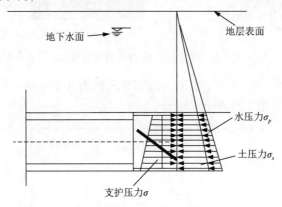

图 7.11　土压平衡原理

## 7.4.5　计算结果与分析

### 1. 渗流特性结果分析

图 7.12（a）为开挖第 10 步后，开挖面前方的孔隙水压等值线图，地下水通过开挖面涌入隧道内，在开挖面附近形成漏斗状的低水压区域。地下水会在开挖面附近产生水头差，方向为沿着地下水流动的方向。由于水头差而作用在土骨架上的渗透力一般为拉应力，降低了开挖面稳定性，相关文献计算结果发现，渗透力构成了总极限支护力的主要部分，不容忽视[79]。又由于地下水的存在，使得开挖面上的变形更加复杂，使开挖面不稳定因素增大，尤其对开挖面的稳定性提出了新的要求。隧道掘进的过程中，围岩的力学行为不断发生变化，渗透性也便发生了改变，图 7.12（b）为开挖面附近渗透系数等值线分布图。由于开挖面出现了破坏区域（ZSI<0）和屈服区域（0≤ZSI<1），渗透系数在开挖面底部和中心处发生突跳，比没有破坏的部位的渗透系数要高两个数量级左右，破坏区周围的屈服

区域渗透性也有所增加。从图 7.12（b）中同样可以看出，破坏区的单元渗流速度远远大于其他区域，这会加速降低开挖面的稳定性，过大的渗流速度更容易导致渗流介质的加速破坏。

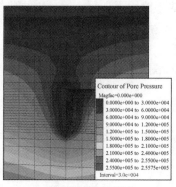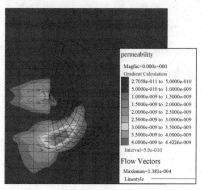

（a）孔隙水压等值线图　　　　　　　　（b）渗透系数等值线与渗流矢量

图 7.12　开挖面附近孔隙水压、渗透系数等值线图与渗流矢量分布图

在隧道开挖面中心点沿 $x$ 方向，选取等间距的 8 个单元，提取每个单元的渗透系数与 ZSI 值如图 7.13 所示。

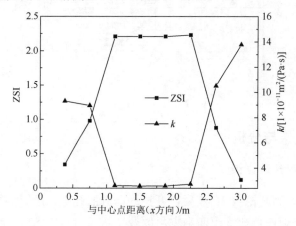

图 7.13　与中心点不同距离单元 ZSI 与渗透系数变化曲线

从图 7.13 中可以看出，单元的状态与渗透系数是紧密相关的，沿 $x$ 方向，渗透系数随着距离的增加先减小后增大，而 ZSI 随着距离的增加先增大后减小，两者的变化趋势相反。前 2 个单元 ZSI 在 0～1，处于屈服状态，渗透系数明显大于弹性压密状态的第 3、4、5、6 单元，而第 7、8 单元的屈服程度相对较大，趋近于破坏状态，因此渗透系数更大。由于该方向上没有 ZSI 小于 0 的单元，所以各单元的渗透系数没有出现更大的突跳。计算结果与渗透性方程的变化理论是相符的。

2. 位移结果分析

如图 7.14 所示，数值模拟结果显示，随着隧道的掘进，监测点均产生持续的沉降，施工完成后各监测点的沉降值相差不大，累计沉降量约为 11mm。随着开挖面逐渐远离，DB-1 和 DB-2 的沉降速率呈现先增加后减缓的趋势，而 DB-3、DB-4 的沉降速率随着开挖面的临近，出现先减缓后增加的趋势。所有的监测点与实测值趋势相同，由于模型的简化、地质条件的复杂性，监测点位置间隔及监测时间的间隔误差，数值略有差异，但整体趋势较为吻合，也验证了模拟的正确性。在模拟的过程中，监测点沉降在达到最终稳定之前会有小范围的上抬，表明施工对周围土体扰动造成的隧道瞬时隆起存在滞后性。

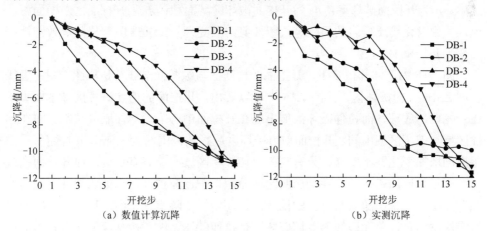

图 7.14　数值模拟结果与实测值对比

表 7.3 为 4 个监测点用不同的计算方法得出的最终沉降值，其中不考虑地下水与实测沉降值相差最大，其次为 MH 耦合但不考虑渗透性变化的情况，与实际监测最为接近的是 MH 耦合并且渗透性变化的情况。考虑 MH 耦合作用的沉降值要远远高出单独力学计算得出的沉降值。考虑渗透性变化模式的最终沉降也要略大于渗透性不变化的模式，因此地下水的影响是不可忽略的，同时考虑渗透性的变化是较为符合实际的，在富水区盾构隧道的开挖模拟中应当值得注意。

表 7.3　不同计算方法监测点最终沉降

| 方法 | 监测点沉降值/mm | | | |
| --- | --- | --- | --- | --- |
| | DB-1 | DB-2 | DB-3 | DB-4 |
| 力学计算无渗流 | -7.98 | -7.34 | -7.66 | -7.90 |
| MH 耦合（渗透性不变化） | -9.35 | -9.51 | -9.6 | -9.73 |
| MH 耦合（渗透性变化） | -10.74 | -10.90 | -10.96 | -11.02 |
| 实测沉降值 | -11.62 | -9.96 | -11.9 | -11.16 |

### 3. 单元状态指标分析

根据本次盾构隧道 ZSI 计算情况可知，ZSI<0 的区域（破坏区）均集中在开挖面及前方的待开挖土体上。破坏区体积沿隧道掘进方向呈三角形逐渐减小，对隧道的每个横断面进行剖分，开挖面破坏面积最大，因此开挖面上的破坏面积的大小对于分析稳定程度具有一定的代表性。为便于分析，提出开挖面破坏率的概念，即开挖面上 ZSI<0 的单元总面积之和与开挖面断面面积之比，如下：

$$\eta = \frac{A_Z}{A_0} \tag{7.29}$$

式中，$\eta$ 为开挖面破坏率；$A_Z$ 为开挖面破坏区域面积；$A_0$ 为开挖面区断面面积。该区段中风化钙质板岩的极限等效塑性剪切应变为 $\bar{\varepsilon}^{ps}=1.5\times10^{-3}$，极限等效塑性拉应变为 $\bar{\varepsilon}^{pt}=8\times10^{-4}$。

图 7.15 为不同开挖步下，开挖面的横断面与纵断面 ZSI 等值线图。图中虚线区域 ZSI<0，即破坏区。从图 7.15 中可以看出，开挖面的剪切破坏区域主要集中在开挖面的底部，而拉伸破坏区域出现在开挖面中心附近。屈服区域则分布在弹性区域与破坏区域中间。开挖面前方破坏区域影响范围约为 3.6m，并且随着开挖距离的增加变化并不明显，只有底部剪切破坏区域向前略有扩展。而开挖面的破坏率则是呈增加趋势的，并且屈服区域面积也在逐渐扩大，仍处在弹性区域的面积逐渐减小，说明随着开挖面的推进，扰动增加，隧道开挖面的稳定性在减弱。值得注意的是，单元破坏为剪切破坏还是拉伸破坏无法直接从等值线上看出，可以通过 FISH 语言按照判断条件输出查看。

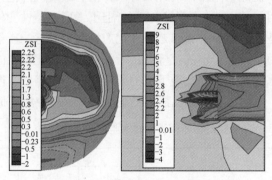

（a）开挖第3步后（$\eta$=0.109）

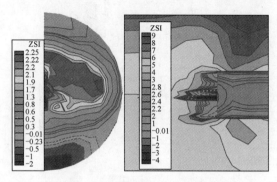

（b）开挖第6步后（$\eta$=0.157）

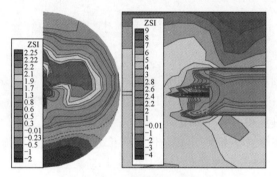

（c）开挖第9步后（$\eta$=0.201）

图 7.15　开挖面的横纵断面 ZSI 等值线图

图 7.16 为开挖面破坏率变化曲线。从图 7.16 中可以看出，开挖面破坏率在开挖 13 步时，破坏率急剧升高，稳定性下降。为提高第 13 步开挖面的稳定性，减小破坏率，在开挖第 12 步的基础上，调整第 13 步开挖面的支护压力比 $\lambda$，如图 7.17 所示，支护压力比的增加，使开挖面的破坏率逐渐呈负指数减小，拟合曲线方差为 0.997。当 $\lambda$=0.6 时，开挖面几乎全部破坏。若将破坏率控制在 0.2 左右，则应增加支护压力比，并且不应小于 0.8。说明根据实际情况适当调整支护压力比对控制开挖面破坏率具有重要作用。

本例中盾构支护开挖面支护压力并没有考虑时间效应的影响，在围岩流变性较大的隧道工程中，应充分考虑施工时间及空间，根据监测数据得到修正，并最终确定支护压力比的最优值。

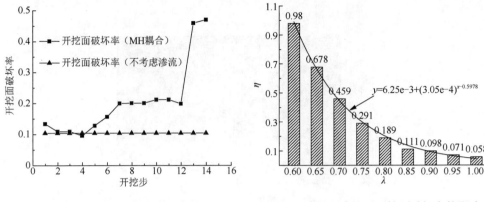

图 7.16　开挖面破坏率变化曲线　　　　图 7.17　支护压力比对开挖面破坏率的影响

# 7.5　本章小结

本章提出了围岩弹塑性 ZSI 的定量评价方法，建立了渗透系数随着岩石损伤破坏而变化的 MH 耦合算法。利用 FLAC$^{3D}$ 对大连地铁 202 标段盾构隧道进行了数值模拟研究，具体得到以下结论：

（1）本章提出 ZSI 表征单元安全性的评价方法，以此为基础引入渗透系数随体应变变化方程，渗透系数在屈服阶段和破坏阶段产生突跳，不仅克服了传统 MH 耦合固定渗透系数的不足，而且能够获得弹塑性围岩局部安全度的空间分布状态。

（2）MH 耦合并考虑渗透性变化的监测点沉降值要远远大于不考虑渗流的沉降值，并且与实测结果较为吻合，说明富水区盾构隧道开挖时不能忽略 MH 耦合的影响，岩石渗透性与其损伤破坏状态是紧密相关的，不能按常数处理。

（3）计算 ZSI 结果显示，开挖面的剪切破坏区域主要集中在开挖面底部，而拉伸破坏区域出现在开挖面中心附近。随着支护压力比的增加，开挖面的破坏率逐渐减小，说明根据实际情况适当调整支护压力比是控制开挖面破坏率的有效途径。

# 第8章 非线性损伤流变 MH 耦合模型及程序开发

## 8.1 引　　言

实践经验表明，岩体工程的破坏和失稳在许多情况下并不是开挖完成后立即发生的，它是岩体应力、变形随着时间不断调整，需要延续较长一段时间。在这个状态恶化直至破坏的过程中，需要不断地根据应力或变形信息来评价围岩的稳定性状态，这就是所谓的长期稳定性评价分析。蠕变特性是岩石重要的力学特性之一，它与岩土工程的长期稳定性紧密相关，长期稳定性评判需要采用合理的蠕变模型来反映岩石劣化时效规律[260,261]。

地下水是岩体工程难以回避的问题，MH 耦合问题成为岩石力学研究热点。岩石蠕变的本质是岩石矿物组构（骨架）随时间增长而不断调整重组，导致其应力、应变状态亦随时间而持续地增长变化。显然地下水中的岩石蠕变不可避免地存在着 MH 耦合作用。富水区隧道围岩包含的孔隙、微裂纹或贯通裂隙，在孔隙水压作用下会产生扩展，加之地下水腐蚀作用，改变了围岩孔隙率和力学参数，进而造成围岩应力和变形重新调整；反过来重新调整的围岩应力和变形，增大了孔隙水与岩体接触面积和渗透系数，从而加剧了渗透效应和地下水渗流。这是一个多场耦合的岩体时效损伤演化过程。

本章针对围岩时间效应提出能够全面描述岩土体蠕变的模型，即非线性西原软化模型，该模型实现加速蠕变的阶段；将该模型与 ZSI 及 MH 耦合相结合，建立 ZNS 模型；给出模型程序，为蠕变-渗流耦合的围岩长期稳定性分析提供了方法。

## 8.2　岩石蠕变损伤模型

大部分隧道软弱围岩具有黏弹塑性特点，元件组合蠕变模型是通过串联、并联或者混合方式将弹性元件、塑性元件及黏性元件组合来模拟岩石材料的蠕变行为，如较为常用的开尔文模型、伯格斯模型、西原模型、creep viscoplastic 模型等。上述的组合模型通常被称为线性模型，模型中虽然引入了时间变量，但是弹性模量、黏滞系数、长期强度等均看作定常的模型参数，无论所建立的组合模型中元件的数量怎么多、模型多么复杂，其最终模型所反映的都是线性黏弹塑性的性质，只能反映岩石衰减蠕变和等速蠕变，不能反映岩石材料的非线性蠕变，尤其是加速蠕变阶段。

解决上述问题的途径是将组合模型的线性元件改为非线性元件。本章引入时间变量损伤因子，将其与岩石黏塑性蠕变参数相关联。通过对西原模型进行改进，并考虑塑性的应变软化效应，建立一种非线性损伤蠕变模型。基于 FLAC³D 平台和 C++语言，以 FLAC³D 内置的 CVISC 模型为蓝本，进行 NNS 模型二次开发，并进行模型的验证。

### 8.2.1　西原模型简介

西原模型实质上是由宾汉姆模型和开尔文模型串联而成，能较为全面地反映黏弹塑性特征，当 $\sigma > \sigma_s$ 时其蠕变与黏性流动特性曲线如图 8.1 所示。

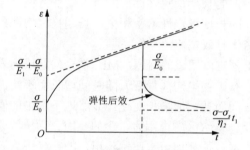

图 8.1　西原模型蠕变试验曲线

一维情况下西原模型的应力-应变关系式可以写成

$$\varepsilon(t) = \begin{cases} \dfrac{\sigma}{E_0} + \dfrac{\sigma}{E_1}(1 - \mathrm{e}^{-\frac{E_1}{\eta_1}t}), & \sigma \leqslant \sigma_s \\[3mm] \dfrac{\sigma}{E_0} + \dfrac{\sigma}{E_1}(1 - \mathrm{e}^{-\frac{E_1}{\eta_1}t}) + \dfrac{\sigma - \sigma_s}{\eta_2}t, & \sigma > \sigma_s \end{cases} \tag{8.1}$$

从关系式中可以看出，西原模型虽然可以较为全面地描述黏塑性特征，但由于其基本元件均为线性元件，仍然不能反映材料的加速蠕变阶段，同时蠕变的过程中伴随着应变的增加出现内部损伤，一般认为，损伤是材料在加载条件下其黏聚力呈渐进性减弱，进而导致其体积元裂化和破坏的现象[83]，影响岩体的有效抗剪强度参数，这是岩体的软化现象，而在西原模型中同样无法描述该特性。

### 8.2.2　NNS 模型蠕变特性

NNS 模型是在西原模型的基础上，将原有的黏塑性体上的线性黏壶元件替换为非线性黏壶元件，并串联一个基于莫尔-库仑准则的应变软化塑性元件。

原有的西原模型并不能描述加速蠕变的特性，若将模型中的 $\eta_2$ 采用与时间有关的非线性黏性参数 $\eta_2(t)$，则可以很好地解决这一问题。岩石开始进入加速蠕变时刻对应剪切等效塑性应变阈值 $\varepsilon_c^{ps}$ 和拉伸等效塑性应变阈值 $\varepsilon_c^{pt}$，当模型的剪切等效塑性应变 $\varepsilon^{ps}$ 或拉伸等效塑性应变 $\varepsilon^{pt}$ 小于相应的阈值时，该黏壶为线性元件，黏滞系数 $\eta_2(t)$ 为初始值 $\eta_2$ 不变。当 $\varepsilon^{ps}$ 或 $\varepsilon^{pt}$ 大于相应阈值时，黏壶的非线性特征被触发，$\eta_2(t)$ 则变成随时间增加而衰减的非线性参数。

黏滞系数随时间不断减小，初始减小速度较慢，而随着时间的增加，黏滞系数减小的速度逐渐加快，最终黏滞系数为 0，使得岩石由于应变过大而破坏。楼志文[262]、金丰年等[263]指出岩石的损伤变量 $D$ 与时间 $t$ 呈指数型关系，因此可以假定 $\eta_2(t)$ 的衰减趋势同样呈指数型关系，因此

$$\eta_2(t) = \begin{cases} \eta_2, & \varepsilon^{ps} \leqslant \varepsilon^{pt} \text{ 且 } \varepsilon_c^{ps} \leqslant \varepsilon_c^{pt} \\ \eta_2 e^{\alpha(t_c - t)}, & \varepsilon^{ps} > \varepsilon^{pt} \text{ 或 } \varepsilon_c^{ps} > \varepsilon_c^{pt} \end{cases} \tag{8.2}$$

式中，$t_c$ 为进入加速蠕变阶段的起始时间；$\alpha$ 为调节时间量纲的系数。

加速段非线性黏塑性体蠕变速率：

$$\dot{\varepsilon}(t) = \frac{\sigma - \sigma_s}{\eta_2 e^{\alpha(t_c - t)}} \tag{8.3}$$

两端进行积分得到非线性黏塑性体蠕变方程：

$$\varepsilon(t) = \frac{1}{\alpha} \frac{\sigma - \sigma_s}{\eta_2} e^{\alpha(t - t_c)} \tag{8.4}$$

当 $\sigma \leqslant \sigma_s$ 时，材料只发生衰减蠕变；当应力 $\sigma$ 超过长期强度 $\sigma_s$，等效塑性应变未超过加速段阈值，即 $t < t_c$ 时，材料只发生等速蠕变；当应力 $\sigma$ 超过长期强度 $\sigma_s$，等效塑性应变超过加速段阈值时，材料发生加速蠕变。

NNS 模型的蠕变方程为

$$\varepsilon(t) = \begin{cases} \dfrac{\sigma}{E_0} + \dfrac{\sigma}{E_1}(1 - e^{-\frac{E_1}{\eta_1}t}), & \sigma \leqslant \sigma_s \\[3mm] \dfrac{\sigma}{E_0} + \dfrac{\sigma}{E_1}(1 - e^{-\frac{E_1}{\eta_1}t}) + \dfrac{\sigma - \sigma_s}{\eta_2}t, & \sigma > \sigma_s, \ t \leqslant t_c \\[3mm] \dfrac{\sigma}{E_0} + \dfrac{\sigma}{E_1}(1 - e^{-\frac{E_1}{\eta_1}t}) + \dfrac{1}{\alpha}\dfrac{\sigma - \sigma_s}{\eta_2}e^{\alpha(t - t_c)}, & \sigma > \sigma_s, \ t > t_c \end{cases} \tag{8.5}$$

长期强度是衡量岩石工程耐久性和长期稳定性的重要指标。确定岩石的长期强度可根据岩石的蠕变数据作出岩石破坏应力和破坏前历时时间的长期强度曲线，通过长期强度曲线的渐近线确定长期强度，或者根据岩石等时应力-应变曲线，作出其时间趋近于无穷大时的水平渐近线，该水平渐近线与应力坐标轴交点的应力即为岩石长期强度[264]。

### 8.2.3  NNS 模型蠕变方程的分段函数表达

三维应力状态下应力张量 $\sigma_{ij}$ 可以分解为应力球张量 $\sigma_m$ 和应力偏张量 $S_{ij}$，应变张量球张量 $\varepsilon_m$ 和应变偏张量 $\varepsilon_{ij}$，应力球张量 $\sigma_m$ 只改变物体的体积，而不能改变其形状，而应力偏张量 $S_{ij}$ 只影响形状的变化而不能引起体积改变。

三维状态下的蠕变方程为

$$e_{ij} = \begin{cases} \dfrac{S_{ij}}{2G_0} + \dfrac{S_{ij}}{2G_1}(1-\mathrm{e}^{-\frac{G_1}{\eta_1}t}), & S_{ij} \leqslant S_s \\[3mm] \dfrac{S_{ij}}{2G_0} + \dfrac{S_{ij}}{2G_1}(1-\mathrm{e}^{-\frac{G_1}{\eta_1}t}) + \dfrac{S_{ij}-S_s}{2\eta_2}t, & S_{ij} > S_s,\ t \leqslant t_c \\[3mm] \dfrac{S_{ij}}{2G_0} + \dfrac{S_{ij}}{2G_1}(1-\mathrm{e}^{-\frac{G_1}{\eta_1}t}) + \dfrac{S_{ij}-S_s}{2\eta_2}t + \dfrac{1}{\alpha}\dfrac{S_{ij}-S_s}{2\eta_2}\mathrm{e}^{\alpha(t-t_c)}, & S_{ij} > S_s,\ t > t_c \end{cases} \quad (8.6)$$

式中，$G_0$、$G_1$ 为剪切模量；$S_s$ 为三维的长期强度；$\alpha$ 为调节量纲的拟合参数。

由于三维模型的蠕变方程中存在长期强度 $S_s$，因此，三维情况下蠕变方程可由分段函数表示，蠕变性质与岩石所处的应力状态有关。

（1）当 $S_{ij} \leqslant S_s$ 时，黏塑性体不发挥作用，产生蠕变第 1 阶段即衰减蠕变阶段。

（2）当 $S_{ij} > S_s$、$t \leqslant t_c$ 时，应力水平超过长期强度，黏塑性体发挥作用，但应变为超过加速段应变阈值，变形进入蠕变第 2 阶段即等速蠕变阶段。

（3）当 $S_{ij} > S_s$、$t > t_c$ 时，应力水平超过长期强度，等效塑性应变超过加速段的临界应变，变形进入蠕变第 3 阶段即加速蠕变阶段，变形迅速增大，发生破坏。

一维状态下，材料的长期强度可以简单地表示为 $\sigma_s$，并通过 $\sigma \leqslant \sigma_s$ 和 $\sigma > \sigma_s$ 来表示岩石蠕变的不同阶段。一维情况比较简单，是代数值的比较，但是推广到三维以后，判别条件则变为 $S_{ij} \leqslant S_s$ 和 $S_{ij} > S_s$，$S_{ij}$ 和 $S_s$ 是 6 个独立的应力分量，如何根据当前所处的应力状态判断对应的蠕变方程就比较困难[265,266]，根据相关的屈服准则可知，岩石处于哪一阶段与其应力状态在三维空间中到屈服面的距离有关。

本章根据塑性力学中屈服面和提出的 ZSI 对此类问题进行处理，认为推广到三维空间以后，长期强度 $\sigma_s$ 就扩展成了一个面，当应力处于屈服面以内或以外时，蠕变曲线表现出不同的形式。通过不同的 ZSI 作为三维应力空间中蠕变方程的分段函数。由蠕变长期强度屈服面和瞬时强度屈服面将整个应力空间分为三个区域（图 8.2），当应力水平位于长期强度屈服面以内时只发生衰减蠕变，而由于长期强度参数略小于瞬时强度参数，因此长期强度屈服面在瞬时强度屈服面的内部，瞬时强度屈服面对应的 ZSI 为 1，则长期强度屈服面对应的 $\mathrm{ZSI}_s$ 应为大于 1 的数值，即 $\mathrm{ZSI}_s > 1$。

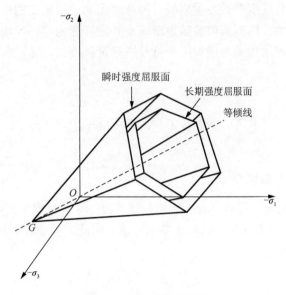

图 8.2　长期强度屈服面

当材料的应力状态超过长期屈服强度，且等效塑性应变未达到蠕变加速阶段的应变阈值时，材料发生等速蠕变，蠕变加速阶段的应变阈值对应的 $\text{ZSI}_c$ 可通过下式求出：

$$\text{ZSI}_c = \min\left\{1 - \frac{\varepsilon_c^{\text{ps}}}{\overline{\varepsilon}^{\text{ps}}}, 1 - \frac{\varepsilon_c^{\text{pt}}}{\overline{\varepsilon}^{\text{pt}}}\right\} \tag{8.7}$$

由于 $0 < \varepsilon_c^{\text{ps}} < \overline{\varepsilon}^{\text{ps}}$，$0 < \varepsilon_c^{\text{pt}} < \overline{\varepsilon}^{\text{pt}}$，因此 $\text{ZSI}_c$ 为值域（0，1）的数值。

当材料的应力状态超过长期屈服强度，且等效塑性应变超过蠕变加速阶段的应变阈值时，材料进入加速蠕变阶段，直至应变达到极限等效塑性应变，材料发生破坏，因此，根据单元状态指标建立蠕变方程的分段函数如下：

$$e_{ij} = \begin{cases} \dfrac{S_{ij}}{2G_0} + \dfrac{S_{ij}}{2G_1}(1 - \text{e}^{-\frac{G_1}{\eta_1}t}), & \text{ZSI} \leqslant \text{ZSI}_s \\[3mm] \dfrac{S_{ij}}{2G_0} + \dfrac{S_{ij}}{2G_1}(1 - \text{e}^{-\frac{G_1}{\eta_1}t}) + \dfrac{S_{ij} - S_s}{2\eta_2}t, & \text{ZSI}_s < \text{ZSI} \leqslant \text{ZSI}_c \\[3mm] \dfrac{S_{ij}}{2G_0} + \dfrac{S_{ij}}{2G_1}(1 - \text{e}^{-\frac{G_1}{\eta_1}t}) + \dfrac{S_{ij} - S_s}{2\eta_2}t + \dfrac{1}{\alpha}\dfrac{S_{ij} - S_s}{2\eta_2}\text{e}^{\alpha(t - t_c)}, & \text{ZSI} > \text{ZSI}_c \end{cases} \tag{8.8}$$

式中，$\text{ZSI}_s > 1$ 为长期强度对应的单元状态指标；$0 < \text{ZSI}_c < 1$ 为加速段应变阈值对应的单元状态指标；长期强度 $S_s$ 为通过莫尔-库仑准则、长期黏聚力 $c_\infty$ 和长期内摩擦角 $\phi_\infty$ 来确定。

模型中的应变软化塑性元件是根据材料在蠕变过程中等效塑性应变的变化，

使岩土材料的抗剪强度参数发生衰减，同时对应力进行修正的作用，随着等效塑性应变的逐渐增大，抗剪强度参数逐渐减小并最终变为零，导致试件破坏。采用 ZSI 分段函数的表达形式方便对三个阶段进行量化控制，通过两个参数便可以将其区分开来。

## 8.3　NNS 模型参数确定方法

### 8.3.1　胡克体参数的确定

在伯格斯模型中，胡克只有一个参数要求取，当 $\sigma_0$ 作用于试件上时，由图 8.1 可知，由 $E_0$ 引起的弹性变形瞬间就基本完成，因此，当 $t=0$ 时所对应的 $\sigma_0$ 与 $\varepsilon_0$ 的比值即为 $E_0$，即

$$E_0 = \frac{\sigma_0}{\varepsilon_0} \tag{8.9}$$

式中，$E_0$ 为弹性模量。

体积模量和剪切模量分别为

$$K = \frac{E_0}{3(1-2\mu)} , G_0 = \frac{E_0}{2(1+\mu)} \tag{8.10}$$

式中，$\mu$ 为泊松比。

### 8.3.2　开尔文体和黏性体参数的确定

另外 3 个流变参数($E_1, \eta_1, \eta_2$)需通过最小二乘法来求得。以图 8.3 为例，从图中读取 $N$ 对($\varepsilon_i$ , $t_i$)，$t_i$ 都通过式（8.1）对应着一个理论值 $\overline{\varepsilon_i}$ 及一个试验值 $\varepsilon_i$。最小二乘法的原理是各参数的取值能使 $Q(E_1, \eta_1, \eta_2)$ 取得极小值[267]，$Q(E_1, \eta_1, \eta_2)$ 为应变实测值与理论值差的平方和，即

$$\overline{\varepsilon_i} = \frac{\sigma}{E_0} + \frac{\sigma}{E_1}(1-\mathrm{e}^{-\frac{E_1}{\eta_1}t_i}) + \frac{\sigma-\sigma_s}{\eta_2}t_i \tag{8.11}$$

$$Q(E_1, \eta_1, \eta_2) = \sum_{i=1}^{N}(\overline{\varepsilon_i} - \varepsilon_i)^2 \tag{8.12}$$

若使式（8.11）取得极小值，各参数只需满足：

$$\frac{\partial Q}{\partial E_0} = 0, \frac{\partial Q}{\partial \eta_1} = 0, \frac{\partial Q}{\partial \eta_2} = 0 \tag{8.13}$$

先假定一组流变参数 ($E_1, \eta_1, \eta_2$) 的近似初始值 ($E_0', \eta_1', \eta_2'$)，通过应变对各流变参数的偏导函数可求得一组 ($\Delta E_1, \Delta \eta_1, \Delta \eta_2$)，从而求得一组新的 ($E_1'', \eta_1'', \eta_2''$)，

以此为基础进行新一轮的迭代，经过反复计算，直到 3 个流变参数使得式（8.12）等式两边在精度范围内相等即可。

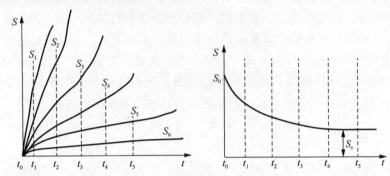

图 8.3　岩土蠕变曲线和长期强度曲线

### 8.3.3　塑性参数的确定

1. 长期强度的确定

长期强度曲线即强度随时间降低的曲线，可以通过各种应力水平长期恒载试验确定。设在荷载 $S_1 > S_2 > S_3 > \cdots$ 试验的基础上，绘制出非衰减蠕变的曲线簇，并确定每条曲线的加速蠕变达到破坏时的应力 $S$ 及荷载作用所历时时间。以纵坐标表示应力 $S_1$、$S_2$、$S_3$、$\cdots$，横坐标表示破坏前荷载作用的历时时间 $t_1$、$t_2$、$t_3$、$\cdots$，作破坏应力和破坏前历时时间的关系曲线，为长期强度曲线。该曲线的水平渐近线在纵轴上的截距，也就是所求的长期强度极限 $S_\infty$。

一般而言，长期强度与瞬时强度的比值 $S_s/S_0$ 主要变化在 0.6～0.8，软的和中等坚固性岩石为 0.4～0.6，坚固岩石为 0.7～0.8。

密实黏土的强度降低，$S_s/S_0$ 在 0.5～0.8，有的达 0.9。

塑性黏土的强度降低，$S_s/S_0$ 在 0.2～0.6。

冻土的强度降低，$S_s/S_0$ 在 0.15～0.5。

强度降低的程度（即 $S_s/S_0$）除了与岩土类型、温度、湿度、含冰量（对于冻土）有关外，还与应力状态有关，一般平均法向应力越大，强度降低程度越小。可强度降低的过程却与应力状态无关。

长期抗剪强度极限公式为

$$\tau_\infty = c_\infty + \sigma_n \tan \phi_\infty \tag{8.14}$$

岩土的强度随时间变化主要是由于黏聚力的减小所致，而内摩擦角的变化较小。根据多组不同应力状态的蠕变试验，绘出长期抗剪强度线，即可确定长期黏聚力和内摩擦角，据试验资料：$c_\infty/c_0 = 1/3 \sim 1/8$，$\tan \phi_\infty / \tan \phi_0 = 0.7 \sim 1$。

**2. 软化参数的确定**

岩土材料的瞬时强度可根据剪切包络线得出初始黏聚力、内摩擦角等塑性参数。而对屈服后的衰减变化，岩土材料随着塑性变形的发展，由于岩石破碎程度不同，处于峰值状态和残余状态的岩石屈服面是不相同的，即存在后继屈服面。以等效塑性剪切应变 $\varepsilon^{\mathrm{ps}}$ 作为记录岩石材料塑性加载历史的参数，引入可以反映岩石峰后应变软化特性的两个参量，即广义黏聚力 $\bar{c}$ 和广义内摩擦角 $\bar{\phi}$ 来描述莫尔-库仑屈服面应力水平的高低，则峰后岩石后继屈服面可以表示为[248]

$$\phi^{\mathrm{s}} = \sigma_1 - \sigma_3 \frac{1+\sin\bar{\phi}(\sigma_3,\varepsilon^{\mathrm{ps}})}{1-\sin\bar{\phi}(\sigma_3,\varepsilon^{\mathrm{ps}})} + 2\bar{c}(\sigma_3,\varepsilon^{\mathrm{ps}})\sqrt{\frac{1+\sin\bar{\phi}(\sigma_3,\varepsilon^{\mathrm{ps}})}{1-\sin\bar{\phi}(\sigma_3,\varepsilon^{\mathrm{ps}})}} \tag{8.15}$$

峰后应变软化阶段，依据弹性卸载的假设，可以得到在相同的卸载路径，即 $\varepsilon^{\mathrm{ps}}$ 相同的情况下，对应的几组曲线极限应力状态（如 $\sigma_1'$ 、$\sigma_3'$ ，$\sigma_1''$ 、$\sigma_3''$ 和 $\sigma_1'''$ 、$\sigma_3'''$ ）。

利用以上得到的不同极限应力状态，绘制几组莫尔应力圆，进而可以得出 $\varepsilon^{\mathrm{ps}}$ 为某值的情况下该状态的莫尔强度包络线，即岩石的极限破坏面，如图 8.4 所示。

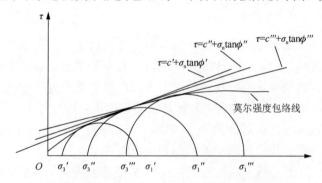

图 8.4　岩土蠕变曲线和长期强度曲线

延长线与 $\tau$ 轴相交的截距可作为广义黏聚力 $\bar{c}$ ，与 $\sigma$ 轴的夹角可作为广义内摩擦角 $\bar{\phi}$ 。若在同一围压 $\sigma_3$ 条件下存在多个破坏点，则对每个破坏点都采用上述方法求出 $\bar{c}$ 和 $\bar{\phi}$ 值，然后求其平均值作为该围压条件下的岩石广义黏聚力和广义内摩擦角。同理，用相同的方法求出不同 $\varepsilon^{\mathrm{ps}}$ 情况下的广义黏聚力和广义内摩擦角，便可在 FLAC$^{\mathrm{3D}}$ 中实现屈服后的应变软化控制。

**3. 加速段应变阈值及衰减参数确定**

加速段的应变阈值可根据蠕变曲线中加速段对应的起始点所对应的等效塑性应变来确定，包括等效塑性切应变和等效塑性拉应变阈值，等效塑性切应变具体求解方法可参考式（7.1）和式（7.2）。

对于衰减参数 $\alpha$ ，可将加速段的蠕变曲线进行指数函数的拟合求导，得出关

于蠕变速率的 $\dot{\varepsilon}(t)$ 函数，代入下式：

$$\dot{\varepsilon}(t) = \frac{\sigma - \sigma_s}{\eta_2} e^{\alpha(t-t_c)} \tag{8.16}$$

式中时间、应力和 $\eta_2$ 均为已知变量，即可求出 $\alpha$，为统一时间量纲（如将秒换算成小时），则需要乘上相关的换算系数。

## 8.4　非线性西原软化蠕变模型的二次开发

### 8.4.1　FLAC$^{3D}$ 的二次开发方法

FLAC$^{3D}$ 相比于其他的大型有限元软件如 ANSYS、Abaqus 而言，具有独到的便利的二次开发环境，为模型扩展提供了条件。其所有的本构模型都是采用面向对象的语言标准 C++编写，以动态链接库 DLL 文件（后缀名为.dll）的形式被主程序调用。用户可以按照一定的规则，C++编译平台将自定义的本构模型编译成动态链接库 DLL 文件，即可方便地实现本构模型的二次开发[190]。

FLAC$^{3D}$ 自带的本构模型和用户自己编写的本构模型继承的都是同一个基类（class constitutive model），同时软件提供了所有自带本构模型的源代码。这种开放性使得用户自主编写的本构模型和程序自带的本构模型执行效率处在同一个水平上。本章以 NNS 模型的二次开发为例，说明如何在 FLAC$^{3D}$ 中添加新的本构模型，为后面的隧道围岩稳定性数值模拟奠定基础。

### 8.4.2　NNS 模型的差分公式

前面介绍了 NNS 模型的一维和三维蠕变方程，对于 FLAC$^{3D}$ 本构模型的开发需要的是模型的三维方程。FLAC$^{3D}$ 蠕变分析模式中应力和应变计算是通过关于蠕变时间的差分公式实现的，在编程之前，需要将西原改进模型的应力增量和应变增量改写成关于蠕变时间的差分公式。

物体应力张量 $S$ 可分为球应力张量 $S_m$ 和偏应力张量 $S_{ij}$ 两个张量之和，应变张量 $e$ 可分为球应力张量 $e_m$ 和偏应力张量 $e_{ij}$ 两个张量之和，即球应力张量 $S_m$ 表示应力轴三个方向上受到相同的正应力 $\sigma_m$，而没有剪应力的一种应力状态。球应变张量 $e_m$ 表示物体在三个轴向上的变形均为 $e_m$，而没有产生剪切变形的应变状态。而偏应力张量为物体的应力状态中除去球应力张量的应力状态，传统的塑性力学理论认为 $S_m$ 与 $e_m$ 存在着相互对应的关系，而 $S_{ij}$ 与 $e_{ij}$ 存在着相互对应的关系，即 $S_m$ 不会引起 $e_{ij}$ 的变化，$S_{ij}$ 不会引起 $e_m$ 的变化。

弹性元件的三维本构方程可表示为

$$S_m = 3Ke_m, \quad S_{ij} = 2Ge_{ij} \tag{8.17}$$

式中，$K$ 为体积变形模量；$G$ 为剪切模量。$K$、$G$ 分别为

$$K = \frac{E}{3(1-2\mu)}, G = \frac{E}{2(1+\mu)} \tag{8.18}$$

对于弹性元件、黏性元件等，其三维本构方程为

$$S_m = 3K e_m, S_{ij} = 2\eta \dot{e}_{ij} \tag{8.19}$$

式中，$\dot{e}_{ij}$ 为偏应变速率。

对于塑性元件，其三维本构关系与岩石的屈服函数 $f$ 相关，后面会详细探讨 NNS 模型中黏塑性体的三维本构方程。为了方便公式的推导，先定义点状上标（如 $\dot{e}_{ij}$）为函数对时间的导数，上标 N 为变量的新值，上标 O 为变量的旧值。

### 8.4.3 弹性和黏弹性部分表达

岩石总的应变 $e_{ij}$ 由三部分组成，即胡克弹簧的应变 $e_{ij}^{H}$、黏弹性体开尔文的应变 $e_{ij}^{K}$、宾汉姆体中的黏塑性体应变 $e_{ij}^{B}$ 及塑性体的应变 $e_{ij}^{P}$：

$$\Delta e_{ij} = \Delta e_{ij}^{H} + \Delta e_{ij}^{K} + \Delta e_{ij}^{B} + \Delta e_{ij}^{P} \tag{8.20}$$

写成应变偏量速率的形式如下：

$$\dot{e}_{ij} = \dot{e}_{ij}^{H} + \dot{e}_{ij}^{K} + \dot{e}_{ij}^{B} + \dot{e}_{ij}^{P} \tag{8.21}$$

式中，$\dot{e}_{ij}^{H}$、$\dot{e}_{ij}^{K}$、$\dot{e}_{ij}^{B}$、$\dot{e}_{ij}^{P}$ 分别为总偏应变的速率、黏弹性体开尔文偏应变速率、宾汉姆体中黏塑性体的偏应变速率、塑性元件的偏应变速率。

三维情况的流变模型如图 8.5 所示。

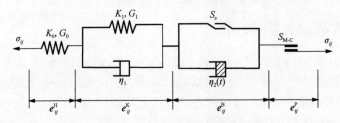

图 8.5  三维情况下 NNS 模型

对于弹性体而言，显然有

$$\Delta S_{ij} = 2G_0 \Delta e_{ij}^{H} \tag{8.22}$$

采用中心差分式（8.22）可以写成

$$\bar{S}_{ij} \Delta t = 2G_0 \bar{e}_{ij}^{H} \Delta t \tag{8.23}$$

式中，

$$\bar{S}_{ij} = \frac{S_{ij}^{O} + S_{ij}^{N}}{2} \tag{8.24}$$

$$\bar{e}_{ij} = \frac{e_{ij}^{O} + e_{ij}^{N}}{2} \tag{8.25}$$

其中，$S_{ij}^{O}$、$S_{ij}^{N}$ 分别为一个时间增量内的应力偏量的旧值和新值；$e_{ij}^{O}$、$e_{ij}^{N}$ 分别为一个时间增量步内的应变偏量的旧值和新值。

黏弹性体的偏应力由弹簧和黏壶两部分组成：

$$\bar{S}_{ij}\Delta t = 2\eta_1\Delta e_{ij}^{K} + 2G_1\bar{e}_{ij}^{K}\Delta t \tag{8.26}$$

将式（8.24）和式（8.25）代入式（8.26），得

$$e_{ij}^{K,N} = \frac{1}{A}\left[ Be_{ij}^{K,O} + \frac{\Delta t}{4\eta_1}(S_{ij}^{N} + S_{ij}^{O}) \right] \tag{8.27}$$

式中，

$$A = 1 + \frac{G_1\Delta t}{2\eta_1}, B = 1 - \frac{G_1\Delta t}{2\eta_1} \tag{8.28}$$

将式（8.22）、式（8.26）代入式（8.20），再利用式（8.24）、式（8.25）可以得到

$$S_{ij}^{N} = \frac{1}{a}\left[ \Delta e_{ij} - \Delta e_{ij}^{B} - \Delta e_{ij}^{P} + bS_{ij}^{O} - \left(\frac{B}{A} - 1\right)e_{ij}^{K,O} \right] \tag{8.29}$$

$$a = \frac{1}{2G_0} + \frac{\Delta t}{4}\frac{1}{A\eta_1}, b = \frac{1}{2G_0} - \frac{\Delta t}{4}\frac{1}{A\eta_1} \tag{8.30}$$

体积特征可由下式表示：

$$\sigma_m^{N} = \sigma_m^{N} + K_0(\Delta e_{vol} - \Delta e_{vol}^{B} - \Delta e_{vol}^{P}) \tag{8.31}$$

开尔文体新的球应变为

$$e_m^{K,N} = \frac{1}{C}\left[ Fe_m^{K,O} + \frac{\Delta t}{6K_1}(\sigma_m^{N} + \sigma_m^{O}) \right] \tag{8.32}$$

式中，

$$C = 1 + \frac{K_1\Delta t}{2\eta_1}, F = 1 - \frac{K_1\Delta t}{2\eta_1} \tag{8.33}$$

综上所述，NNS 模型的应力-应变关系可以采用式（8.29）和式（8.31）的形式表达，写成上述形式可以方便程序的编写。

### 8.4.4　黏塑性部分表达

黏塑性体中黏塑性应变率为

$$\dot{\varepsilon}_{ij}^{B} = \frac{\langle F_\infty \rangle}{2\eta_2}\left\langle e^{\alpha(t-t_c)} \right\rangle\frac{\partial g_\infty}{\partial \sigma_{ij}} \tag{8.34}$$

式中，$g_\infty$ 为长期屈服势函数；$\langle F_\infty \rangle$ 为开关函数，其表达形式如下：

$$\langle F_\infty \rangle = \begin{cases} 0, & f_\infty \leqslant 0 \\ f_\infty, & f_\infty > 0 \end{cases} \tag{8.35}$$

式中，$f_\infty$ 为长期屈服函数；$\langle e^{\alpha(t-t_c)} \rangle$ 为开关函数，其表达形式如下：

$$\langle e^{\alpha(t-t_c)} \rangle = \begin{cases} 1, & t \leqslant t_c \\ e^{\alpha(t-t_c)}, & t > t_c \end{cases} \tag{8.36}$$

黏塑性应变率偏量为

$$\dot{e}_{ij}^{B} = \frac{\langle F_\infty \rangle}{2\eta_2} \langle e^{\alpha(t-t_c)} \rangle \frac{\partial g_\infty}{\partial \sigma_{ij}} - \frac{1}{3} \dot{e}_{vol}^{B} \delta_{ij} \tag{8.37}$$

式中，$\dot{e}_{vol}^{B}$ 为黏塑性体的体积应变速率的偏量，即

$$\dot{e}_{vol}^{B} = \dot{e}_{ii}^{B} = \frac{\langle F_\infty \rangle}{2\eta_2} \langle e^{\alpha(t-t_c)} \rangle \left( \frac{\partial g_\infty}{\partial \sigma_{11}} + \frac{\partial g_\infty}{\partial \sigma_{22}} + \frac{\partial g_\infty}{\partial \sigma_{33}} \right) \tag{8.38}$$

剪切屈服和拉伸屈服的屈服函数分别为

$$f_\infty^{s} = \sigma_1 - \sigma_3 N_{\phi_\infty} + 2c_\infty \sqrt{N_{\phi_\infty}} = \sigma_1 - \sigma_3 \frac{1+\sin\phi_\infty}{1-\sin\phi_\infty} + 2c_\infty \sqrt{\frac{1+\sin\phi_\infty}{1-\sin\phi_\infty}} \tag{8.39}$$

$$f_\infty^{t} = \sigma_\infty^{t} - \sigma_3 \tag{8.40}$$

对应的势函数 $g_\infty^{s}$、$g_\infty^{t}$ 分别为

$$g_\infty^{s} = \sigma_1 - \sigma_3 N_{\varphi_\infty} = \sigma_1 - \sigma_3 \frac{1+\sin\varphi_\infty}{1-\sin\varphi_\infty} \tag{8.41}$$

$$g_\infty^{t} = -\sigma_3 \tag{8.42}$$

式中，$c_\infty$ 为材料长期黏聚力；$\phi_\infty$ 为长期摩擦角；$\sigma_\infty^{t}$ 为长期抗拉强度；$\varphi_\infty$ 为长期剪胀角。$g_\infty^{s}$ 符合莫尔-库仑不相关联的流动法则，$g_\infty^{t}$ 符合相关联的流动法则。

长期强度的屈服准则与瞬时强度准则一样，即采用 FLAC$^{3D}$ 中修正的莫尔-库仑准则，由剪切屈服和拉伸屈服准则合成，对于判断单元是剪切屈服还是拉伸屈服可以通过函数 $h(\sigma_1, \sigma_3)$ 来区分：

$$h = \sigma_3 - \sigma_\infty^{t} + a^{P}(\sigma_1 - \sigma^{P}) \tag{8.43}$$

式中，参数 $a^{P}$、$\sigma^{P}$ 分别为

$$a^{P} = 1 + \sqrt{1 + N_{\phi_\infty}^{2}} + N_{\phi_\infty} \tag{8.44}$$

$$\sigma^{P} = \sigma_\infty^{t} N_{\phi_\infty} - 2c_\infty \sqrt{N_{\phi_\infty}} \tag{8.45}$$

此函数是 $(\sigma_1, \sigma_3)$ 空间中 $f_\infty^{s} = 0$ 和 $f_\infty^{t} = 0$ 角平分线，如图 8.6 所示。

当单元处于图 8.6 中区域 1 时，即 $f_\infty^{s} \leqslant 0$、$h \leqslant 0$ 时，单元发生剪切屈服，求解黏塑性应变增量则采用势函数 $g_\infty^{s}$，即式（8.41）；当单元处于图 8.6 中区域 2 时，即 $f_\infty^{t} \leqslant 0$、$h > 0$ 时，单元发生拉伸屈服，求解黏塑性应变增量则采用势函数 $g_\infty^{t}$，

即式（8.42）。

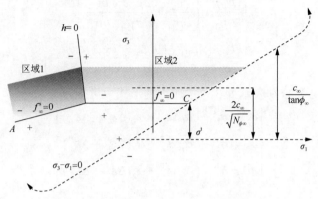

图 8.6　长期强度莫尔-库仑屈服准则

流动法则指定塑性应变增量矢量方向垂直于塑性势函数面。由式（8.34）可得

$$
\Delta \boldsymbol{\varepsilon}_{ij}^{\mathrm{B}} = 
\begin{cases}
\dfrac{\langle F_\infty \rangle}{2\eta_2} \Delta t \dfrac{\partial g_\infty}{\partial \sigma_{ij}}, & t \leqslant t_c \\[3mm]
\dfrac{\langle F_\infty \rangle}{2\eta_2} \mathrm{e}^{\alpha(t-t_c)} \Delta t \dfrac{\partial g_\infty}{\partial \sigma_{ij}}, & t > t_c
\end{cases}
\tag{8.46}
$$

在主应力空间下为

$$
\Delta \boldsymbol{\varepsilon}_{i}^{\mathrm{B}} = 
\begin{cases}
\dfrac{\langle F_\infty \rangle}{2\eta_2} \Delta t \dfrac{\partial g_\infty}{\partial \sigma_{i}}, & t \leqslant t_c \\[3mm]
\dfrac{\langle F_\infty \rangle}{2\eta_2} \mathrm{e}^{\alpha(t-t_c)} \Delta t \dfrac{\partial g_\infty}{\partial \sigma_{i}}, & t > t_c
\end{cases}
\tag{8.47}
$$

式中，$i=1, 2, 3$。

式（8.29）、式（8.31）在主应力空间下为

$$
\begin{cases}
\boldsymbol{S}_i^{\mathrm{N}} = \hat{\boldsymbol{S}}_i^{\mathrm{N}} - \dfrac{1}{a} \Delta e_i^{\mathrm{B}}, & t \leqslant t_c \\[3mm]
\sigma_m^{\mathrm{N}} = \hat{\sigma}_m^{\mathrm{N}} - K_0 \Delta e_{\mathrm{vol}}^{\mathrm{B}}, & t > t_c
\end{cases}
\tag{8.48}
$$

应力张量 $\sigma_i^{\mathrm{N}}$ 可分解为应力偏张量 $\boldsymbol{S}_i^{\mathrm{N}}$ 和球应力张量 $\sigma_m^{\mathrm{N}}$，式（8.48）中两式相加得

$$
\sigma_i^{\mathrm{N}} = \hat{\sigma}_i^{\mathrm{N}} - \frac{1}{a} \Delta e_i^{\mathrm{B}} - K_0 \Delta e_{\mathrm{vol}}^{\mathrm{B}}
\tag{8.49}
$$

式中，

$$
\Delta e_i^{\mathrm{B}} = \Delta \boldsymbol{\varepsilon}_i^{\mathrm{B}} - \frac{1}{3} \Delta \boldsymbol{\varepsilon}_{\mathrm{vol}}^{\mathrm{B}} = 
\begin{cases}
\dfrac{\langle F_\infty \rangle}{2\eta_2} \Delta t \left[ \dfrac{\partial g_\infty}{\partial \sigma_i} - \dfrac{1}{3} \left( \dfrac{\partial g_\infty}{\partial \sigma_{11}} + \dfrac{\partial g_\infty}{\partial \sigma_{22}} + \dfrac{\partial g_\infty}{\partial \sigma_{33}} \right) \right], & t \leqslant t_c \\[4mm]
\dfrac{\langle F_\infty \rangle}{2\eta_2} \mathrm{e}^{\alpha(t-t_c)} \Delta t \left[ \dfrac{\partial g_\infty}{\partial \sigma_i} - \dfrac{1}{3} \left( \dfrac{\partial g_\infty}{\partial \sigma_{11}} + \dfrac{\partial g_\infty}{\partial \sigma_{22}} + \dfrac{\partial g_\infty}{\partial \sigma_{33}} \right) \right], & t > t_c
\end{cases}
\tag{8.50}
$$

$$\Delta e_{\text{vol}}^{\text{B}} = \Delta e_{kk}^{\text{B}} = \begin{cases} \dfrac{\langle F_\infty \rangle}{2\eta_2}\Delta t \left( \dfrac{\partial g_\infty}{\partial \sigma_{11}} + \dfrac{\partial g_\infty}{\partial \sigma_{22}} + \dfrac{\partial g_\infty}{\partial \sigma_{33}} \right), & t \leqslant t_c \\[4mm] \dfrac{\langle F_\infty \rangle}{2\eta_2}\mathrm{e}^{\alpha(t-t_c)}\Delta t \left( \dfrac{\partial g_\infty}{\partial \sigma_{11}} + \dfrac{\partial g_\infty}{\partial \sigma_{22}} + \dfrac{\partial g_\infty}{\partial \sigma_{33}} \right), & t > t_c \end{cases} \tag{8.51}$$

将式（8.49）分别表示为 3 个主应力的形式，可得

$$\begin{cases} \sigma_1^{\text{N}} = \hat{\sigma}_1^{\text{N}} - \left[ \alpha_1 \Delta \varepsilon_1^{\text{P}} + \alpha_2 (\Delta \varepsilon_2^{\text{P}} + \Delta \varepsilon_3^{\text{P}}) \right] \\ \sigma_2^{\text{N}} = \hat{\sigma}_2^{\text{N}} - \left[ \alpha_1 \Delta \varepsilon_2^{\text{P}} + \alpha_2 (\Delta \varepsilon_1^{\text{P}} + \Delta \varepsilon_3^{\text{P}}) \right] \\ \sigma_3^{\text{N}} = \hat{\sigma}_3^{\text{N}} - \left[ \alpha_1 \Delta \varepsilon_3^{\text{P}} + \alpha_2 (\Delta \varepsilon_1^{\text{P}} + \Delta \varepsilon_2^{\text{P}}) \right] \end{cases} \tag{8.52}$$

式中，

$$\begin{cases} \alpha_1 = K_0 + \dfrac{2}{2a} \\[3mm] \alpha_2 = K_0 - \dfrac{1}{3a} \end{cases} \tag{8.53}$$

对于剪切屈服，由式（8.41）可得

$$\frac{\partial g_\infty^{\text{s}}}{\partial \sigma_1} = 1, \frac{\partial g_\infty^{\text{s}}}{\partial \sigma_2} = 0, \frac{\partial g_\infty^{\text{s}}}{\partial \sigma_3} = -N_{\varphi_\infty} \tag{8.54}$$

将式（8.47）、式（8.54）代入式（8.52），可得

$$\begin{cases} \sigma_1^{\text{N}} = \hat{\sigma}_1^{\text{N}} - \lambda_\infty (\alpha_1 - \alpha_2 N_{\varphi_\infty}) \\ \sigma_2^{\text{N}} = \hat{\sigma}_2^{\text{N}} - \lambda_\infty (\alpha_2 - \alpha_2 N_{\varphi_\infty}) \\ \sigma_3^{\text{N}} = \hat{\sigma}_3^{\text{N}} - \lambda_\infty (\alpha_2 - \alpha_1 N_{\varphi_\infty}) \end{cases} \tag{8.55}$$

式中，

$$\begin{cases} \lambda_\infty = \dfrac{\hat{\sigma}_1^{\text{N}} - \hat{\sigma}_1^{\text{N}} N_{\phi_\infty} + 2c_\infty \sqrt{N_{\phi_\infty}}}{2\eta_2}\Delta t, & t \leqslant t_c \\[5mm] \lambda_\infty = \dfrac{\hat{\sigma}_1^{\text{N}} - \hat{\sigma}_1^{\text{N}} N_{\phi_\infty} + 2c_\infty \sqrt{N_{\phi_\infty}}}{2\eta_2}\mathrm{e}^{\alpha(t-t_c)}\Delta t, & t > t_c \end{cases} \tag{8.56}$$

对于拉伸屈服有

$$\frac{\partial g_\infty^{\text{t}}}{\partial \sigma_1} = 0, \frac{\partial g_\infty^{\text{t}}}{\partial \sigma_2} = 0, \frac{\partial g_\infty^{\text{t}}}{\partial \sigma_3} = -1 \tag{8.57}$$

将式（8.47）、式（8.57）代入式（8.52），可得

$$\begin{cases} \sigma_1^{\text{N}} = \hat{\sigma}_1^{\text{N}} + \lambda_\infty \alpha_2 \\ \sigma_2^{\text{N}} = \hat{\sigma}_2^{\text{N}} + \lambda_\infty \alpha_2 \\ \sigma_3^{\text{N}} = \hat{\sigma}_3^{\text{N}} + \lambda_\infty \alpha_1 \end{cases} \tag{8.58}$$

式中，

$$
\begin{cases}
\lambda_{\infty} = \dfrac{\sigma_{\infty}^{t} - \hat{\sigma}_3^{N}}{2\eta_2}\Delta t, & t \leqslant t_c \\[4mm]
\lambda_{\infty} = \dfrac{\sigma_{\infty}^{t} - \hat{\sigma}_3^{N}}{2\eta_2}\mathrm{e}^{\alpha(t-t_c)}\Delta t, & t > t_c
\end{cases}
\tag{8.59}
$$

在全局应力分量更新过程中，假设了应力主轴不受塑性流动的影响。

### 8.4.5　塑性部分表达

NNS 模型的塑性元件同时具有应变软化的特性，当产生塑性应变后，材料的塑性参数会发生折减，其折减的规律可通过试验进行确定[248]。塑性元件不仅可以模拟应变软化，同时也适用于应变硬化的情况。

对于莫尔-库仑塑性体，应变行为如下：

$$
\Delta e_{ij}^{P} = \lambda \frac{\partial g}{\partial \sigma_{ij}} - \frac{1}{3}\Delta e_{\mathrm{vol}}^{P}\delta_{ij}
\tag{8.60}
$$

$$
\Delta e_{\mathrm{vol}}^{P} = \lambda \left( \frac{\partial g}{\partial \sigma_{11}} + \frac{\partial g}{\partial \sigma_{22}} + \frac{\partial g}{\partial \sigma_{33}} \right)
\tag{8.61}
$$

其塑性应力修正方法详见上一节。

当材料的参数发生折减后，其塑性的屈服面也会发生改变，示意图如图 8.7 所示。图中，$c_i$ 和 $\phi_i$ 分别为完整岩石的黏聚力和摩擦角；$\sigma_{ti}$ 为完整岩石的抗拉强度；$c_c$ 和 $\phi_c$ 分别为当前折减后的黏聚力和内摩擦角；$c_r$ 和 $\phi_r$ 分别为残余屈服面的黏聚力和内摩擦角。其中，

$$
N_{\phi i} = \frac{1 + \sin\phi_i}{1 - \sin\phi_i}
\tag{8.62}
$$

同理，$N_{\phi i}$ 和 $N_{\phi r}$ 与式（8.62）表达类似。

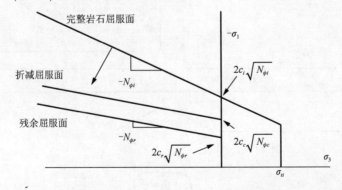

图 8.7　岩石从弹性到损伤屈服面的变化

### 8.4.6　NNS 模型的二次开发

整个模型采用 C++语言编写，编译平台为 Visual Studio 2010，本章以 CVISC 为开发蓝本，CVISC 模型为 Burgers 模型串联莫尔-库仑塑性元件，在其基础上按照 NNS 差分格式进行改写，获得动态链接库 NNS.dll 文件，由主程序调用执行，用户自定义本构模型的主要功能是根据应变增量得到新的应力。其开发流程图如图 8.8 所示，编译生成动态链接库 nns.dll。主要的开发过程如下：

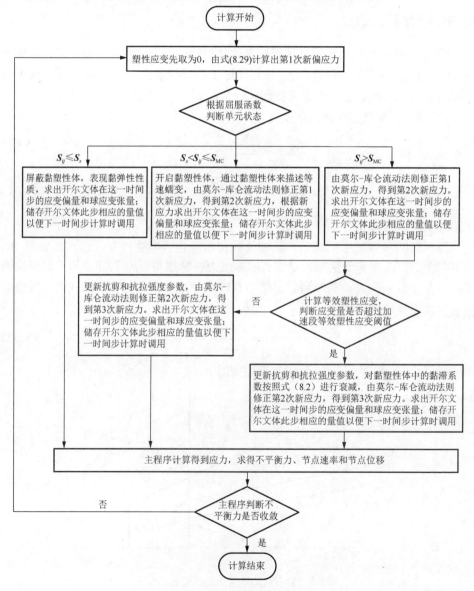

图 8.8　NNS 模型开发流程图

（1）头文件（usermodel.h）中进行新的本构模型派生类的声明：定义了一个名为 UserCSSModel 的类，该类的基类为 ConstitutiveModel。修改了模型的 ID（>100）、名称和版本，在源文件中增加 CONTABLE.h 来声明一个 ConTableList 类，为本构模型提供一张表，该表用来存储模型单元或节点 ID 号。

（2）修改派生类的私有成员：私有变量和成员函数。在私有变量中添加 dAccshearE、dAcctensE 两个变量计算等效塑性切应变和等效塑性拉应变，用胡克剪切模量 dHshear 代替 CVISC 模型中 Maxwell 体中的剪切模量 dMshear；增加宾汉姆黏滞系数 dBviscosity 代替 Maxwell 体中的黏滞系数 dViscosity、增加长期黏聚力 dLcohesion、长期内摩擦角 dLfriction、长期抗拉强度 dLtension、长期剪胀角 dLdilation 和统一量纲的 $\alpha$ 用变量 dAlpha 表示。加速段临界等效塑性剪（拉）应变分别用 dTesplastic、dTetplastic 表示；添加 iCTab、iFTab、iTTab、iDTab 四个整型变量和 uiCTab、uiFTab、uiTTab、uiDTab 四个无符号整型变量，这些变量的作用是为屈服后的材料强度参数调整设置不同的表并编号，同时定义初始值为 0。

（3）对上述新增变量进行注册，并添加到 Properties()函数中，方便等效塑性应变的提取和 FISH 编程。

（4）GetProperty()函数和 SetProperty()函数的修改：GetProperty()函数的作用是返回各模型参数的值。SetProperty()函数从用户输入命令 PROP name=dVal 中获得模型参数的赋值，参数顺序要与 Properties()函数给出字符串顺序相同。根据增加的新参数进行修改。

（5）拷贝必需的数据和变量初始化：Copy()函数的作用主要是从指定的函数拷贝必需的数据，主要是拷贝模型的参数变量数据。针对所有的新增私有变量进行修改。变量初始化的函数为 Initialize()，在该函数中需增加 ConTableList 类，将模型中的 ID 转化为指标，主要用于检查用户设置参数的正确性。在 FLAC$^{3D}$ 中，执行 Solve、Cycle 命令或大变形矫正时，Initialize()函数便执行一次，其中也包含部分变量的计算公式。Initialize()是需要重载的两个关键的函数之一。

（6）更新强度参数和应力增量：另一个关键的函数为 Run()函数，该函数在 FLAC$^{3D}$ 中计算循环的每一步对每一个子单元使用，是二次开发的核心函数，本构方程是通过重载该函数来实现的，具体而言，就是根据子单元 State 数据类型所提供的量值来得到新的应力[266]。该函数包括确定长期屈服应力，对剪切和拉伸塑性判断和修正，完成塑性修正的主应力进行应力状态的恢复；还包括等效塑性应变的计算，判断等效塑性应变是否超过加速段阈值，进行 dBviscosity 参数的折减；通过应变更新每一步的抗剪和抗拉强度参数，并重新赋值等。针对上述每一项进行相应地修改，并实现塑性参数在材料屈服前按照初始值进行计算，屈服后随等效塑性应变按照软化参数预先设定发生改变，并更新屈服强度和势函数等信息，将当前信息传递到下一步的计算当中。

（7）保存计算结果：SaveRestore()函数用于文件保存和恢复。保存项主要包括流变参数 dHshear，长期强度参数 dLcohesion、dLfriction、dLdilation、dLtension，新增参数 dAlpha、dTesplastic、dTetplastic 以及添加三个与长期屈服强度相关的内部计算变量。

## 8.5　NNS 模型的模型验证与应用

### 8.5.1　弹塑性特性验证

采用瞬时加载验证 NNS 模型的弹塑性特征，形成退化的 NNS 模型，需要注意的是，根据式（8.46）等可知 $\eta_2$ 不可为 0，否则程序报错，因此可将长期强度设置成极大值，以防止黏塑性体中的黏壶发挥作用，同样为防止黏塑性体中黏壶的黏滞系数发生衰减，将加速段等效塑性应变阈值设为极大值。

将退化的 NNS 模型分成软化处理和未软化处理两种模式，与 FLAC³ᴰ 内置的莫尔、应变软化模型进行对比，单轴压缩试验模型图如图 8.9 所示。半径为 10cm、长度为 20cm 的圆柱体，两端固定，以 $1×10^{-7}$m/s 的速度位移加载。

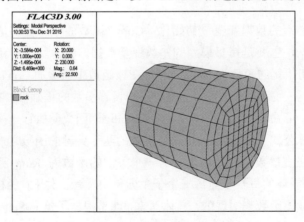

图 8.9　单轴压缩试验模型图

验证采用的模型参数如下，退化 NNS 模型（软化处理）：胡克体积模量 $K_0$=11.9GPa，剪切模量 $G_0$=11GPa，黏聚力 $c$=0.27MPa，内摩擦角 $\phi$=44°，抗拉强度 $\sigma_t$=0.2MPa，其他参数均赋值为 0。塑性元件的软化处理如表 8.1 所示。退化 NNS 模型（未软化处理）：参数与上述取值完全相同，只是塑性参数在屈服后不发生折减。应变软化模型：体积模量 $K$=11.9GPa，剪切模量 $G$=11GPa，黏聚力 $c$=0.27MPa，内摩擦角 $\phi$=44°，$\sigma_t$=0.2MPa。莫尔-库仑模型：$K$、$G$、$\sigma_t$ 均按莫尔-库仑模型参数取相同值。

表 8.1　软化参数表

| 软化参数 | 等效塑性剪切应变 $\varepsilon^{ps}$ | | | | |
|---|---|---|---|---|---|
| | 0 | $1\times10^{-4}$ | $2\times10^{-4}$ | $3\times10^{-4}$ | 1 |
| $c$/MPa | 0.27 | 0.25 | 0.2 | 0.15 | 0.15 |
| $\phi$ /(°) | 44 | 42 | 40 | 38 | 38 |
| $\sigma_t$ /MPa | 0.2 | 0.1 | 0.05 | 0 | 0 |

## 8.5.2　黏弹性特性验证

保留胡克弹簧与开尔文体参数，与退化的内置 CVISC 模型进行黏弹性特征的对比验证，其中退化的 CVISC 模型中 Maxwell 黏滞系数为 0。为避免材料发生屈服，两种模型的塑性参数均设为极大值，以便对比黏弹性性质。退化后的 NNS 和 CVISC 模型均为三参量模型，开尔文体中黏滞系数均为 86.4GPa·h，开尔文体中弹簧的剪切模量为 11GPa。施加的荷载为 0.16MPa，施加时间为 100h，如图 8.10 所示。图 8.10 为 NNS 模型和 CVISC 模型在退化为三参量模型后的应变-时间曲线，由于没有 Maxwell 黏壶的参与，CVISC 模型只表现出衰减蠕变的性质。两者的弹性形变相同，蠕变曲线基本一致，表明前面编制的 NNS 模型进行黏弹性分析同样具有可靠性。

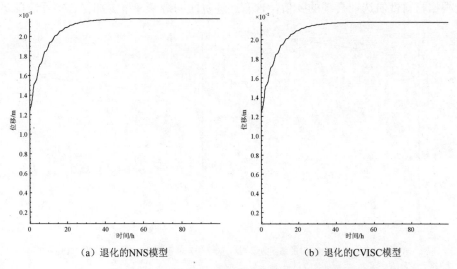

（a）退化的NNS模型　　　　　　（b）退化的CVISC模型

图 8.10　两种模型的黏弹性应变-时间曲线对比

### 8.5.3　黏弹塑性特性验证

#### 1. 不考虑莫尔-库仑塑性软化元件

不考虑莫尔-库仑塑性软化元件,将其参数设置为极大值,防止材料屈服发挥作用,对模型的黏弹塑性性质进行验证,黏滞系数 $\eta_2=8.64\times10^3\text{GPa·h}$,衰减控制参数 $\alpha=0.05$。其余元件参数与 8.5.1 小节中参数取值相同。长期强度设置参数:$c_\infty=0.2\text{MPa}$,$\phi_\infty=40°$,$\sigma_\infty=0.02\text{MPa}$。加速段等效塑性应变阈值为 $\varepsilon_c^{ps}=0.02$,$\varepsilon_c^{pt}=0.01$,设破坏对应极限等效塑性应变为 $\overline{\varepsilon}^{ps}=0.05$,$\overline{\varepsilon}^{pt}=0.02$,则加速蠕变与等速蠕变的分界对应的 $ZSI=\min\{1-(0.02/0.05), 1-(0.01/0.02)\}=0.5$,因此设定 ZSI=0.5 为加速段起始点。

图 8.11(a)中曲线为 ZSI 未达到 0.6 时的蠕变曲线,材料只出现蠕变的前两个阶段,即衰减蠕变阶段和等速蠕变阶段,通过与图 8.10 的对比可知,长期强度参数控制着黏壶在蠕变中是否发挥作用。图 8.11(b)中曲线为模型部分单元的 ZSI 超过了 0.5,即超过了加速段应变阈值。可以看出,该曲线反映了蠕变的第三阶段,即加速蠕变阶段,加速段曲线为近似的指数函数。这部分验证体现了所开发模型已经实现了预期的效果,也是开发的核心目的所在。

设置不同的衰减参数 $\alpha$ 分别为 0.01、0.05、0.1、0.2 共四种情况,得到的蠕变曲线如图 8.12 所示。不同的 $\alpha$ 对蠕变的前两个阶段并不会产生影响,当材料进入第三阶段,即加速蠕变阶段时,$\alpha$ 越大,黏塑性体中的黏滞系数衰减越快,加速段的蠕变位移越大,蠕变的速度也越大,并且呈非线性变化。因此实际的工程计算中应根据材料性质选取合理的 $\alpha$ 值,含有加速阶段的蠕变模型更加符合实际情况。

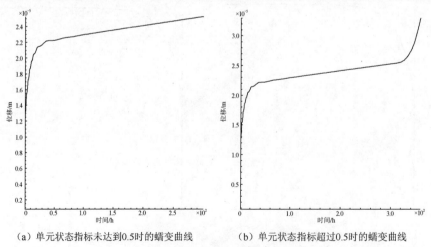

（a）单元状态指标未达到0.5时的蠕变曲线　　　（b）单元状态指标超过0.5时的蠕变曲线

图 8.11　黏弹塑性蠕变曲线对比

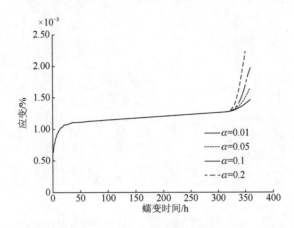

图 8.12　不同 $\alpha$ 对蠕变曲线的影响

### 2. 考虑莫尔-库仑塑性软化元件

莫尔-库仑塑性软化元件参数按照表 8.2 中取值，其余参数与 8.5.3 小节 1 中的相同，施加的荷载为 1.2MPa，得到了 NNS 模型在考虑应变软化下和不考虑软化下的蠕变曲线，如图 8.13 所示。

表 8.2　数值计算模型图参数表

| 参数 | 等效塑性剪切应变 $\varepsilon^{ps}$ | | | | |
| --- | --- | --- | --- | --- | --- |
| | 0 | $1.5\times10^{-6}$ | $3\times10^{-6}$ | $4\times10^{-6}$ | 1 |
| $c$/MPa | 0.27 | 0.25 | 0.24 | 0.23 | 0.23 |
| $\phi$ /(°) | 40 | 42 | 40 | 40 | 40 |

从图 8.13 中可以看出，在产生弹塑性变形的阶段，考虑应变软化的变形就大于不考虑软化的情况；而在随后的稳定蠕变阶段，由于黏聚力等参数的减小，塑性应力不断进行修正，应变也随之改变，曲线显示，考虑应变软化，稳定蠕变阶段的蠕变速度要略大于该曲线的不考虑软化的情况的蠕变速度；考虑应变软化后，加速段开始的时间 $t_c$ 会变小，两种情况下，加速段的蠕变曲线是更加符合实际的，也符合预期的开发目的。

本节根据 C++语言和 NNS 的黏弹塑性特征对 FLAC$^{3D}$ 软件进行了二次开发，以 CVISC 模型为开发蓝本，进行 NNS 三维差分公式的推导和代码的修改，给出了具体实施的程序流程图和代码编写中应该注意的关键技术，成功开发出具有非线性特征和应变软化特征的 NNS 流变模型。分别对模型的弹塑性、黏弹性和黏弹塑性进行了验证，结果表明，NNS 模型能较好地反映岩石的瞬时弹性变形、衰减蠕变、等速蠕变和加速蠕变阶段，说明了模型的正确性与合理性，NNS 将会更加直接而客观地反映岩体的非线性黏性的时效特征，为后续的计算提供了可靠的依据。

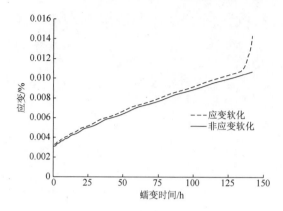

图 8.13　考虑软化的黏弹性应变–时间曲线对比

### 8.5.4　陈家店隧道时效变形的数值模拟分析

#### 1. 工程概况与围岩特性

陈家店隧道起讫里程 DIK51+660～DIK53+160，全长 1500m，洞深最大埋深约 30m。隧道进口至 DIK52+996.107 段位于直线上，DIK52+996.107 至出口段位于左偏曲线上，曲线半径 R=4000m；隧道内纵坡单面坡，隧道进口至 DIK52+9004.35 的下坡，DIK52+900 至出口为 5.8%的下坡。下穿 201 国道和两段石油管线。隧道围岩主要为片麻岩，浅灰色，全风化弱风化，鳞片变晶结构，片麻岩构造，矿物成分主要为石英、长石及黑云母组成，该岩段风化不均，岩体较破碎。分布于整个隧道区。

隧道入口及洞内如图 8.14 所示。隧道采用三台阶开挖，台阶法施工是将结构断面分成若干个部分，具有上下断面两个或多个工作面，分步开挖。其优点是灵活多变、适用性强，有足够的作业空间和较快的施工速度，能较早地使支护闭合，有利于开挖面的稳定性和控制其结构变形及由此引起的地面沉降。

图 8.14　陈家店隧道入口及洞内

根据现场采样得到的试验数据，根据元件理论，建立陈家店隧道围岩（片麻岩）蠕变模型。加载采用的设备为 RLW-2000 岩石伺服三轴流变仪。该仪器具有测量精度高、控制精度准的特点。将试件通过陈氏加载法所得曲线转化为单级加载的蠕变簇曲线（图 8.15）。

通过对该试件的蠕变曲线进行分析，可以发现，片麻岩蠕变变形特点如下：

（1）试件在加载后会产生瞬时弹性变形，其变形量与岩体的力学性质相关，因此在蠕变模型中应包含弹性元件。

（2）瞬时变形结束之后，应变随着时间的增加而增大，蠕变速率衰减，低应力水平下蠕变速率衰减至零，而高应力水平下则衰减至不为零的恒定值。一些蠕变全过程微裂隙扩展的研究文献表明，由于活化能的作用在该蠕变阶段过程中，裂隙稳定发展，裂隙扩展后，尖端的应力将集中调整，使内部应力场逐步趋于均匀，导致蠕变速率逐步下降，因此蠕变模型中一定有黏性元件。

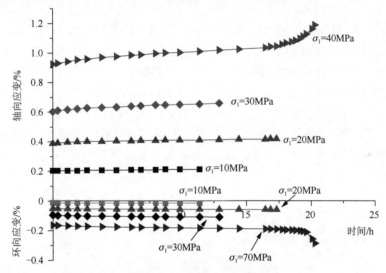

图 8.15　蠕变簇曲线

（3）裂隙出现非稳定扩展，蠕变速率基本保持恒定，该阶段的长短取决于应力水平。

（4）随着时间的增加，蠕变速率逐渐增大，直至岩石发生破坏，此时试件的应变除了一部分产生瞬时和延迟恢复外，还存在不可恢复的永久的黏塑性变形。因此蠕变模型应包含一定的塑性元件。

2. 数值模型与计算参数

建立数值模型如图 8.16。模型宽度为 60m，由于岩性均一，同时为了优化计算效率，长度取 20m，高度取 52m，拱顶距离地表约 18.6m。隧洞宽 12.66m，高 10.48m。单元总数为 62784 个，节点为 67336 个，模型约束为底部固定约束，四周法向位移约束，上部自由约束。

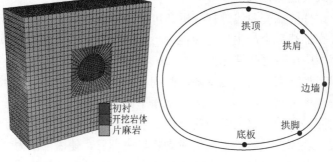

图 8.16　FLAC$^{3D}$ 数值模型与监测点

　　实践表明，实际岩体中不连续面的存在造成岩体变形较大，使得岩体的变形模量小于岩石的变形模量，为比对岩石的变形模量乘以经验折减系数，泊松比不变，进而求取体积模量和剪切模量，作为模拟参数。

　　工程中岩体的黏聚力相比室内试验得到的岩石的黏聚力要小很多，而内摩擦角相差不大，《建筑边坡工程技术规范》（GB50330—2013）认为将岩石的黏聚力乘以 0.2 即为岩体的黏聚力，将岩石的内摩擦系数乘以 0.8 为岩体的内摩擦系数。岩体的抗拉强度可根据岩石的抗拉强度乘以岩体完整性系数进行折减，完整性系数取为 0.52。荷载主要为模型自重，密度为 2452kg/m$^3$，初砌设计厚度为 0.35m。

　　由于模型的初始应力的侧压力系数为 0.47，因此选择蠕变试验中围压与轴压之比最为接近 0.47 的试验数据来求取蠕变参数。求得的模型计算参数如表 8.3 所示。软化相关参数如表 8.4 所示。

表 8.3　围岩参数取值

| $K$ /Gpa | $G_0$ /GPa | $G_1$ /GPa | $\eta_1$ /(GPa·h) | $\eta_2$ /(GPa·h) | $c_\infty$ /MPa | $\phi_\infty$ /(°) | $\sigma_{t\infty}$ /MPa | $\varepsilon_c^{ps}$ | $\varepsilon_c^{pt}$ | $\alpha$ |
|---|---|---|---|---|---|---|---|---|---|---|
| 0.74 | 0.3 | 5.36 | 2640 | $7.83 \times 10^5$ | 0.15 | 25 | 0.06 | $5 \times 10^{-4}$ | $2.6 \times 10^{-5}$ | 0.01 |

表 8.4　软化参数取值

| 软化参数 | 等效塑性应变 | | | | |
|---|---|---|---|---|---|
| | 0 | 12 | 25 | 30 | 40 |
| $c$ /MPa | 0.15 | 0.12 | 0.11 | 0.10 | 0.09 |
| $\phi$ /(°) | 25 | 22 | 20 | 19 | 18 |
| $\sigma_t$ /MPa | 0.06 | 0.04 | 0 | 0 | 0 |

　　在不开启蠕变模式下，通过自重平衡获得初始应力，清除位移后，挖去隧道土体，继续计算，稳定后开启蠕变计算模式，直至结构破坏。

3. 隧道无支护结构模拟

图 8.17 为无支护结构隧道开挖后不同时间点围岩竖向位移等值线图，隧道形成后围岩的变形模式主要表现为向隧道内部的收敛变形。即拱顶下沉，拱底上抬，边墙向洞内收敛。可以看出，拱脚上方处竖向位移变化最大。

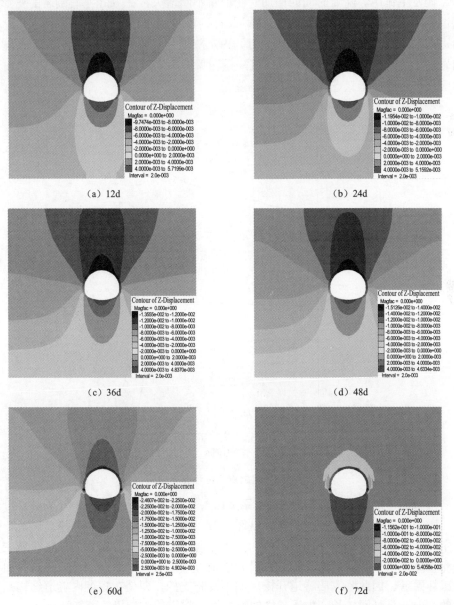

图 8.17　不同时间点围岩竖向位移等值线图

图 8.18 为隧道围岩监测点的位移变化曲线。

拱肩在初期向洞内收敛并缓慢增加，然而在后期却沿着隧道反方向快速发生位移，而拱脚的收敛量较为稳定，随时间缓慢增加。从图 8.18 中可以看出，在隧道形成后的 6d 内围岩变形速率较快，6d 后围岩变形速率趋于稳定，黏塑性体中的黏壶发生作用。随着时间的增加，变形量不断增大，在 63d 左右围岩的变形量超过了加速段等效塑性应变阈值，拱顶、拱肩和边墙的位移速率急剧增加，从开始进入加速变形阶段后，在 11d 的时间内，隧道便失稳破坏。从量值来看，隧道围岩初始的弹性变形量较小，拱顶沉降量在瞬时平衡后仅为 6.8mm 左右，而时间效应所产生的变形量已远远超过该量值。

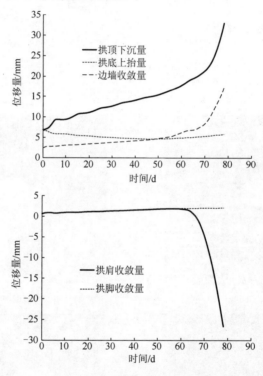

图 8.18　监测点的位移变化曲线

围岩的极限等效塑性切应变 $\bar{\varepsilon}^{ps}=6\times10^{-5}$，$\bar{\varepsilon}^{pt}=5.4\times10^{-5}$，图 8.19 为蠕变过程中，围岩的 ZSI 等值线变化云图。从图中可以看出，隧道结构在开挖后最危险部位主要分布在两侧边墙处，最小值为 -1。随着时间的增长，围岩的破坏区域主要分布在隧道拱顶和底板两个部位并沿着铅垂方向扩展，最后在加速段出现大面积的破坏区域。因此陈家店隧道开挖后如不及时支护，即使在短期内隧道结构是稳定的，但一旦时间较长，由于软岩的流变性，隧道的结构仍然可能被破坏。

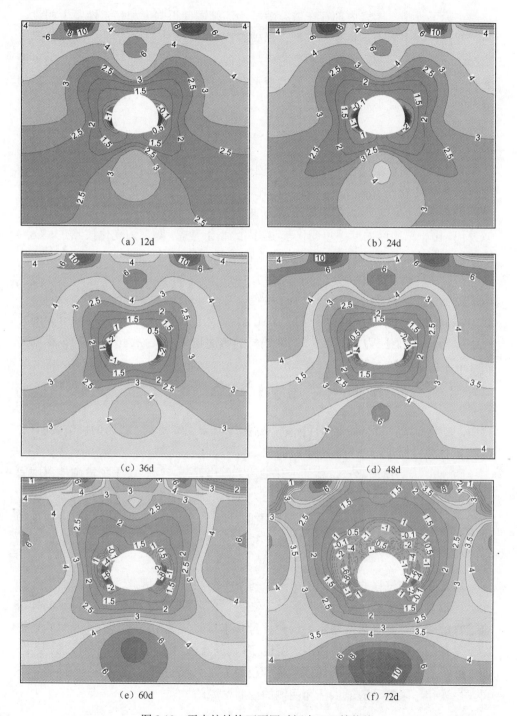

图 8.19　无支护结构下不同时间点 ZSI 等值线

　　实际工程中，围岩内部存在着裂隙等不连续面使得强度和稳定性发生弱化，同时开挖过程中围岩还将受到机械、爆破等扰动，这会促进裂隙的生成和扩展，随着时间的推移，围岩的强度和稳定性将呈现出持续降低的趋势。因此，为了保证隧道的正常使用，需要根据围岩的变形和破坏规律制定合理的支护方案，控制围岩的变形量及减小屈服区范围。

　　4. 隧道支护结构模拟

　　为了降低围岩流变性对隧道结构产生的破坏，隧道施工时采用了超前小管棚、超前帷幕预注浆等加固措施，在隧道周围一定范围内形成了加固保护区，模拟时通过提高注浆加固范围内围岩的 $c$ 和 $\phi$ 来等效代替，对锚杆和钢拱架的作用也近似替代。由于锚固区内摩擦角变化较小，因此不予考虑，黏聚力变化按照式（8.63）给出，喷射混凝土的弹性模量根据式（8.64）给出。

$$c = c_0 \left( 1 + \frac{\eta}{9.8} \frac{\tau S_m}{ab} \times 10^4 \right) \tag{8.63}$$

式中，$c_0$ 为未加锚杆时的围岩黏聚力（MPa）；$c$ 为加锚杆后围岩的黏聚力（MPa）；$\tau$ 为锚杆最大抗剪应力（MPa）；$S_m$ 为锚杆的截面积（m$^2$）；$a$、$b$ 锚杆的纵横向间距（m）；$\eta$ 为经验系数。

$$E = E_0 + \frac{S_g + E_g}{S_c} \tag{8.64}$$

式中，$E$ 为折算后的混凝土弹性模量；$E_0$ 为混凝土原本模量；$S_g$ 为钢拱架截面积；$E_g$ 为钢材弹性模量；$S_c$ 为混凝土截面积。

　　图 8.20 为隧道监测点位移的变化曲线。图中显示，注浆等支护措施使得围岩的黏聚力和内摩擦角强度提高，屈服应力增大，从而有效抑制了黏塑性体中黏壶的作用。隧道各监测点的位移虽然在瞬间平衡后有出现持续的增加，特别是在初期，变化速度较快，但曲线在变化了 32 天之后便趋于稳定，呈现出衰减蠕变的趋势。

　　通过实测的位移曲线由于无法消除初始平衡的位移，因此曲线的起点从 0 开始。而数值计算无法将弹性的时间计算在内，但后期时间效应产生的位移同样符合计算的规律，并且最终稳定后的位移量基本相等。说明超前支护和及时喷射混凝土做初期防护能够有效提高围岩强度，从而防止隧道结构等速蠕变阶段的发生。而 ZSI 的计算结果显示，破坏区的体积已经有了大幅的减小，并且在后期稳定不再发生变化，限制了隧道拱部和两侧的屈服区域的扩展。

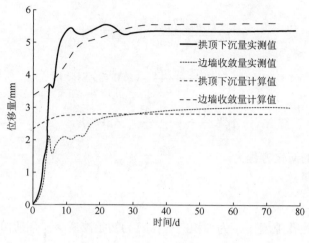

图 8.20　监测点位移的变化曲线

## 8.6　基于 ZSI 的蠕变-渗流非线性 ZNS 模型

### 8.6.1　ZNS 模型的提出

引入单元安全度 ZSI 的概念，建立 ZSI 与渗透率的关系、ZSI 与蠕变门槛值的关系，自主开发基于 ZSI 的改进非线性蠕变西原模型，即 ZNS 模型。该模型是在 NNS 模型的基础上，采用了渗流蠕变耦合和渗透系数的演化公式。NNS 模型见式（8.6）。

模型中的应变软化塑性元件是根据材料在蠕变过程中等效塑性应变的变化，使岩土材料的抗剪强度参数发生衰减，同时对应力进行修正的作用，随着等效塑性应变的逐渐增大，抗剪强度参数逐渐减小并最终变为零，导致试件破坏。采用 ZSI 分段函数的表达形式方便对三个阶段进行量化控制，通过两个参数便可以将其区分开来。围岩的开挖过程实际是对岩石的循环加卸载的过程，其中体积应变、渗透系数、单元状态指标、应力、应变等都在随着时间不断耦合变化。本节采用 ZSI 所处值阈（弹性、屈服、破坏）来衡量单元的破坏程度，由此通过体积应变建立渗透系数与 ZSI 值的关系，岩石变形过程中体积应变经历压密和扩容阶段，岩石体积应变按照下式计算：

$$\varepsilon_V = \varepsilon_D + 2\varepsilon_R \tag{8.65}$$

式中，$\varepsilon_V$、$\varepsilon_D$ 和 $\varepsilon_R$ 分别为体积应变、轴向应变和径向应变。

渗透率 $k$ 与体积应变 $\varepsilon_V$ 关系紧密，结合 ZSI 基于 Kozeny-Carman 公式[255, 259] 建立渗透率与体积应变的关系式为

$$k = \begin{cases} k_0 \dfrac{(1+\varepsilon_V/n_0)^3}{1+\varepsilon_V}, & \text{ZSI} \geqslant 1 \\[3mm] \xi k_0 \dfrac{(1+\varepsilon_V/n_0)^3}{1+\varepsilon_V}, & 0 \leqslant \text{ZSI} < 1 \\[3mm] \xi' k_0 \dfrac{(1+\varepsilon_V/n_0)^3}{1+\varepsilon_V}, & \text{ZSI} < 0 \end{cases} \qquad (8.66)$$

式中，孔隙度的演化方程为

$$n = \frac{n_0 + \varepsilon_V}{1 + \varepsilon_V} \qquad (8.67)$$

其中，$n_0$ 为初始孔隙度；$\varepsilon_V$ 为体积应变；$k_0$ 为初始渗透率。屈服阶段和破坏阶段分别用突跳系数 $\xi$、$\xi'$ 来表征。$\xi$、$\xi'$ 由试验拟合获得。

编制 FISH 程序，调用 whilestepping 命令，计算不同状态下单元的渗透率，更新单元渗透参数并赋予到每个单元上。将计算结果转换为 tecplot 格式，能更清晰地看到 ZSI 值和渗透系数的等值线图。

### 8.6.2　ZNS 模型试验验证

对于破坏失稳问题，采用理想弹塑性或应变硬化模型无法真实反映岩石峰后的软化行为。因此，本节将应变软化模型结合到非线性蠕变模型中来更好地表达岩石破坏过程。基于本节提出的蠕变-渗流耦合演化方程，以 FLAC$^{3D}$ 软件提供的 CVISC 模型为蓝本，进行二次开发，来模拟验证 2.8 节的蠕变-渗流耦合试验过程中的渗透性变化。

由于篇幅限制，本节只给出了轴压水平为 100MPa 时蠕变过程中的渗透率演化云图，如图 8.21 所示。通过渗透率演化云图可以看出，在荷载 100MPa 下的蠕变过程中，试件整体的渗透率随着时间的推移而逐渐增大。这说明岩石在此外部常应力作用下，岩粒之间产生了错位、滑移、流动，空隙逐渐扩大。试件的渗透率局部最大区域产生在靠近试件进水端（上端面为进水端）1/3 处的两侧边缘，渗透率局部化特征明显。这是由于上部岩体具有较高的孔隙水压力与循环加卸载之间的耦合作用更加显著地促进了空隙扩展和剪切带萌生。距离出口端越近，渗流-应力的耦合作用越不明显，可以看出试件下端面 2/3 的渗透率基本呈层状均匀分布。图 8.22 为渗透率的计算值与试验值进行比较，其中渗透率皆采用渗流量计算获得。由图可见，渗透率随加载时间的变化趋势吻合较好。

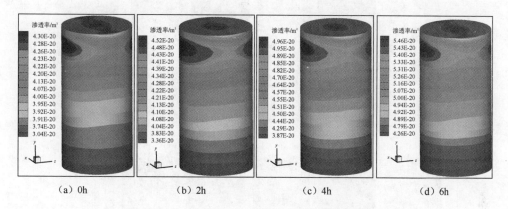

(a) 0h  (b) 2h  (c) 4h  (d) 6h

图 8.21 轴压 100MPa 下蠕变过程中的渗透率演化

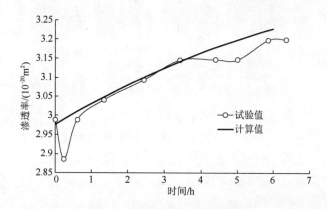

图 8.22 试验曲线与计算曲线比较

ZSI 值能够显示局部化破坏效果，如图 8.23 所示。单从加卸载过程 ZSI 值的云图可以看出，试件的破坏区域（深色区域）主要集中在试件的进水端面和圆柱四周剪切带附近。随着轴向荷载和蠕变时间的增加，破坏范围逐渐扩张，安全性降低。模拟结果充分揭示了蠕变-渗流与循环加卸载的共同耦合作用对岩石扰动的显著影响。

卸载后试件的局部 ZSI 值又有所降低，这是由于卸荷后弹性变形回弹，空隙率增大，水-力耦合的影响范围增大所致。表明该本构模型能很好地模拟岩石的变形可恢复性。从图 8.23（F）中试件的破裂形态明显看出破裂后的两条滑移迹线呈"V"形剪切带分布，裂纹部位也与模拟结果的渗透率最大部位基本相符，试验现象与模拟结果具有较好的一致性。

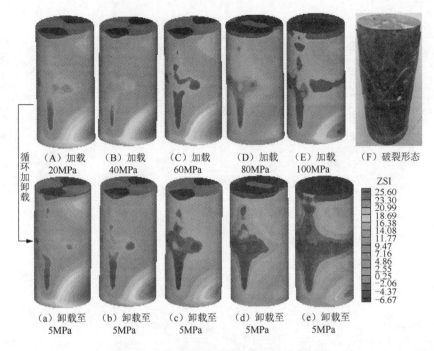

图 8.23　循环加卸载过程中的 ZSI 演化规律

　　本节在改进的西原模型中增加了非线性元件和莫尔-库仑摩擦片等元件。将长期强度引入到状态方程中，在判断塑性力学中屈服面的问题上提出了 ZSI。改进后的蠕变模型可适用于模拟三维受力状态下的各类岩体蠕变过程，能够很好地描述岩石的非线性黏弹塑性特征和受载过程中的局部化，弥补了西原模型只能描述加速阶段以前蠕变的缺陷。

　　不足之处是本模型涉及的参数较多，包括岩石的常规蠕变参数、长期强度参数、调节时间量纲参数、软化参数等。试算确定参数的取值需要花费较多时间，需要通过参数辨识的方法获取参数。

### 8.6.3　ZNS 模型在大连地铁的应用

　　本节将 ZNS 非线性蠕变-渗流耦合模型应用于大连地铁 2 号线 202 标段下穿铁路桥盾构隧道的施工安全性分析，并对施工方案进行了模拟计算和动态调整。

　　1. 大连地铁下穿铁路桥段工程概况

　　大连地铁 2 号线 202 标段盾构区间段 DK14+550 所穿越地层，地貌为剥蚀低丘陵，上覆第四系填土、坡洪积层、下伏中风化钙质板岩、辉绿岩，岩体较破碎，局部夹粉质黏土层，并且将横穿哈大线铁路桥。

香工街—沙河口站区间右线设计里程为 DK14+021.801～DK14+658.845，右线长 637.348m。自香工街站后沿华北路敷设，线间距从 36m 并线为 29.1m，到达沙河口火车站，设置 350m 与 300m 半径曲线各一处。

研究区域示意图和隧道现场路线图如图 8.24 所示。隧道右线开挖至里程桩号 DK14+550 附近即将横穿疏港路、东联路、哈大线铁路桥、周边建筑物等复杂交通线路。

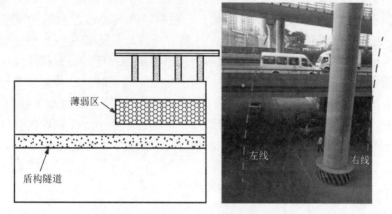

图 8.24 研究区域示意图和隧道现场路线图

本工程的难点为复合地层长距离小半径 R300 曲线掘进、地层复杂夹杂软弱层、地下水富集（局部有渗水现象）、容易出现空洞，重点是开挖至铁路桥下方薄弱岩层时隧道出现较大沉降，直接影响哈大线铁路的正常运营。

2. 围岩的蠕变力学特性分析

为了获取合理的蠕变参数，需要进行岩石三轴常规和蠕变力学特性试验。已有研究结果表明，含隧道地层的围岩参数对隧道稳定性影响最敏感，所以取中风化钙质板岩为研究对象进行试验。

采用与前面相同的仪器和方法，按照国际岩石力学学会试验规程进行加工试件，加工制成 $\phi$50mm×100mm 的圆柱状标准试件，制成的试件如图 8.25 所示。

图 8.25 部分制成的标准试件

　　为了减小岩石离散型对试验结果的影响，一般采用玻尔兹曼（Boltzmann）叠加原理和陈氏加载处理方法，可将试验结果转化为分级加载的方式。分级加载方式是室内岩石蠕变试验最常用的加载方式，它是针对同一个试件，先施加一定的轴向荷载应力并保持恒定，待蠕变应变基本达到稳定或者达到预定时间后再提高一级荷载。

　　经历第 8 级加载之后获得蠕变曲线如图 8.26 所示。由图 8.26（a）可知，中风化钙质板岩属于硬质岩体，总蠕变变形较小，进入加速段的轴向应变阈值为6.54‰左右。当每级荷载施加后立即产生瞬时应变，且随着荷载水平的增加，所产生的每级瞬时应变也逐渐增大。低应力水平荷载施加后，轴向蠕变曲线一般都经历了初始蠕变和稳定蠕变两个阶段。当应力水平较高时，试件将进入加速蠕变阶段。本试件为硬质岩体，试件的最高的承受荷载水平为 80MPa。由图 8.26（b）可以看出，折线段的斜率随着轴向荷载水平增加逐渐减小，即试件的弹性模量随着应力水平的增加而逐渐减小，Lemaitre 将这部分弹性模量的损失定义为材料损伤[212]。

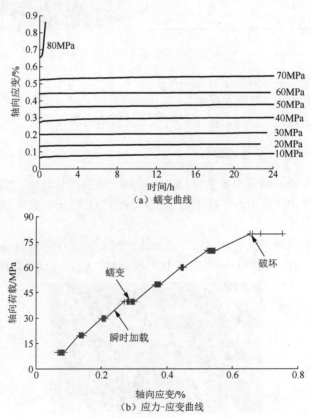

（a）蠕变曲线

（b）应力-应变曲线

图 8.26　中风化钙质板岩蠕变曲线

　　从试验获取的蠕变曲线的三个阶段来看，蠕变初始段普遍较短，也就是试件在较短的时间内（约 0.3h）就完成了从弹性应变向蠕变过渡的初始段应变调整，说明该试件的黏性模量大，黏性特征不明显。中风化钙质板岩为坚硬的脆性材料，在低应力水平下蠕变速率较小，稳定段的蠕变变形速率为 $2.19\times10^{-6}\sim3.94\times10^{-6}\text{h}^{-1}$。当进入加速段后，在很短的时间内，岩石变形急剧增大，试件瞬间破坏，并呈现出典型的脆性破坏特征。

　　由试验瞬时加载段的应力-应变关系，求出岩石的弹性模量 $E$ 和泊松比 $\mu$，并由下式求出岩石的剪切模量 $G$ 和体积模量 $K$：

$$G=\frac{E}{2(1+\mu)},K=\frac{E}{3(1-2\mu)} \qquad (8.68)$$

　　表 8.5 为蠕变过程的部分指标。结合表 8.5 的数据统计结果可以看出，随着荷载水平的增加，试件的轴向瞬时应变和蠕变速率呈现出先减小后增大的趋势。这是因为当荷载水平较小时（如第 1 级荷载下），试件处于压密阶段，内部的原始孔隙、微裂隙逐渐缩小、闭合，岩粒构成更加密实。此时试件受外力的影响显著，变形速率较快。当轴向荷载继续增加，所引起的瞬时应变和蠕变速率变化降低，这是由于此时试件内部排布已经压密、挤紧，刚度有所提高所致。而后续的加载过程中（第 2 级～第 7 级），试件内部产生损伤，所引起的瞬时应变和蠕变速率逐步增大，蠕变现象越来越明显。当施加到第 8 级荷载，试件进入加速段，标志着试件破坏。

**表 8.5　蠕变过程的指标**

| 荷载级别 | 荷载水平/MPa | 围压/MPa | 引起的瞬时应变/% | 蠕变速率/h$^{-1}$ | $G$/GPa | $K$/GPa |
|---|---|---|---|---|---|---|
| 第 1 级 | 10 | 3 | 0.067 | $3.46\times10^{-6}$ | 3.118 | 5.457 |
| 第 2 级 | 20 | 3 | 0.134 | $2.19\times10^{-6}$ | 2.601 | 4.552 |
| 第 3 级 | 30 | 3 | 0.202 | $2.33\times10^{-6}$ | 2.556 | 4.473 |
| 第 4 级 | 40 | 3 | 0.271 | $3.86\times10^{-6}$ | 2.302 | 4.029 |
| 第 5 级 | 50 | 3 | 0.363 | $3.39\times10^{-6}$ | 2.444 | 4.277 |
| 第 6 级 | 60 | 3 | 0.442 | $3.32\times10^{-6}$ | 2.197 | 3.845 |
| 第 7 级 | 70 | 3 | 0.522 | $3.94\times10^{-6}$ | 1.628 | 2.848 |
| 第 8 级 | 80 | 3 | 0.654 | 加速破坏 | — | — |

**3. 数值模型的建立与开挖参数取值**

　　采用 FLAC$^{3D}$ 建立复杂的三维数值模型，模型截取香工街—沙河口站区间右线里程桩号为 DK14+550～DK14+600 穿越铁路桥段为研究对象。本模型考虑了铁路桥及复杂软弱土体层对隧道的影响因素，铁路桥墩采用实体单元嵌入土体中，注浆圈的厚度采用改变注浆的强度和变形参数的方法进行控制。模型共 120770 个单元、134672 个节点。图 8.27（a）为建立的数值模型和地层分布。

由于隧道下穿哈大线铁路，铁路荷载是必须要考虑的因素之一。根据《铁路路基设计规范》的列车和轨道荷载换算土柱高度及分布宽度，在路基上方的上行和下行轨道上施加 60.1kPa 的均布交通荷载。

图 8.27（b）为施工过程中的监测点布设示意图，由于该开挖段地质环境复杂，对此开挖段进行实时监测。铁路桥下每个承重桥墩上布设 2 个监测点，右线侧墙布设 3 个监测点，铁路上方路基布设 6 个监测点。为了便于对比，选定薄弱区的剖面 Z-1 为典型断面，该断面在粉质黏土正下方，距离掘进端 50.4m，即位于模型坐标系中的 $y$=50.4 处。

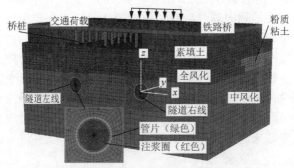

（a）几何模型和地层分布

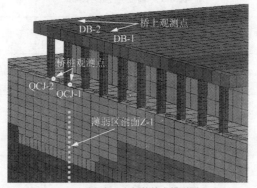

（b）剖面Z-1右侧的放大模型图

图 8.27　建立的数值模型

采用非线性蠕变应变软化改进西原模型和蠕变-渗流耦合方法对该开挖段进行计算。根据试验结果与地质勘探资料，确定各层土的弹性模量、泊松比等参数；对于管片结构，选取 C50 混凝土参数。注浆层采用张云等[268]提出的"等代层"概念；盾构机采用钢材料。本节采用三维数值模拟方法对盾构法隧道开挖进行三维动态仿真，进尺为 2.4m（2 倍管片的长度）。模拟过程共分为 29 步开挖，每一个开挖步分为 3 小步，即开挖当前土体、添加盾构管片、添加注浆层和衬砌的典型开挖模拟步骤。整个开挖段地下水丰富，处在含水层内，水面高度设置在模型中 $z=18$ 处。表 8.6 为各围岩材料的力学参数，表 8.7 为渗流参数取值。为便于统一计算，渗透性指标采用 FLAC$^{3D}$ 的渗透率指标，单位为 m$^2$/h。

表 8.6 各围岩层的模型参数取值

| 地层 | $B$/GPa | $\mu$ | den/(kg/m$^3$) | fric/(°) | coh/kPa | ten/kPa | lfric/kPa | lcoh/kPa | lten/kPa | $E_0$/GPa | $E_1$/GPa | $\eta_1$/(GPa·h) | $\eta_2$/(GPa·h) | $\alpha$ |
|---|---|---|---|---|---|---|---|---|---|---|---|---|---|---|
| 素填土 | 0.17 | 0.35 | 1800 | 28 | 260 | 240 | 24 | 220 | 210 | 0.147 | 0.92 | 88 | 152 | 0.03 |
| 粉质黏土 | 0.045 | 0.4 | 2000 | 20 | 150 | 105 | 15 | 110 | 82 | 0.102 | 0.159 | 64.6 | 100 | 0.02 |
| 全风化钙质板岩 | 0.21 | 0.32 | 2200 | 30 | 240 | 121 | 25 | 220 | 95 | 1.294 | 0.95 | 112.8 | 204.8 | 0.05 |
| 中风化钙质板岩 | 0.886 | 0.28 | 2700 | 32 | 320 | 280 | 30 | 280 | 250 | 1.312 | 1.093 | 145.28 | 243.76 | 0.1 |

表 8.7 渗流参数取值

| 参数 | 素填土 | 粉质黏土 | 全风化钙质板岩 | 中风化钙质板岩 | 管片 | 注浆 | 桥墩 |
|---|---|---|---|---|---|---|---|
| 渗透率/(m$^2$/h) | $5.2\times10^{-15}$ | $7.8\times10^{-13}$ | $5.9\times10^{-17}$ | $2.1\times10^{-17}$ | $2.9\times10^{-21}$ | $5.4\times10^{-21}$ | $5.14\times10^{-21}$ |
| 孔隙率 | 0.23 | 0.45 | 0.15 | 0.13 | 0.02 | 0.03 | 0.03 |

4. 开挖过程耦合计算结果分析

1）盾构掘进对围岩时空效应的影响

近些年来，科研工作者越来越重视和认可安全风险管理，至今进行地下工程风险识别与评估的基本依据仍然是国家和地方规范和标准，但目前风险管理相关技术控制规范不够全面，不能满足不同地质条件下地下工程建设需求。因此如何在工程施工中确立一些稳定性评价指标已经成为当务之急。

盾构机在下穿富水区地层时，由于水的参与引起的流固耦合作用，将引起土质松软、强度下降等力学响应，蠕变-渗流的共同作用使工程施工变得更为复杂。施工过程中如果忽略了这部分强度的劣化、时空效应引起的变形，将会导致预测数据分析误导，引起工程事故。为了研究富水条件下围岩稳定性情况，本阶段模拟了下穿铁路桥的盾构隧道穿越不同地层的右线情况。

图 8.28～图 8.31 为掌子面位于不同进尺时的薄弱区 Z-1 剖面的 ZSI 和渗透率变化规律。图 8.28 为盾构机还未到达薄弱层的模拟结果。从图中可以看出，穿越

薄弱层之前的薄弱区 Z-1 剖面土体的 ZSI 值较高，而且分布均匀，一般在 1.3～2.6，之前 ZSI 值未被扰动，等值线基本为水平分布且较均匀。ZSI 值的最小区域分布在桥桩根部，但都是大于 1 的，属于弹性变形的范围，说明盾构机在此施工阶段的薄弱区是安全的。由于水的参与，蠕变和渗流的循环耦合将加剧围岩强度的劣化和渗透性的增大，但从渗透率的分布云图中可以看出，隧道所处地层的渗透率量级较小，为 $2.1 \times 10^{-17} \mathrm{m^2/h}$，隧道上方软弱土体的渗透率分布基本均匀，大约为 $7.9 \times 10^{-13} \mathrm{m^2/h}$，与开挖前相比变化量不大。

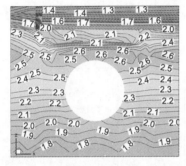
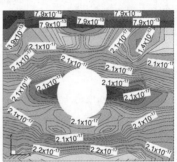

(a) ZSI 值　　　　　　　　　　　　(b) 渗透率

图 8.28　$y$=30m 切片处（未进入薄弱层）

从图 8.29 中可以看出，当隧道开挖至 Z-1 剖面正下方时，隧道已经进入一个薄弱层（粉质黏土层）。从 ZSI 值云图可以看出，受盾构机开挖扰动的影响，整体 ZSI 值与之前的开挖段相比有很大程度降低，等值线形状变成拱形下凹分布。隧道上方的区域的 ZSI 值接近零，靠近桥桩底端的粉质黏土层由于受到来自上方铁路桥传下来的荷载，已经出现严重破坏，部分 ZSI 值骤减到-7.3，显然这个位置是隧道周围危险程度最高的。从渗透率分布云图中可以看出，桩基处周围的粉质黏土渗透率为 $1.1 \times 10^{-12} \mathrm{m^2/h}$，隧道周围的渗透率全面扩大。

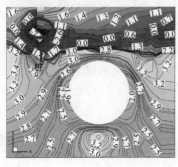
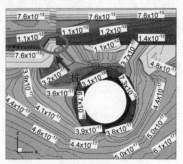

(a) ZSI 值　　　　　　　　　　　　(b) 渗透率

图 8.29　$y$=50.4m 切片处（薄弱区正下方 Z-1 剖面处）

　　这是因为该段的薄弱层不但强度低，而且处于富水区活跃地层，渗透率大，透水性强，围岩体在遭受掘进扰动后，桩基下部岩体同时受到渗流、上部路基压力、围岩不平衡力的共同作用，致使严重破坏。因此，如果不对桩基底端采取适当的处置措施，可能会引起上部铁路桥塌陷或者隧道涌突水的发生。

　　图 8.30 为盾构机已经穿越了薄弱区的 ZSI 云图。从图中可以看出，隧道左侧围岩 ZSI 值降低到 1.5，桩基底端附近岩土体的 ZSI 值达到-9.2，破损程度加剧，仍然处在局部危险状态。透水性进一步增大，但与图 8.29 相比，数值的变化不大，渗透率已经基本趋于稳定。隧道开挖过程中，开挖面对隧道变形和应力释放有约束作用，由于开挖面的空间约束作用，掌子面周围围岩并不是瞬间产生破坏的，而是随着对土体的开挖、扰动而逐步屈服、破坏的，这也为工程施工提供了有利的支护时机。

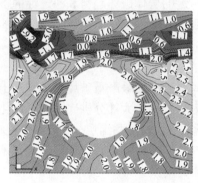　　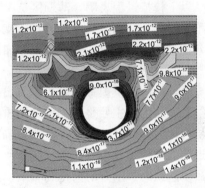

（a）ZSI 值　　　　　　　　　　　　　　　（b）渗透率

图 8.30　$y$=60m 切片处（已经穿越 Z-1 剖面）

　　图 8.31 为盾构机已经远离薄弱区剖面 Z-1（蠕变 30 天）的模拟结果，此时二次衬砌、注浆圈已经施作完成，变形和渗流在一定程度上受到了遏制，但蠕变-渗流之间的长期耦合作用仍在继续。从图 8.31 中可见，由于未采取止水、加固等处置措施，整体 ZSI 值均有降低，破损最严重的桩基底端出现 ZSI 值为-10 的 ZSI 值。隧道周围的围岩单元状态指标也有不同程度的降低，拱腰部位 ZSI 值达到 1.1 左右。随着时间的推移，岩层的渗透性逐渐增强，靠近隧道周围岩层的渗透率在 $8×10^{-17}$ m²/h 左右，桩基底端部位的岩体达到 $1.5×10^{-12}$～$2.5×10^{-12}$ m²/h。注浆圈和管片的透水性也略有增强，由此可见施工完成后的蠕变-渗流耦合响应不可忽略。

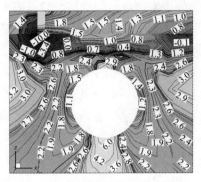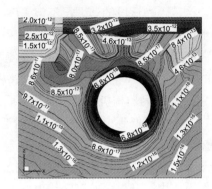

（a）ZSI 值　　　　　　　　　　　　　　（b）渗透率

图 8.31　已经远离薄弱区（蠕变 30d）

以上模拟过程表明，薄弱区 Z-1 掌子面附近的岩体破坏趋势和渗透性的扩大并不是瞬间完成的，也不是开挖、支护完成后就立即停止，而是表现出明显的时空效应。及时施加管片支护、注浆加固是控制围岩破坏的有效途径。

2）盾构掘进对桥桩沉降影响

从前面的数值模拟结果可以看出，隧道周围岩层的最严重破坏区域基本出现在桩基底端。这主要是因为该铁路桥的桥桩为端承桩，大部分桩底深入全风化板岩层内，承载能力小。特别需要注意的是在薄弱区（粉质黏土层）上方有 5 根桩，经过前面的模拟分析发现破损度和渗透率都有急剧增大，很有可能在盾构开挖扰动后引起铁路桥上方的失稳和塌陷，造成交通瘫痪。

桥桩的沉降是必须考虑和控制的因素之一，而桥桩监测点的变化趋势和普通地表的沉降曲线有所不同。桥桩位移沉降在到达之前变化缓慢，直到开挖面到达时才逐步产生沉降，而且有很明显的"空间效应"，穿越铁路桥以后位移变化速率开始增加，桩基沉降的总位移很大一部分产生在穿越既有铁路之后的阶段。所以做好穿越后的支护防卫工作是一个行之有效的安全措施。

图 8.32 为是否考虑蠕变-渗流耦合的桩沉降在隧道掘进对比曲线图。图 8.32 中提取了距离薄弱区较近的两个桥桩 QCJ-1、QCJ-2 的沉降曲线数据，采用两种方案进行模拟，一个是无渗流蠕变模型，一个是蠕变-渗流耦合模型。从图中可看出，在隧道开挖到达铁路桥的测点之前，铁路桥路基测点已经开始产生沉降，这是由于铁路桥的桥桩已经深入岩层深部，有的桥桩靠近隧道仅 1.7m，且承重很大，隧道的开挖对桥桩的扰动在盾构机旋刀的运行时就已经开始了。铁路桥的位移量较大，但是其变化规律是有迹可循的。QCJ-1 的沉降曲线在 QCJ-2 的下方，处于最不利位置。

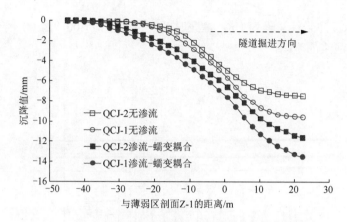

图 8.32　是否考虑蠕变-渗流耦合的桩沉降在隧道掘进对比

很明显，没有考虑渗流的沉降曲线，在盾构机到达与剖面 Z-1 距离-20m 前，即未到达薄弱区时，沉降速率和累计位移不大。当距离剖面在[-20, 5]范围内时沉降速率最大，每推进 1m 就发生 0.227mm 的沉降量。但当超过距离 10m 的位置时已经基本趋于稳定，最大沉降为 9.5mm。

考虑蠕变-渗流耦合的计算方案，沉降量大，沉降速率大，在盾构机到达与剖面 Z-1 距离-20m 前，即未到达薄弱区时，已经开始产生沉降位移了，但沉降速率缓慢。当距离剖面在[-15, 10]范围内时沉降速率最大，盾构机每推进 1m 就发生 0.33mm 的沉降。从沉降曲线中可以看出，最终的沉降量并没有得到有效的收敛，达到 14mm 后仍然在继续增加。由此可见，蠕变-渗流耦合响应对桩沉降的影响很大，是数值模拟过程不可忽略的重要因素。

基于以上模拟分析可得出结论：由于薄弱区和富水环境的影响，盾构机按照常规的开挖方案无法顺利完成下穿铁路桥段的施工作业。端承桩承载力较小，薄弱区的严重破坏或将引起上方铁路桥的失稳；渗透率的急剧增加可能会造成隧道突水。

为施工方提出建议：①开挖经过桩号 DK14+550 时，即进入铁路薄弱区段，加大盾构机喷浆量和注浆压力，增大土仓压力，保证掌子面受力平衡；②及时支护的同时，建议施工期间开挖到达薄弱层之前，对铁轨上方进行加固，依据每天的实际监测沉降速率调整注浆参数，确保盾构机安全穿越既有铁路桥。

**5. 基于安全性分析的动态施工调整**

为确保施工期间隧道附近的地下及地上管线、周围建筑物、道路和其他设施的安全及正常使用，确立了一套动态调整方案应对特殊线路段的施工。

隧道挖至哈大铁路线下方，造成哈大铁路线大量下沉，经过技术部门及铁路相关部门综合讨论研究，确定了一套注浆方案。注浆的尺寸及注浆点布设情况如

图 8.33 所示，注浆点间隔为 1m，注浆时间为 9:00 至 17:00、21:00 至 5:00，其余时间为钻孔注浆的时间。

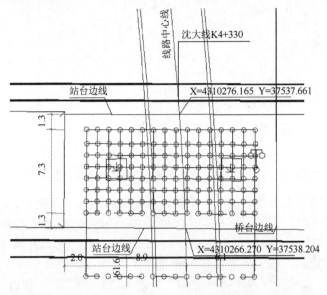

图 8.33　铁路桥上方注浆加固平面图

对铁路桥周围建筑物、桥墩、地表、铁轨等的沉降进行严密监测，在铁轨两侧分别布设 2 个监测点，共 4 条轨道，每排 8 个监测点，总共布设 16 排监测点，监测项目及仪器如表 8.8 所示。

测点共分为四个区域：①疏港路桥桩；②西安路二层建筑两侧地表点；③建筑物上的监测点；④隧道上方设路基监测点。其中标号 JM-DB 为地表点，QCJ 为桥墩的点，JCJ 为建筑物的测点。

表 8.8　监测项目及仪器

| 序号 | 监测项目 | 仪器工具 | 测试位置及工程量 |
|---|---|---|---|
| 1 | 铁路现场巡查 | 人工观察 | 不进行注浆的时段进行人工巡视，每 2 小时一次 |
| 2 | 地表沉降 | 水准仪和水平尺 | 基坑周围地面，测点间距 4m，8 个断面，每断面不少于 3 个测点，共 24 个测点 |
| 3 | 铁路桥墩 | 水准仪和水平尺 | 监测每个桥柱及桥台，共 42 个监测点 |
| 4 | 铁路相邻建筑 | 水准仪和水平尺 | 二层建筑上布设 9 个监测点 |
| 5 | 隧道路基上方 | 水准仪和水平尺 | 在铁轨上方布设 48 个观测点，观测铁轨沉降　共 8 排，每排 6 个观测点 |
| 6 | 站台及铁轨基础测点 | 水准仪和水平尺 | 共 6 排，每排 4 个，共 24 个监测点 |

　　注浆时间为 9:00 至 17:00、21:00 至 5:00，其余时间为钻孔时间。根据注浆时间，在注浆过程中，根据铁路监测规范每 2 小时监测一次，对监测数据进行现场处理，根据规范单日变形值应控制在 2mm 范围内。

　　将监测队伍分成日夜两班分批值守，每班 3～4 人。每 2 小时对所有测点测量一遍，并且进行现场处理数据。当单日变形量大于 2mm 时应向现场负责人及相关部门汇报，并修改注浆参数。图 8.34 为现场监测情况照片。

图 8.34　现场监测情况

1）实测数据分析

　　图 8.35 监测了桥桩 QCJ-1、桥桩 QCJ-2 两个测点的沉降。从图中可以看出，QCJ-1 的累计沉降达到 15mm 左右，桥桩 QCJ-2 的累计沉降达到 10.2mm 左右。

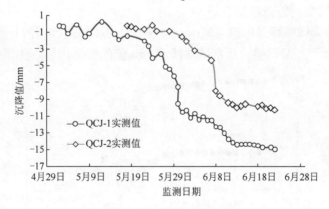

图 8.35　桥桩测点的监测曲线

　　图 8.35 中显示，沉降数据自 5 月 31 日开始，沉降值至 6 月 21 日基本保持稳定。盾构机在 6 月 8 日开挖至软弱土体（粉质黏土层）时，沉降速率开始增大，QCJ-1 在 5 月 26 日之前沉降速率缓慢，当 5 月 26 日～5 月 30 日的沉降速率迅速增大，达到 1.48mm/d；QCJ-2 在 6 月 7 日～6 月 8 日沉降速率迅速增大，达到

3.63mm/d。2014 年 5 月 25 日按照拟定的动态调整方案开始在铁路路基上方进行注浆加固，随着盾构机的推进，支护、注浆、加固措施被实施，沉降位移开始趋于稳定，后期沉降变化不大。

图 8.36 为铁路轨道 3 线的监测数据，分别对应 DB-1、DB-2 两个测点。从图 8.36 中可以看出，DB-1 测点从 5 月 23 日的累计沉降为-2.11mm，5 月 29 日的累计沉降为-7.7mm，已接近警戒值 10mm；DB-2 在 5 月 26 日时的沉降为 2.14mm，5 月 29 日的累计沉降为 7.86mm。5 月 25 日开始按照拟定的注浆方案在铁路路基上方和桥桩位置进行注浆加固。由监测数据可以看出，注浆初期的沉降速率很大，DB-1 在 6 月 7 日左右时，沉降开始得到控制，位移变化趋于稳定。

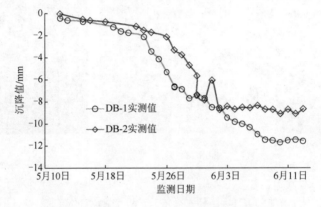

图 8.36　铁路上方路基监测沉降变化曲线图

2）调整方案的数值模拟分析

在隧道围岩体破坏最严重区域内，选取了 QCJ-1 桩基底端的一个单元进行分析。计算模拟了方案调整前后沉降曲线和 ZSI 值的变化规律，如图 8.37 所示。

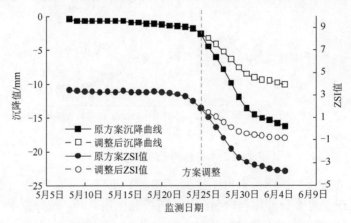

图 8.37　方案调整前后的桥桩 QCJ-1 的沉降与 ZSI 值的模拟曲线

从图 8.37 中曲线的变化趋势可知，在 5 月 8 日～5 月 25 日监测期内，测点沉降趋势缓慢，5 月 25 日起盾构施工开始进入薄弱区，原方案的沉降值在 5 月 25 日到 6 月 5 日期间迅速下降，最终达到-16.23mm，ZSI 值出现负值，最小值达到-3.72，标志着已经破坏。通过蠕变计算，综合沉降值、ZSI 随时间变化的规律可知，现有支护方案偏弱，不能保证桩基及上部稳定性。5 月 25 日启动施工动态调整方案，由图可知，调整后的方案对沉降和 ZSI 值都起到了很大程度的控制作用，沉降值稳定在 10mm，ZSI 值稳定在-0.79，大大提高了结构稳定性。

图 8.38 为实施方案调整前后 Z-1 剖面处的 ZSI 值和渗透系数的变化趋势。由图 8.38 可知，桥桩 QCJ-1 下方土体的 ZSI 值由调整前的-9.2 升高到调整后的 1.2，隧道周围岩体的 ZSI 值也由原方案的 1.5 升高到 4.8，通过方案调整大大提高了围岩及桩基的安全性，满足要求。通过加固措施降低了岩土体之间的空隙，隧道上方薄弱层的渗透率由注浆前的 $1.5 \times 10^{-12} \mathrm{m}^2/\mathrm{h}$ 降低到 $1.8 \times 10^{-16} \mathrm{m}^2/\mathrm{h}$，有效防止涌突水的发生。

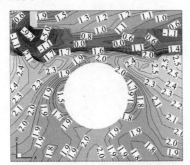

（a）方案调整前 ZSI 值

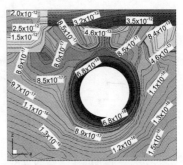

（b）方案调整前渗透率

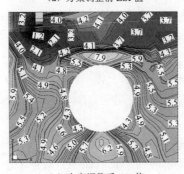

（c）方案调整后 ZSI 值

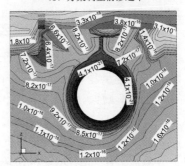

（d）方案调整后渗透率

图 8.38　方案调整前后薄弱区 Z-1 剖面处 ZSI 值和渗透系数的变化趋势

采用施工动态注浆调整方案对下穿铁路桥标段的盾构隧道进行施工，并对桥桩和铁路上方进行现场实时监控量测，将实测值与计算值（计算值采用本书提出的蠕变-渗流耦合计算方法）进行对比，来验证该调整方案的可行性和模拟方法的正确性，如图 8.39 和图 8.40 所示。

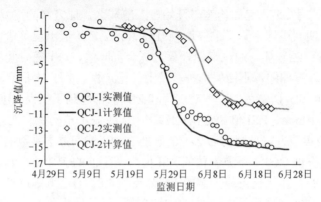

图 8.39　桥桩测点沉降曲线与实测值对比

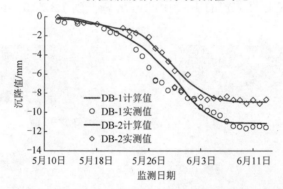

图 8.40　铁路桥上方路基测点沉降曲线与实测值对比

　　图 8.39 为薄弱区上方的桥桩测点沉降曲线与监测值对比。由图 8.39 可知，桥桩由于受到地下涌水的影响，沉降量大，QCJ-1 的累计沉降达到 14.92mm，大于 QCJ-2 的沉降量。现场监测数据自 5 月 2 日开始，至 6 月 8 日左右沉降得到了有效控制，基本趋于稳定。盾构机在 5 月 24 日开挖至软弱土体（粉质黏土层）时，QCJ-1 沉降速率增大。6 月 7 日 12:00 至 6 月 8 日 12:00 期间 QCJ-2 的单日沉降速率达到-3.63mm/d。

　　图 8.40 为铁路上方路基测点沉降曲线与实测值对比。从图 8.40 中可以看出，铁路上方测点 DB-1 和 DB-2 的沉降在 6 月 2 日时得到了有效控制，路基 DB-1 的沉降为 8mm 左右，DB-2 的沉降在 11mm 左右，计算值与实测值吻合较好。

　　通过数值模拟研究表明，考虑蠕变-渗流耦合的计算方法对于描述富水、岩体工程更贴近实际，验证了确立的动态调整施工方案的可行性，同时也表明提出的基于 ZSI 的非线性改进西原蠕变模型的正确性。

# 8.7　本　章　小　结

（1）本章提出了一种岩石蠕变损伤模型——NNS 模型，该模型将线性的西原模型中的黏壶元件进行了非线性化处理，并添加了应变软化的塑性元件，使得材料的参数随着时间和应变的增加出现衰减，以实现加速蠕变的阶段。将 NNS 模型与 ZSI 相结合，推导出蠕变方程的 ZSI 分段函数，介绍了 NNS 模型各个参数的确定方法，可以更好地将试验数据与 NNS 模型相结合。

（2）本章以 FLAC$^{3D}$ 的 CVISC 模型为开发蓝本，进行 NNS 三维差分公式的推导和代码的修改，给出了具体实施的程序流程图和代码编写中应该注意的关键技术，开发出 NNS 流变模型的程序。验证结果表明该模型能较好地反映岩石的瞬时弹性变形、衰减蠕变、等速蠕变和加速蠕变阶段。对陈家店隧道某区段围岩进行了计算，结果表明围岩的瞬时收敛变形较小，但围岩流变性仍使得隧道后期的变形逐渐增大，根据变形特征确定了二衬的合理支护时间是 14d。

（3）本章考虑 ZSI 与渗透率、NNS 蠕变门槛值之间的关系，开发了非线性损伤流变 MH 耦合模型——ZNS 模型。采用 ZNS 模型对根据 2.8 节的蠕变-渗流耦合试验进行验证，分析了岩石蠕变过程中渗透率演化规律，渗透率试验值和计算值比较吻合。表明本章提出的 ZNS 模型能较好地模拟蠕变-渗流的耦合问题与局部破坏问题。

（4）本章将 ZNS 模型应用于大连地铁 2 号线 202 标段下穿铁路桥盾构隧道的施工分析。对比了考虑渗流与不考虑渗流的模拟结果，发现蠕变-渗流耦合模拟方法与实际监测值吻合较好。经计算和现场观测发现，由于忽略蠕变-渗流的耦合作用，原设计方案无法确保盾构机顺利穿越铁路桥，需要进行方案调整如下：隧洞内及时注浆、安装管片的同时，还需要对桩基和铁路上方进行注浆加固，并通过现场监测调整注浆参数。通过上述调整，后续开挖过程的桥桩、地表、铁轨沉降得到了有效控制，顺利完成了盾构穿越。

# 参 考 文 献

[1] 谢和平. 岩石混凝土损伤力学[M]. 徐州：中国矿业大学出版社，1990.

[2] 李兆霞. 损伤力学及其应用[M]. 北京：科学出版社，2002.

[3] Lemaitre J. Evaluation of dissipation and damage in metals submitted to dynamic loading[J]. Mechanical Behavior of Materials, 1972, 76(6): 540-549.

[4] Kachanov M. On the time to failure under creep condition[J]. Izvestia Academii Nauk Sssr Otdelenie Tekhnicheskich Nauk, 1958, 8: 26-31.

[5] Luccioni B, Oller S, Danesi R. Coupled plastic-damaged model[J]. Computer Methods in Applied Mechanics and Engineering, 1996, 129(1-2): 81-89.

[6] Meschke G, Lackner R, Mang H A. An anisotropic elastoplastic-damage model for plain concrete[J]. International Journal for Numerical Methods in Engineering, 1998, 42(4): 703-727.

[7] Chazallon C, Hicher P Y. A constitutive model coupling elatoplasticity and damage for cohesive-frictional materials[J]. Mechanics of Cohesive-Frictional Materials, 1998, 3(1): 41-63.

[8] Rudnicki J W. Conditions for compaction and shear bands in a transversely isotropic material[J]. International Journal of Solids and Structures, 2002, 39(13): 3741-3756.

[9] Salari M R, Saeb S, Willam K J, et al. A coupled elastoplastic damage model for geomaterials[J]. Computer Methods in Applied Mechanics and Engineering, 2004, 193(27-29): 2625-2643.

[10] Chiarelli A S, Shao J F, Hoteit N. Modeling of elastoplastic damage behavior of a claystone[J]. International Journal of Plasticity, 2003, 19(1): 23-45.

[11] Shao J F, Zhou H, Chau K T. Coupling between anisotropic damage and permeability variation in brittle rocks[J]. International Journal for Numerical and Analytical Methods in Geomechanics, 2005, 29(12): 1231-1247.

[12] Shao J F, Jia Y, Kondo D, et al. A coupled elastoplastic damage model for semi-brittle materials and extension to unsaturated conditions[J]. Mechanics of Materials, 2006, 38(3): 218-232.

[13] Wang Z L, Li Y C, Wang J G. A damage-softening statistical constitutive model considering rock residual strength[J]. Computers & Geosciences, 2007, 33(1): 1-9.

[14] Graham-Brady L. Statistical characterization of meso-scale uniaxial compressive strength in brittle materials with randomly occurring flaws[J]. International Journal of Solids and Structures, 2010, 47(18): 2398-2413.

[15] 朱维申, 张强勇. 节理岩体脆弹性断裂损伤模型及其工程应用[J]. 岩石力学与工程学报, 1999,18(3): 245-249.

[16] 杨松岩, 俞茂宏, 范寿昌. 饱和非饱和介质的弹塑性损伤模型[J]. 力学学报, 2000, 32(2): 198-206.

[17] 唐春安, 杨天鸿, 李连崇, 等. 孔隙水压力对岩石裂纹扩展影响的数值模拟[J]. 岩土力学, 2003, 24(增): 17-20.

[18] 沈新普, 沈国晓, 陈立新, 等. 梯度增强的弹塑性损伤非局部本构模型研究[J]. 应用数学和力学, 2005, 26(2): 201-214.

[19] 韦立德, 杨春和, 徐卫亚. 考虑体积塑性应变的岩石损伤本构模型研究[J]. 工程力学, 2006, 23(1): 139-143.

[20] 戴永浩, 陈卫忠, 伍国军, 等. 非饱和岩体弹塑性损伤模型研究与应用[J]. 岩石力学与工程学报, 2008, 27(4): 728-735.

[21] 贾善坡, 陈卫忠, 于洪丹, 等. 泥岩弹塑性损伤本构模型及其参数辨识[J]. 岩土力学, 2009, 30(12):3607-3614.

[22] 房敬年, 周辉, 胡大伟, 等. 岩盐弹塑性损伤耦合模型研究[J]. 岩土力学, 2011, 32(2): 363-368, 374.

[23] 袁小平, 刘红岩, 王志乔. 压缩载荷作用下岩石的细观损伤和塑性研究[J]. 计算力学学报, 2013, 30(1): 149-155.

[24] 李广信, 张丙印, 于玉贞. 土力学[M]. 北京: 清华大学出版社, 2013.

[25] 祝云华, 刘新荣, 梁宁慧, 等. 裂隙岩体渗流模型研究现状与展望[J]. 工程地质学报, 2008,16(2):178-183.

[26] Verruijt A. Elastic storage of aquifers[M]//de Wiest R J M. Flow Through Porous Media. New York: Academic Press, 1969: 331-376.

[27] Kim J M. A fully completed model for saturated-unsaturated fluid flow in deformable porous and fractured media[D]. Pennsylvania: The Pennsylvania State University, 1996.

[28] Min K B, Rutqvist J, Tsang C F, et al. Stress-dependent permeability of fractured rock masses: a numerical study[J]. International Journal of Rock Mechanics and Mining Sciences, 2004, 41(7): 1191-1210.

[29] 陶振宇, 窦铁生. 关于岩石水力模型[J]. 力学进展, 1994, 24(3): 409-417.

[30] 陈平, 张有天. 裂隙岩体渗流与应力耦合分析[J]. 岩石力学与工程学报, 1994, 13(4): 299-308.

[31] 王媛. 多孔介质渗流与应力耦合计算方法[J]. 工程勘探, 1995(2): 33-37.

[32] 朱维申, 申晋, 赵阳升. 裂隙岩体渗流耦合模型及在三峡船闸分析中的应用[J]. 煤炭学报, 1999, 24(3): 289-293.

[33] 梁冰, 鲁秀生. 裂隙岩体渗流场与应力场的耦合数值分析[J]. 水资源与水工程学报, 2009, 20(4): 14-16.

[34] Souley M, Homand F, Pepa S, et al. Damage-induced permeability changes granite: a case example at the URL in Canada[J]. International Journal of Rock Mechanics and Mining Sciences,2001,38(2):297-310.

[35] Kelsall P C, Case J B, Chabannes C R. Evaluation of excavation-induced changes in rock permeability[J]. International Journal of Rock Mechanics and Mining Sciences & Geomechanics Abstracts, 1984, 21(3): 123-135.

[36] Schulze O, Popp T, Kern H. Development of damage and permeability in deforming rock salt[J]. Engineering Geology, 2001, 61(2-3): 163-180.

[37] Selvadurai A P S, Shirazi A. Mandal-Cryer effects in fluid inclusions in damage-susceptible poroelastic geologic media[J]. Computers and Geotechnics, 2004,31(4): 285-300.

[38] Yuan S C, Harrison J P. Development of a hydro-mechanical local degradation approach and its application to modelling fluid flow during progressive fracturing of heterogeneous rocks[J]. International Journal of Rock Mechanics and Mining Sciences, 2005, 42(7-8): 961-984.

[39] 杨延毅, 周维垣. 裂隙岩体的渗流-损伤耦合分析模型及其工程应用[J]. 水利学报, 1991(5): 19-27, 35.

[40] 朱珍德, 孙钧. 裂隙岩体渗流场与损伤场耦合分析模型及其工程应用[J]. 长江科学院院报, 1999, 16(5): 22-27.

[41] 杨天鸿, 唐春安, 朱万成, 等. 岩石破裂过程渗流与应力耦合分析[J]. 岩土工程学报, 2001, 23(4): 489-493.

[42] 陈卫忠, 王者超, 伍国军, 等. 盐岩非线性蠕变损伤本构模型及其工程应用[J]. 岩石力学与工程学报, 2007, 26(3): 467-472.

[43] 谢兴华, 郑颖人, 张茂峰. 岩石变形与渗透性变化关系研究[J]. 岩石力学与工程学报, 2009, 28(增1): 2657-2661.

[44] Louis C. Rock hydraulics[M]//Muller L. Rock Mechanics. Berlin: Springer-Verlag, 1974.

[45] Jones F O. A laboratory study of the effects of confining pressure flow and storage capacity in carbonate rocks[J]. International Journal of Rock Mechanics and Mining Sciences & Geomechanics Abstracts, 1975, 12(4): 21-27.

[46] Kranzz R L, Frankel A D, Engelder T, et al. The permeability of whole and jointed barre granite[J]. International Journal of Rock Mechanics and Mining Sciences & Geomechanics Abstracts, 1979, 16(4): 225-234.

[47] Gale J E. The effects of fracture type (induced versus natural) on the stress-fracture closure-fracture permeability relationships[C]. The 23rd US Symposium on Rock Mechanics, Berkeley, 1982.

[48] 李世平, 李玉寿, 吴振业. 岩石全应力应变过程对应的渗透率-应变方程[J]. 岩土工程学报, 1995, 17(2): 13-19.

[49] 彭苏萍, 屈洪亮, 罗立平, 等. 沉积岩石全应力应变过程的渗透性试验研究[J]. 煤炭学报, 2000, 25(2): 113-116.

[50] 徐德敏, 黄润秋, 张强, 等. 高围压条件下孔隙介质渗透特性试验研究[J].工程地质学报, 2007, 15(6): 752-756.

[51] 杨建平, 陈卫忠, 田洪铭, 等. 低渗透介质温度-应力-渗流耦合三轴仪研制及其应用[J]. 岩石力学与工程学报, 2009, 28(12): 2377-2382.

[52] 曹树刚, 李勇, 郭平, 等. 型煤与原煤全应力-应变过程渗流特性对比研究[J]. 岩石力学与工程学报, 2010, 29(5): 899-906.

[53] 韩国锋, 王恩志, 刘晓丽. 压缩带形成过程中渗透性变化试验研究[J]. 岩石力学与工程学报, 2011, 30(5): 991-997.

[54] Atkinson B K, Meredith P G. Stress corrosion cracking of quartz: a note on the influence of chemical environment[J]. Tectonophysics, 1981, 77(1-2): 1-11.

[55] Feucht L J, Logan J M. Effects of chemically active solutions on shearing behavior of a sandstone[J]. Tectonophysics, 1990, 175(1): 159-176.

[56] Hutchinson A J, Johnson J B, Thompson G E, et al. Stone degradation due to wet deposition of pollutants[J]. Corrosion Science, 1993, 34(11): 1881-1898.

[57] Karfakis M G, Akram M. Effects of chemical solutions on rock fracturing[J]. International Journal of Rock Mechanics and Mining Sciences & Geomechanics Abstracts, 1993, 30(7): 1253-1259.

[58] 汤连生, 张鹏程, 王思敬. 水-岩化学作用的岩石宏观力学效应的试验研究[J]. 岩石力学与工程学报, 2002, 21(4): 526-531.

[59] 李宁, 朱运明, 张平, 等. 酸性环境中钙质胶结砂岩的化学损伤模型[J]. 岩土工程学报, 2003, 25(4): 395-399.

[60] 周翠英, 彭泽英, 尚伟, 等. 论岩土工程中水-岩相互作用研究的焦点问题——特殊软岩的力学变异性[J]. 岩土力学, 2002, 23(1): 124-128.

[61] 冯夏庭, 丁梧秀, 姚华彦, 等. 岩石破裂过程的化学-应力耦合效应[M]. 北京：科学出版社, 2010.

[62] 速宝玉, 张文捷, 盛金昌, 等. 渗流-化学溶解耦合作用下岩石单裂隙渗透特性研究[J]. 岩土力学, 2010, 31(11): 3361-3366.

[63] 盛金昌, 许孝臣, 姚德生, 等. 流固化学耦合作用下裂隙岩体渗透特性研究进展[J]. 岩土工程学报, 2011, 23(7): 996-1006.

[64] 周辉, 冯夏庭. 岩石应力-水力-化学耦合过程研究进展[J]. 岩石力学与工程学报, 2006, 25(4): 855-864.

[65] Nova R, Castellanza R, Tamagnini C. A constitutive model for bonded geomaterials subject to mechanical and/or chemical degradation[J]. International Jouenal for Numerical and Analytical Methods in Geomechanics, 2003, 27(9): 705-732.

[66] Fernandez-Merodo J A, Castellanza R, Mabssout M, et al. Coupling transport of chemical species and damage of bonded geomaterials[J]. Computers and Geotechnics, 2007, 34(4): 200-215.

[67] 崔强, 冯夏庭, 薛强, 等. 化学腐蚀下砂岩孔隙结构变化的机制研究[J]. 岩石力学与工程学报, 2008, 27(6): 1209-1216.

[68] 刘泉声, 刘学伟. 多场耦合作用下岩体裂隙扩展演化关键问题研究[J]. 岩土力学, 2014, 35(2): 305-320.

[69] Rutqvist J, Barr D, Datta R, et al. Coupled thermal-hydrological-mechanical analysis of the yucca mountain drift scale test-Comparison of field measurements to predictions of four different numerical models[J]. International Journal of Rock Mechanics and Mining Sciences, 2005, 42(5-6): 680-697.

[70] Poulet T, Karrech A, Regenauer-Lieb K, et al. Thermal-hydraulic-mechanical-chemical coupling with damage mechanics using ESCRIPTRT and ABAQUS[J]. Tectonophysics, 2012, 526-529: 124-132.

[71] Ahola M P, Thoraval A, Chowdhury A H. Distinct element models for the coupled T-H-M processes: theory and Implementation[J]. Developments in Geotechnical Engineering, 1996, 79: 181-211.

[72] 孙玉杰, 邬爱清, 张宜虎, 等. 基于离散单元法的裂隙岩体渗流与应力耦合作用机制研究[J]. 长江科学院院报, 2009, 26(10): 62-66, 70.

[73] 刘泉声, 吴月秀, 刘滨. 应力对裂隙岩体等效渗透系数影响的离散元分析[J]. 岩石力学与工程学报, 2011, 30(1): 176-183.

[74] 潘鹏志. 岩石破裂过程及其渗流-应力耦合特性研究的弹塑性细胞自动机模型[D]. 武汉：中国科学院武汉岩土力学研究所, 2006.

[75] 唐世斌, 唐春安, 朱万成, 等. 热应力作用下的岩石破裂过程分析[J]. 岩石力学与工程学报, 2006, 25(10): 2071-2078.

[76] Guvanasen V, Chan T. A new three-dimensional finite-element ananlysis of hysteresis thermohydromechanical deformation of fractured rock mass with dilatance in fractures[C]. Proceedings of the Second Conference on Mechanics of Jionted and Faulted Rocks, Vienna, 1995.

[77] Kohl T, Hopkirk R J. The finite element program "FRACTure" for the simulation of Hot Dry Rock reservoir behavior[J]. Geothermics, 1995, 24(3): 345-359.

[78] Noorishad J, Tsang C F, Witherspoon P A. Coupled thermal-hydraulic-mechanical phenomena in saturated fractured porous rocks: numerical approach[J]. Journal of Geophysical Reasearch, 1984, 89(B12): 10365-10373.

[79] Bower K M, Zyvoloski G. A numerical model for thermo-hydro-mechanical coupling in fractured rock[J]. International Journal of Rock Mechanics and Mining Sciences, 1997, 34(8): 1201-1211.

[80] Rohmer J, Seyedi D M. Coupled large scale hydro-mechanical modelling for caprock failure risk assessment of $CO_2$ storage in deep saline aquifers[J]. Oil & Gas Science and Technology: Rev IFP, 2010, 65(3): 503-517.

[81] 冯夏庭, 潘鹏志, 丁梧秀, 等. 结晶岩开挖损伤区的温度-水流-应力-化学耦合研究[J]. 岩石力学与工程学报, 2008, 27(4): 656-663.

[82] 李鹏. 水-岩作用的岩体剪切特性试验与 M-H-C 耦合数值模拟[D]. 武汉：中国科学院武汉岩土力学研究所, 2010.

[83] 于子望. 多相多组分 THCM 耦合过程机理研究及其应用[D]. 长春：吉林大学, 2013.

[84] 陈惠发, 萨里普. 弹性与塑性力学[M]. 北京：中国建筑工业出版社, 2004.

[85] Ortiz M, Popov E P. Accuracy and stability of integration algorithms for elasto-plastic constitutive relations[J]. International Journal Numerical Methods in Engineering, 1985, 21: 1561-1576.

[86] Simo J C, Taylor R L. Consistent tangent operators for rate-independent elastoplasticity[J]. Computer Methods in Applied Mechanics and Engineering, 1985, 48(1): 101-118.

[87] Simo J C, Taylor R L. A return mapping algorithm for plane stress elastoplasticity[J]. International Journal for Numerical Methods in Engineering, 1986, 22(3): 649-670.

[88] Crisfield M A. Non-linear Finite Element Analysis of Solids and Structures. Volume 1: Essentials[M]. New York: John Wiley & Sons, 1991.

[89] Simo J C, Hughes T J R. Computational Inelasticity[M]. New York: Springer-Verlag, 1998.

[90] de Souza Neto E A, Perić D, Owen D R J. Computational Methods for Plasticity: Theory and Applications[M]. New York: Wiley, 2008.

[91] Palazzo V, Rosati L, Valoroso N. Solution procedures for $J_3$ plasticity and viscoplasticity[J]. Computer Methods in Applied Mechanics and Engineering, 2001, 191(8-10): 903-939.

[92] Pivonka P, Willam K. The effect of the third invariant in computational plasticity[J]. Engineering Computations: Int for Computer-Aided Engineering, 2003, 20(5-6): 741-753.

[93] Luccioni L X, Pestana J M, Rodriguez-Marek A. An implicit integration algorithm for the finite element implementation of a nonlinear anisotropic material model including hysteretic nonlinearity[J]. Computer methods in applied mechanics and engineering, 2000, 190(13-14): 1827-1844.

[94] Tamagnini C, Castellanza R, Nova R. A generalized backward Euler algorithm for the numerical integration of an isotropic hardening elastoplastic model for mechanical and chemical degradation of bonded geomaterials[J]. International Journal for Numerical and Analytical Methods in Geomechanics, 2002, 26(10): 963-1004.

[95] Ahadi A, Krenk S. Implicit integration of plasticity models for granular materials[J]. Computer Methods in Applied Mechanics and Engineering, 2003, 192(31): 3471-3488.

[96] Valoroso N, Rosati L. Consistent derivation of the constitutive algorithm for plane stress isotropic plasticity. Part I: theoretical formulation[J]. International Journal of Solids and Structures, 2009, 46(1): 74-91.

[97] 陈明祥. 关于返回映射算法中应力的四阶张量值函数[J]. 力学学报, 2010, 42(2): 228-237.

[98] Belytschko T, Liu W K, Moran B. 连续体和结构的非线性有限元[M].庄茁, 译. 北京: 清华大学出版社, 2002.

[99] 彭奇. 基于不变量空间的一般各向同性弹塑性本构积分算法[D]. 武汉：武汉大学, 2012.

[100] Krieg R D, Krieg D B. Accuracies of numerical solution methods for the elastic-perfectly plastic model[J]. Journal Pressure Vessel Technology, 1977, 99(4): 510-515.

[101] Asensio G, Moreno C. Linearization and return mapping algorithms for elastoplasticity models[J]. International Journal for Numerical Methods in Engineering, 2003, 57(7): 991-1014.

[102] Wang X, Wang L B, Xu L M. Formulation of the return mapping algorithm for elastoplastic soil models[J]. Computers and Geotechnics, 2004, 31(4): 315-338.

[103] Nukala P K V V. A return mapping algorithm for cyclic viscoplastic constitutive models[J].Computer Methods Applied Mechanics and Engineering, 2006, 195(1-3): 148-178.

[104] Clausen J, Damkilde L, Andersen L. An efficient return algorithm for non-associated plasticity with linear yield criteria in principal stress space[J]. Computers & Structures, 2007, 85(23-24): 1795-1807.

[105] Huang J S, Griffiths D V. Return mapping algorithms and stress predictors for failure analysis in geomechanics[J]. Journal of Engineering Mechanics, 2009, 135(4): 276-284.

[106] 李健. 壳弹塑性问题的返回映射算法[J]. 山东省科学院院刊, 1988, 1(4): 8-16.

[107] 张伟欣, 童云生. 弹塑性本构积分算法[J]. 应用力学学报, 1991, 8(4): 1-10.

[108] 魏祖健, 黄文彬. 有限元分析中硬化弹塑性本构方程积分算法[J]. 计算结构力学及其应用, 1992, 9(3): 263-270.

[109] 沈永兴, 许跃敏, 陈伟球. 两种弹塑性算法的比较[J]. 应用力学学报, 1998, 15(1): 133-136.

[110] 杨强, 陈新, 周维垣. 基于 D-P 准则的三维弹塑性有限元增量计算的有效算法[J]. 岩土工程学报, 2002, 24(1): 16-20.

[111] 杨强, 陈新, 周维垣, 等. 三维弹塑性有限元计算中的不平衡研究[J]. 岩土工程学报, 2004, 26(3): 323-326.

[112] 杨强, 杨晓君, 陈新. 基于 D-P 准则的理想弹塑性本构关系积分研究[J]. 工程力学, 2005, 22(4): 15-19, 47.

[113] 杨强, 冷旷代, 张小寒, 等. Drucker-Prager 弹塑性本构关系积分: 考虑非关联流动与各向同性硬化[J]. 工程力学, 2012, 29(8): 165-171.

[114] 詹云刚, 袁凡凡, 栾茂田. 纯摩擦型岩土介质本构积分算法及其在 ABAQUS 中开发应用[J]. 岩土力学, 2007, 28(12): 2619-2623, 2628.

[115] 陈培帅, 陈卫忠, 贾善坡, 等. Hoek-Brown 准则的主应力回映法及其二次开发[J]. 岩土力学, 2011, 32(7): 2211-2218.

[116] Owen D R J, Hinton E. Finite Elements in Plasticity: Theory and Practice[M]. Swansea: Pineridge Press, 1980.

[117] 魏祖健, 黄文彬. 非线性弹性及全量弹塑性有限元分析中的一致切线模量[J]. 应用力学学报, 1992, 9(1): 70-76.

[118] 邢誉峰, 钱令希. 一致切线刚度法在三维弹塑性有限元分析中的应用[J]. 力学学报, 1994, 26(3): 320-332.

[119] 孙钧, 戚玉亮. 隧道围岩稳定性正算反演分析研究——以厦门海底隧道穿越风化深槽施工安全监控为例介绍 [J]. 岩土力学, 2010, 31(8): 2353-2360.

[120] 郑颖人, 丛宇. 隧道稳定性分析与设计方法讲座之二: 隧道围岩稳定性分析及其判据[J], 隧道建设, 2013, 33(7): 531-536.

[121] Hoek E, Bray J. Rock Slope Engineering[M]. London: Institute of Mineral and Metallurgy, 1981.

[122] 李树忱, 李术才, 徐帮树. 隧道围岩稳定分析的最小安全系数法[J]. 岩土力学, 2007, 28(3): 549-554.

[123] 万世明, 吴启红, 谢飞鸿, 等. 基于 JRC-JCS 模型的边坡局部稳定性分析[J]. 中南大学学报（自然科学版）, 2014, 45(4): 1227-1231.

[124] 周辉, 张传庆, 冯夏庭, 等. 隧道及地下工程围岩的屈服接近度分析[J]. 岩石力学与工程学报, 2005, 24(17):3083-3087.

[125] 周宏伟, 王春萍, 丁靖洋, 等. 盐岩流变特性及盐腔长期稳定性研究进展[J]. 力学与实践, 2011, 33(5):1-7.

[126] Method L. Standard Test Method for Determining in Situ Creep Characteristics of Rock: ASTM D4553—2008 [S]. American Society for Testing and Materials, 2008.

[127] 戴永浩, 陈卫忠, 于洪丹, 等. 大坂膨胀性泥岩引水隧洞长期稳定性分析[J]. 岩石力学与工程学报, 2010, 29(增 1): 3227-3234.

[128] 汤连生, 周翠英. 渗透与水化学作用之受力岩体的破坏机理[J]. 中山大学学报（自然科学版）, 1996, 35(6): 95-100.

[129] 周翠英, 邓毅梅, 谭祥韶, 等. 饱水软岩力学性质软化的试验研究与应用[J]. 岩石力学与工程学报, 2005, 24(1): 33-38.

[130] 韩涛, 杨维好, 杨志江, 等. 多孔介质固液耦合相似材料的研制[J]. 岩土力学, 2011, 32(5): 1411-1417.

[131] 黄润秋, 徐德敏, 付小敏, 等. 岩石高压渗透试验装置的研制与开发[J]. 岩石力学与工程学报, 2008, 27(10): 1981-1992.

[132] 陈卫忠, 于洪丹, 王晓全, 等. 双联动软岩渗流-应力耦合流变仪的研制[J]. 岩石力学与工程学报, 2009, 28(11): 2176-2183.

[133] 张铭. 低渗透岩石实验理论及装置[J]. 岩石力学与工程学报, 2003, 22(6):919-925.

[134] 冯夏庭, 丁梧秀. 应力-水流-化学耦合下岩石破裂全过程的细观力学试验[J]. 岩石力学与工程学报, 2005, 24(9): 1465-1473.

[135] Barton N, Bandis S, Bakhtar K. Strength, deformation and conductivity coupling of rock joints[J]. International Journal of Rock Mechanics and Mining Sciences & Geomechanics Abstracts, 1985, 22(3): 121-140.

[136] 李晓鹏, 陈有亮, 徐赔, 等. 化学溶液和冻融循环作用后白砂岩三轴压缩力学性能试验研究[J]. 水资源与水工程学报, 2015, 26(5): 212-218.

[137] 王桦, 纪洪广, 程桦, 等. 两淮煤系地层主要岩石单轴受压条件下的导电特性试验研究[J]. 岩石力学与工程学报, 2010, 29(8): 1631-1638.

[138] 孟磊, 刘明举, 王云刚. 构造煤单轴压缩条件下电阻率变化规律的实验研究[J]. 煤炭学报, 2010, 35(12): 2028-2032.

[139] Chen G Y, Lin Y. Stress-strain-electrical resistance effects and associated state equations for uniaxial rock compression[J]. International Journal of Rock Mechanics and Mining Sciences, 2004, 41(2): 223-236.

[140] Wang Y G, Wei J P, Yang S. Experimental research on electrical parameters variation of loaded coal[J]. Procedia Engineering, 2011, 26: 890-897.

[141] 汤连生, 张鹏程, 王思敬. 水-岩化学作用的岩石宏观力学效应的试验研究[J]. 岩石力学与工程学报, 2002, 21(4):526-531.

[142] 宋勇军, 雷胜友, 邹翀, 等. 干燥与饱水状态下炭质板岩蠕变特性研究[J]. 地下空间与工程学报, 2015, 11(3): 619-664.

[143] 高赛红, 曹平, 汪胜莲. 水压力作用下岩石中 I 和 II 型裂纹断裂准则[J]. 中南大学学报（自然科学版）, 2012, 43(3): 1087-1091.

[144] 仵彦卿. 地下水与地质灾害[J]. 地下空间, 1999, 19(4): 303-310, 316.

[145] 中铁十三局. 100 标段地质勘查报告[R]. 大连: 大连地铁, 2010.

[146] 杨春和, 冒海军, 王学潮, 等. 板岩遇水软化的微观结构及力学特性研究[J]. 岩土力学, 2006, 27(12): 2090-2098.

[147] 王伟, 刘桃根, 吕军, 等. 水岩化学作用对砂岩力学特性影响的试验研究[J]. 岩石力学与工程学报, 2012, 31(增 2): 3607-3617.

[148] 孙广忠. 岩体结构力学[M]. 北京: 科学出版社, 1988.

[149] 潘荣锟, 程远平, 董骏, 等. 不同加卸载下层理裂隙煤体的渗透特性研究[J]. 煤炭学报, 2014, 39(3): 473-477.

[150] 王伟, 徐卫亚, 王如宾, 等. 低渗透岩石三轴压缩过程中的渗透性研究[J]. 岩石力学与工程学报, 2015, 34(1): 40-47.

[151] 赵阳升. 多孔介质多场耦合作用及其工程响应[M]. 北京: 科学出版社, 2010.

[152] 冉启全, 顾小芸. 油藏渗流与应力耦合分析[J]. 岩土工程学报, 1998, 20(2): 69-73.

[153] 梁冰, 薛强, 刘晓丽. 煤矸石中硫酸盐对地下水污染的环境预测[J]. 煤炭学报, 2003, 28(5): 527-530.

[154] Lemaitre J. A Course on Damage Mechanics[M]. Berlin: Springer, 1996.

[155] Forde B W R, Foschi R O, Stiemer S F. Object-oriented finite element analysis[J]. Computers & Structures, 1990, 34(3): 355-374.

[156] Mackie R I. Object oriented programming of the finite element method[J]. International Journal for Numerical Methods in Engineering, 1992, 35(2): 425-436.

[157] Dubois-Pelerin Y, Zimmermann T. Object-oriented finite element programming: III. An efficient implementation in C++[J]. Compute Methods in Applied Mechanics and Engineering, 1993, 108(1-2): 165-183.

[158] Dubois-Pelerin Y, Pegon P. Object-oriented programming in nonlinear finite element analysis[J]. Computers & Structures, 1998, 67(4): 225-241.

[159] Archer G C, Fenves G, Thewalt C. A new object-oriented finite element analysis program architecture[J]. Computers & Structures, 1999, 70(1): 63-75.

[160] Pantale O, Caperaa S, Rakotomalala R. Development of an object-oriented finite element program: application to metal-forming and impact simulations[J]. Journal of Computational and Applied Mathematics, 2004, 168(1-2): 341-351.

[161] 孔祥安. C++语言与面向对象有限元程序设计[M]. 成都: 西南交通大学出版社, 1995.

[162] 曹中清, 周本宽, 陈大鹏. 面向对象有限元程序几种新的数据类型[J]. 西南交通大学学报, 1996, 31(2): 119-125.

[163] 张向, 许晶月, 沈启彧, 等. 面向对象的有限元设计[J]. 计算力学学报, 1999, 16(2): 216-226.

[164] 魏泳涛, 于建华, 陈君楷. 面向对象的有限元程序构架[J]. 四川大学学报（工程科学版）, 2000, 32(3): 34-38.

[165] 马永其, 冯伟. 面向对象有限元分析程序设计及其 VC++实现[J]. 应用数学和力学, 2002, 23(12): 1283-1288.

[166] 李晓军, 朱合华. 地下工程有限元程序面向对象的设计与实现[J]. 同济大学学报, 2004, 32(5): 580-584.

[167] Potts D M, Zdravkovic L. 岩土工程有限元分析: 理论[M]. 周建, 等, 译. 北京: 科学出版社, 2010.

[168] 项阳, 平扬, 葛修润. 面向对象有限元方法在岩土工程中的应用[J]. 岩土力学, 2000, 21(4): 346-349.

[169] 赵阳升, 杨栋, 冯增朝, 等. 多孔介质多场耦合作用理论及其在资源与能源工程中的应用[J]. 岩石力学与工程学报, 2008, 27(7): 1321-1328.

[170] Minkoff S E, Stone C M, Bryant S, et al. Coupled fluid flow and geomechanical deformation modeling[J]. Journal of Petroleum Science and Engineering, 2003, 38(1-2): 37-56.

[171] 李宏, 唐春安, 刘建军, 等. 解算多场耦合过程的现状和研发设想[C]. 第三届废物地下处置学术研讨会, 杭州, 2010.

[172] 盛金昌. 多孔介质流−固−热三场全耦合数学模型及数值模拟[J]. 岩石力学与工程学报, 2006, 25(增1): 3028-3033.

[173] Dean R H, Gai X, Stone C M, et al. A comparison of techniques for coupling porous flow and geomechanics[J]. SPE Journal, 2006, 11(1): 132-140.

[174] de Souza Neto E A, Peric D, Owen D R J. A model for elastoplastic damage at finite strains: algorithmic issues and applications[J]. Engineering Computations, 1994, 11(3): 257-281.

[175] 菇忠亮. 三维进化弹塑性并行有限元反分析系统研究[D]. 沈阳：东北大学, 2004.

[176] Storn R, Price K. Differential evolution−a simple and efficient heuristic for global optimization over continous spaces[J]. Journal of Global Optimization, 1997, 11: 341-359.

[177] 陈卫忠, 曹俊杰, 于洪丹, 等. 强风化花岗岩弹塑性本构模型研究(Ⅱ): 工程应用[J]. 岩土力学, 2011, 32(12): 3541-3547.

[178] 杨家岭, 邱祥波, 陈卫忠, 等. 海峡海底隧道及其最小岩石覆盖厚度问题[J]. 岩石力学与工程学报, 2003, 22(增1): 2132-2137.

[179] 韩建新, 李术才, 李树忱, 等. 基于强度参数演化行为的岩石峰后应力−应变关系研究[J]. 岩土力学, 2013, 34(2): 342-346.

[180] 阎金安, 张宪宏. 岩石材料应变软化模型及有限元分析[J]. 岩土力学, 1990, 11(1): 19-27.

[181] 吴玉忠. 岩石应变软化弹塑性有限元分析[J]. 有色金属, 1990, 42(1): 1-8.

[182] 王兵, 陈炽昭, 张金荣. 考虑岩石应变软化特性隧道的弹−塑性分析[J]. 铁道学报, 1992, 14(2): 86-95.

[183] 沈新普, 岑章志, 徐秉业. 弹脆塑性软化本构理论的特点及其数值计算[J]. 清华大学学报（自然科学版）, 1995, 35(2): 22-27.

[184] 杨超, 崔新明, 徐水平. 软岩应变软化数值模型的建立与研究[J]. 岩土力学, 2002, 23(6): 695-697, 701.

[185] Alonso E, Alejano L R, Varas F, et al. Groundresponse curves for rock masses exhibiting strain-softening behaviour[J]. International Journal Numerical and Analytical Methods in Geomechanics, 2003, 27(13): 1153-1185.

[186] 张帆, 盛谦, 朱泽奇, 等. 三峡花岗岩峰后力学特性及应变软化模型研究[J]. 岩石力学与工程学报, 2008, 27(增1): 2651-2655.

[187] 周家文, 徐卫亚, 李明卫, 等. 岩石应变软化模型在深埋隧洞数值分析中的应用[J]. 岩石力学与工程学报, 2009, 28(6): 1116-1127.

[188] 王水林, 王威, 吴振君. 岩土材料峰值后区强度参数演化与应力−应变曲线关系研究[J]. 岩石力学与工程学报, 2010, 29(8): 1524-1529.

[189] 李文婷, 李树忱, 冯现大, 等. 基于莫尔−库仑准则的岩石峰后应变软化力学行为研究[J]. 岩石力学与工程学报, 2011, 30(7): 1460-1466.

[190] 李英杰, 张顶立, 刘保国. 考虑变形模量劣化的应变软化模型在FLAC$^{3D}$中的开发与验证[J]. 岩土力学, 2011, 32(增2): 647-652, 659.

[191] 贾善坡, 陈卫忠, 于洪丹, 等. 泥岩隧道施工过程中渗流场与应力场全耦合损伤模型研究[J]. 岩土力学, 2009, 30(1): 19-26.

[192] 陆银龙, 王连国, 杨峰, 等. 软弱岩石峰后应变软化力学特性研究[J]. 岩石力学与工程学报, 2010, 29(3): 640-648.

[193] Naghdi P M, Trapp J A. The significance of formulating plasticity theory with reference to loading surfaces in strain space[J]. International Journal Engineering Science, 1975, 13(9): 785-797.

[194] 赵启林, 牛海清, 卓家寿. 应变软化材料的几个基本问题研究进展[J]. 水利水运工程学报, 2001(3): 73-77.

[195] 江见鲸, 陆新征. 混凝土结构有限元分析：第2版[M]. 北京：清华大学出版社, 2013.

[196] 郑宏, 葛修润, 李焯芬. 脆塑性岩体的分析原理及其应用[J]. 岩石力学与工程学报, 1997, 16(1): 8-21.

[197] Wempner G A. Discrete approximation related to nonlinear theories of solids[J]. International Journal of Solids and Structures, 1971, 7(11): 1581-1599.

[198] Riks E. The application of Newton's method to the problem of elastic stability[J]. Journal of Applied Mechanics, 1972, 39(4): 1060-1065.

[199] Riks E. An incremental approach to the solution of snapping and bucking problems[J]. International Journal of Solids and Structures, 1979, 15(7): 529-551.

[200] Crisfield M A. A fast incremental iterative solution procedure that handles "snap-through" [J]. Computer & Structures, 1981, 13(1-3): 55-62.

[201] 朱菊芬, 初晓婷. 一种改进的弧长法及在结构后屈曲分析中的应用[J]. 应用数学和力学, 2002, 23(9): 961-967.

[202] Ramm E. Strategies for Tracing the Nonlinear Response Near Limit Points[M]. Berlin: Springer, 1981.

[203] 竺润祥, 派列希. 解非线性有限元问题的组合弧长法[J]. 西北工业大学学报, 1984, 2(3): 291-303.

[204] 刘国明, 卓家寿, 夏颂佑. 求解非线性有限元方程的弧长法及在工程稳定分析中的应用[J]. 岩土力学, 1993, 14(4): 57-67.

[205] 李元齐, 沈祖炎. 弧长法中初始荷载增量参数符号确定准则的改进[J]. 工程力学, 2001, 18(3): 34-39.

[206] 周应华, 周德培, 封志军. 三种红层岩石常规三轴压缩下的强度与变形特性研究[J]. 工程地质学报, 2005, 13(4): 477-480.

[207] 段康廉, 赵阳升, 张文, 等. 孔隙水压作用下煤体有效应力规律的研究[C]. 中国北方岩石力学与工程应用会议, 郑州, 1991.

[208] 赵阳升, 胡耀青. 孔隙瓦斯作用下煤体有效应力规律的实验研究[J]. 岩土工程学报, 1995, 17(3): 26-31.

[209] 孙培德, 鲜学福, 钱耀敏. 煤体有效应力规律的实验研究[J]. 矿业安全与环保, 1999(2): 16-18.

[210] 冯增朝, 吴海, 赵阳升. 裂隙岩体有效应力规律数值试验研究[J]. 太原理工大学学报, 2003, 34(6): 713-715.

[211] Vaz M, Owen D R J. Aspects of ductile fracture and adaptive mesh refinement in damaged elasto-plastic materials[J]. International Journal for Numerical Methods in Engineering, 2001, 50(1): 29-54.

[212] Lemaitre J. A continuous damage mechanics model for ductile fracture[J]. Journal of Engineering Materials and Technology, 1985, 107(1): 83-89.

[213] Lemaitre J, Chaboche J L. Mechanics of Solid Materials[M]. Cambridge: Cambridge University Press, 1990.

[214] Steinmann P, Miehe C, Stein E. Comparison of different finite deformation inelastic damage models within multiplicative elastoplasticity for ductile metals[J]. Computational Mechanics, 1994, 13(6): 458-474.

[215] Keralavarma S M, Benzerga A A. Numerical assessment of an anisotropic porous metal plasticity[J]. Mechanics of Materials, 2015, 90:212-228.

[216] Doghri I. Numerical implementation and analysis of a class of metal plasticity models coupled with ductile damage[J]. International Journal for Numerical Methods in Engineering, 1995, 38(20): 3403-3431.

[217] Bouchard P O, Bourgeon L, Fayolle S, et al. An enhanced lemaitre model formulation for materials processing damage computation[J]. International Journal of Material Forming, 2011, 4(3): 299-315.

[218] Benallal A, Billardon R, Doghri I. An integration algorithm and the corresponding consistent tangent operator for fully coupled elastoplastic and damage equations[J]. Communications in Applied Numerical Methods, 1988, 4(6): 731-740.

[219] de Souza Neto E A, Peric D. A computational framework for a class of models for fully coupled elastoplastic damage at finite strains with reference to the linearization aspets[J]. Computer Methods in Applied Mechanics and Engineering, 1996, 130(1-2): 179-193.

[220] Singh A K, Pandey P C. An implicit integration algorithm for plane stress damage coupled elastoplasticity[J]. Mechanics Research Communications, 1999, 26(6): 693-700.

[221] de Souza Neto E A. A fast, one-equation integration algorithm for Lemaitre ductile damage model[J]. Communications in Numerical Methods in Engineering, 2002, 18(8): 541-554.

[222] 李杰, 吴建营. 混凝土弹塑性损伤本构模型研究Ⅰ: 基本公式[J]. 土木工程学报, 2005, 38(9): 14-20.

[223] Tai W H, Yang B X. A new microvoid-damage model for ductile fracture[J]. Engineering Fracture Mechanics, 1986, 25(3): 377-384.

[224] Chandrakanth S, Pandey P C. An isotropic damage model for ductile material[J]. Engineering Fracture Mechanics, 1995, 50(4): 457-465.

[225] Bonora N. A nonlinear CDM model for ductile failure[J]. Engineering Fracture Mechanics, 1997, 58(1-2): 11-28.

[226] Wan R G. Implicit integration algorithm for Hoek-Brown elastic-plastic model[J]. Computers and Geotechnics, 1992, 14(3): 149-177.

[227] 李根, 唐春安, 李连崇. 水岩耦合变形破坏过程及机理研究进展[J]. 力学进展, 2012, 42(5): 593-619.

[228] 张巍, 肖明, 范国邦. 大型地下洞室群围岩应力-损伤-渗流耦合分析[J]. 岩土力学, 2008, 29(7): 1813-1818.

[229] 刘仲秋, 章青. 考虑渗流-应力耦合效应的深埋引水隧洞衬砌损伤演化分析[J]. 岩石力学与工程学报, 2012, 31(10): 2147-2153.

[230] 沈振中, 张鑫, 孙粤琳. 岩体水力劈裂的应力-渗流-损伤耦合模型研究[J]. 2009, 26(4): 523-528.

[231] 赵延林, 王卫军, 黄永恒, 等. 裂隙岩体渗流-损伤-断裂耦合分析与工程应用[J]. 岩土工程学报, 2010, 32(1): 24-32.

[232] 毛昶熙, 段祥宝, 李祖贻. 渗流数值计算与程序应用[M]. 南京: 河海大学出版社, 1999.

[233] 叶源新, 刘光廷. 岩石渗流应力耦合特性研究[J]. 岩石力学与工程学报, 2005, 24(14): 2518- 2525.

[234] Taylor D W. Fundamentals of Soil Mechanics[M]. New York: John Wiley & Sons, 1948.

[235] Samarasinghe A M, Huang Y H, Drnevich V P. Permeability and consolidation of normally consolidated soils[J]. Journal of the Geotechnical Engineering Division, 1982, 108(6): 835-850.

[236] Lousi C, Dessenne J, Feuga B. Interaction between water flow phenomena and the mechanical behalior of soil or rock masses[C]//Gudehus G. Finite elements in geomechanics. New York: Wiley, 1977: 479-511.

[237] Nelson R A. Fracture permeability in porous reservoirs: experimental and field approach[D]. Texas: Texas A & M University, 1975.

[238] Parkhurst D L, Thorstenson D C, Plummer L N. PHREEQE-A computer program for geochemical calculations[R]. U.S. Geological Survey, Water-Resources Investigations Report, 1980: 193.

[239] Plummer L N, Parkhurst D L, Fleming G W, et al. A computer program incorporating Pitzer's equations for calculation of geochemical reactions in brines[R]. U.S. Geological Survey, Water-Resources Investigations Report, 1988: 707-720.

[240] 汪亦显, 曹平. 水化学腐蚀下岩石损伤力学效应研究[J]. 南华大学学报(自然科学版), 2009, 23(1): 27-30.

[241] 李鹏, 刘建, 李国和, 等. 水化学作用对砂岩抗剪强度特性影响效应研究[J]. 岩土力学, 2011, 32(2): 380-386.

[242] 丁梧秀, 冯夏庭. 灰岩细观结构的化学损伤效应及化学损伤定量化研究方法探讨[J].岩石力学与工程学报, 2005, 24(8): 1283-1288.

[243] 陈四利, 冯夏庭, 李邵军. 岩石单轴抗压强度与破裂特征的化学腐蚀效应[J]. 岩石力学与工程学报, 2003, 22(4): 547-551.

[244] Hoek E, Carranza-Torres C, Corkum B. Hoek-brown failure criterion-2002 edition[C]//Proc. NARMS-TAC Conference. Toronto: University of Toronto Press, 2002: 267-273.

[245] 蓝航. 基于FLAC$^{3D}$的边坡单元安全度分析及应用[J]. 中国矿业大学学报, 2008, 37(4):570-574.

[246] 蒋青青. 基于 Hoek-Brawn 准则点安全系数的边坡稳定性分析[J]. 中南大学学报（自然科学版）, 2009, 40(3): 786-790.

[247] 张传庆. 基于破坏接近度的岩石工程安全性评价方法的研究[D]. 武汉：中国科学院武汉岩土力学研究所, 2006.

[248] 谢和平, 冯夏庭. 灾害环境下重大工程安全性的基础研究[M]. 北京：科学出版社, 2009.

[249] 郑颖人, 沈珠江, 龚晓南. 岩土塑性力学原理[M]. 北京：中国建筑工业出版社, 2002.

[250] 郑颖人, 叶海林, 黄润秋. 地震边坡破坏机制及其破裂面的分析探讨[J]. 岩石力学与工程学报, 2009, 28(8): 1714-1723.

[251] 郭明伟, 邓琴, 李春光, 等. 巴西圆盘试验问题与三维抗拉强度准则[J]. 岩土力学, 2008, 29(增刊): 545-549, 554.

[252] 刘洪磊. 岩石破坏渗流机理的实验及数值模拟研究[D]. 沈阳：东北大学, 2008.

[253] Mckee C R, Bumb A C, Koenig R A. Stress-dependent permeability and porosity of coal and other geologic formations[J]. Spe Formation Evaluation, 1988, 3(1):81-91.

[254] 李树刚, 徐精彩. 软煤样渗透特性的电液伺服试验研究[J]. 岩土工程学报, 2001, 23(1): 68-70.

[255] 王军祥, 姜谙男, 宋战平. 岩石弹塑性应力-渗流-损伤耦合模型研究（Ⅰ）：模型建立及其数值求解程序[J]. 岩土力学, 2014, 35(增刊2): 626-637, 644.

[256] 杨天鸿, 唐春安, 梁正召, 等. 脆性岩石破裂过程损伤与渗流耦合数值模型研究[J]. 力学学报, 2003, 35(5): 533-541.

[257] 陈祖安, 伍向阳, 孙德明, 等. 砂岩渗透率随静压力变化的关系研究[J]. 岩石力学与工程学报, 1995, 14(2): 155-159.

[258] 白矛, 刘天泉. 孔隙裂隙弹性理论及应用导论[M]. 北京：石油工业出版社, 1999.

[259] 王春波, 丁文其, 刘书斌, 等. 各向异性渗透系数随应变场动态变化分析[J]. 岩石力学与工程学报, 2014, 33(增1): 3015-3021.

[260] 王芝银, 李云鹏. 岩体流变理论及其数值模拟[M]. 北京：科学出版社, 2008.

[261] 罗润林, 阮怀宁, 孙运强, 等. 一种非定常参数的岩石蠕变本构模型[J]. 桂林工学院学报, 2007, 27(2): 200-203.

[262] 楼志文. 损伤力学基础[M]. 西安：西安交通大学出版社, 1991.

[263] 金丰年, 范华林, 浦奎源. 岩石蠕变损伤模型研究[J]. 工程力学, 2000(增刊): 227-231.

[264] 孙钧. 岩土材料流变及其工程应用[M]. 北京：中国建筑工业出版社, 1999.

[265] 杨文东, 张强勇, 李术才, 等. 以屈服接近度分段函数表示的非线性流变模型的程序实现[J]. 岩土力学, 2013, 34(9): 2629-2637.

[266] 杨文东, 张强勇, 张建国, 等. 基于FLAC[3D]的改进Burgers蠕变损伤模型的二次开发研究[J]. 岩土力学, 2010, 31(6): 1956-1964.

[267] 陶波, 伍法权, 郭改梅, 等. 西原模型对岩石流变特性的适应性及其参数确定[J]. 岩石力学与工程学报, 2005, 24(17): 3165-3171.

[268] 张云, 殷宗泽, 徐永福. 盾构法隧道引起的地表变形分析[J]. 岩石力学与工程学报, 2002, 21(3): 388-392.